嵌入式系统开发与应用

陈朋　赵冬冬　宦若虹◎编著

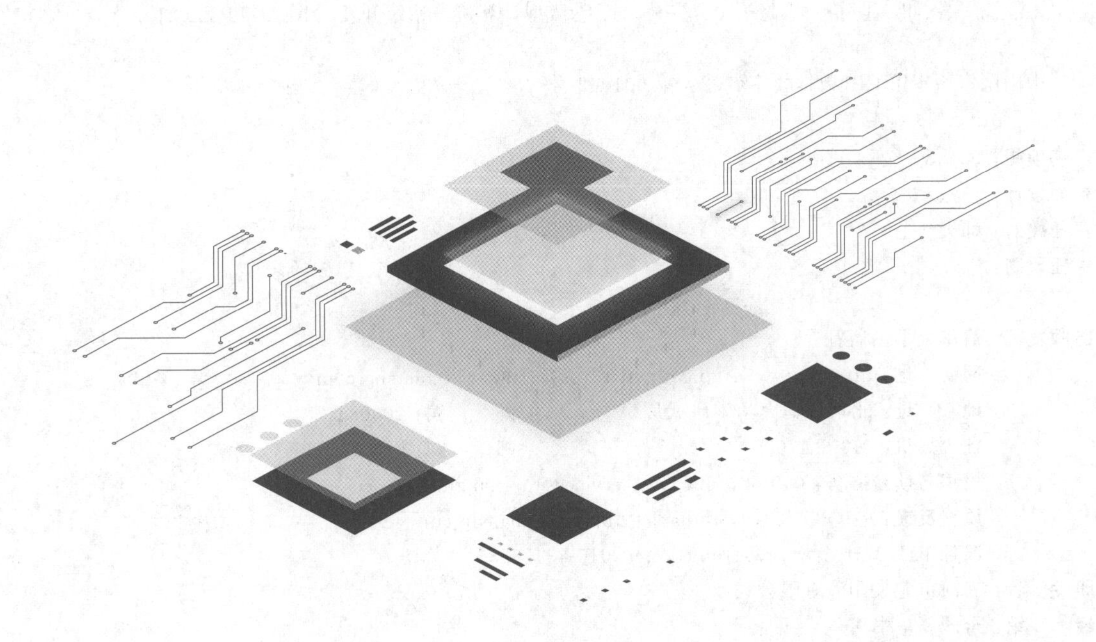

清华大学出版社
北　京

内容简介

本书以昇腾AI处理器为核心，循序渐进地展开嵌入式系统应用开发技术的讲解，涵盖嵌入式系统概述、ARMv8处理器架构、Linux系统、硬件接口、系统总线、嵌入式AI等内容。

本书基于昇腾Atlas 200开发板设计层进式实验内容，从系统启动卡制作、代码编译等验证性实验，到综合外部接口、传感器等提高性实验，再到目标检测、语义分割等设计性AI实验，应有尽有。读者可以通过本书获知嵌入式综合应用的编写方法、嵌入式软件的开发流程和技巧。

本书可以作为高等院校嵌入式系统相关课程的本科生或者研究生的教材，也适合作为各类相关培训的教材，还可以作为机电一体化控制系统、信息电器、工业控制等领域嵌入式应用软件开发人员和创客的自学用书。

图书在版编目（CIP）数据

嵌入式系统开发与应用/陈朋，赵冬冬，宦若虹编著. —北京：清华大学出版社，2024.1
ISBN 978-7-302-65227-4

Ⅰ.①嵌… Ⅱ.①陈… ②赵… ③宦… Ⅲ.①微型计算机－系统开发 Ⅳ.①TP360.21

中国国家版本馆CIP数据核字（2024）第001042号

责任编辑：郭　赛
封面设计：杨玉兰
责任校对：韩天竹
责任印制：宋　林

出版发行：清华大学出版社
网　　址：https://www.tup.com.cn，https://www.wqxuetang.com
地　　址：北京清华大学学研大厦A座　　**邮　　编**：100084
社 总 机：010-83470000　　**邮　　购**：010-62786544
投稿与读者服务：010-62776969，c-service@tup.tsinghua.edu.cn
质量反馈：010-62772015，zhiliang@tup.tsinghua.edu.cn
课件下载：https://www.tup.com.cn，010-83470236
印 装 者：三河市龙大印装有限公司
经　　销：全国新华书店
开　　本：185mm×260mm　　**印　　张**：18.75　　**字　　数**：434千字
版　　次：2024年2月第1版　　**印　　次**：2024年2月第1次印刷
定　　价：58.90元

产品编号：103746-01

前言 Foreword

嵌入式系统是当下计算机领域的热门技术之一，它具有体积小、功能专一的特点，广泛应用于各类需要控制、计算、通信的产品，如手机、监控摄像头、ATM、微波炉等。

嵌入式处理器经过50多年的飞速发展，从最早的单片机时代，到后来形成的以SoC(片上系统)为主嵌入式处理器的时代，目前已发展为以高通和三星为代表的ARM架构系列处理器时代，占据了70%以上的市场份额。ARM处理器最大的优点是低功耗、低成本和高性能，其提供的各种微处理器内核几乎满足了目前应用市场对性能、功耗和成本的所有需求，加上其提供的一系列优化片上系统的软件工具，已经构成了庞大的ARM生态系统。许多先进的嵌入式技术都与ARM技术有很好的融合。因此，基于ARM进行嵌入式应用教学无疑是最合适的。

本书基于昇腾Ascend 310 AI处理器详细介绍ARM嵌入式应用开发技术。

全书共7章。

第1章从总体上介绍嵌入式系统的发展情况，从嵌入式系统的基本概念、硬件组成、软件组成、发展趋势四方面介绍嵌入式系统开发的基础知识。

第2章主要介绍ARM技术，对ARM目前的技术体系进行详细介绍，包括ARM处理器的发展、ARM处理器的特点、ARM流水线和ARM处理器核；重点阐述ARM Cortex-A55处理器的结构及其特点。

第3章阐述ARMv8架构的基础知识，包括ARMv8的基本概念、ARMv8架构的寄存器组、ARMv8架构下支持的A64指令集、ARMv8架构下ARM64状态的异常处理和ARMv8架构下ARM64状态的内存管理。

第4章介绍Linux嵌入式操作系统的知识及技术，包括Linux操作系统目前的发展情况、Linux文件系统的概念及其管理方法、Linux常见的指令操作以及Linux环境下嵌入式应用开发常用的工具。

第5章主要介绍基于ARM的嵌入式软件开发技术，包括嵌入式C语言程序设计基础、C语言程序设计技巧，以及C语言与汇编混合编程。

第6章主要介绍嵌入式开发中常见的通信接口技术，包括通用输入/输出接口、I2C、SPI和UART总线。特别地，本章详细介绍上述通信接口在昇腾Atlas 200 Dev Board上的使用方法。

第7章主要介绍基于昇腾AI处理器的嵌入式AI应用开发，首先阐述昇腾AI处理器的技术架构，再详细介绍基于昇腾AI处理器的嵌入式开发环境的搭建方法，最后向读者展示基于昇腾Atlas 200 Dev Board进行的AI应用开发案例。

参与本书编写工作的主要人员有陈朋、赵冬冬和宦若虹，最终方案的确定和本书的定稿由陈朋负责。

限于作者水平，书中难免存在不足和疏漏之处，恳请读者提出宝贵的意见和建议，以便以后予以补充和修订。

陈 朋

2024年1月

目录 Contents

第1章 chapter 1

嵌入式系统发展绪论

随着微电子技术、计算机技术和网络通信技术的飞速发展，技术相互融合的趋势愈加明显，嵌入式系统应运而生。

本章将从嵌入式系统的定义与特点、发展历史、软硬件组成、应用与前景等多方面剖析嵌入式系统，带领读者进入嵌入式系统的世界，了解嵌入式系统的技术要点。

1.1 嵌入式系统简介

嵌入式系统(embedded system)是时下计算机领域的热门技术之一，通常具有体积小、功能专一的特点，广泛应用于各类需要控制、计算、通信的产品中，例如手机、监控摄像头、微波炉、ATM 等，如图 1-1 所示。

图 1-1 嵌入式系统的不同形态

嵌入式系统与人们的生活息息相关，并不断衍生出形式多样、用途广泛的嵌入式产品，使人们的工作与生活更加高效与便捷。本节将从嵌入式系统的发展历史、概念及特点、分类及应用三方面介绍嵌入式系统。

1.1.1 嵌入式系统发展历史

嵌入式系统作为一种实现特定功能的、可剪裁的计算机系统，其出现可以追溯到计算机的起源。

1652年，法国数学家布莱士·帕斯卡(Blaise Pascal)为减轻其父亲在税务计算工作中的负担，于22岁发明了一台能够实现6位数加减法的机械计算器，这是世界上公认的第一台机械式计算器，名为帕斯卡(Pascal)，如图1-2所示。

30年后，德国哲学家、数学家戈特弗里德·威廉·莱布尼茨(Gottfried Wilhelm Leibniz)对帕斯卡计算器进行了改进，他引入了基于阶梯轴(stepped drum)的步进轮，也称莱布尼茨轮(Leibniz wheel)，通过这一改进，他成功发明了第一台能够执行四则运算的机械式计算器，如图1-3所示。这一发明为计算机的发展奠定了重要的基础。

图1-2 帕斯卡计算器

图1-3 第一台机械式计算器

1834年，在英国政府的资助下，查尔斯·巴贝奇(Charles Babbage)发明了第一台差分机，它能够存储数字，利用有限差分方法计算多项式函数的值。该机械式计算器重达2吨，共有25 000余个零件，造价约17 470英镑。因其制造难度过大，远超当时的工业水平，故历经十年时间只完工七分之一，其实物如图1-4所示。至此，机械式计算器的发展已达到巅峰。

随着电子管的问世，第一代电子计算机逐渐进入了大众的视野。在电子计算机的发展初期，计算机一直是放置在特殊机房中的大型、昂贵的专用设备，主要用于执行一些特殊的数值计算。ENIAC是世界上第一台通用电子计算机，诞生于1946年2月14日，由美国宾夕法尼亚大学开发。图1-5所示为ENIAC计算机，其长30.48米，宽6米，高2.4米，占地面积约为170平方米，设有30个操作台，重达30吨，造价高达48万美元，内部包含17 468根电子管，计算速度为每秒5000次加法或400次乘法。

1947年12月16日，威廉·肖克利(William Shockley)、约翰·巴顿(John Bardeen)和沃特·布拉顿(Walter Brattain)在贝尔实验室制造出第一个晶体管，这种晶体管具有寿命长、重量轻、体积小、速度快的特点，很快就运用到了第二代电子计算机上。1954年，美国贝尔实验室研制出第一台使用晶体管线路的计算机Tradic，如图1-6所示，其装有800个晶体管，体积也由ENIAC的房间般大小缩小为衣橱般大小。第二代电子计算机利用晶体管完成了计算机的初步小型化和性能提升。

图 1-4 第一台差分机

图 1-5 ENIAC 计算机

历史上,第三代电子计算机只在短暂的 5 年时间内,即 1965—1970 年出现。这一时期,计算机开始采用更小型化的集成电路技术。IBM 公司的 360 系列计算机成为这一时期的代表,如图 1-7 所示,第三代电子计算机为后来的第四代高性能电子计算机的发展奠定了基础。

图 1-6 Tradic 计算机

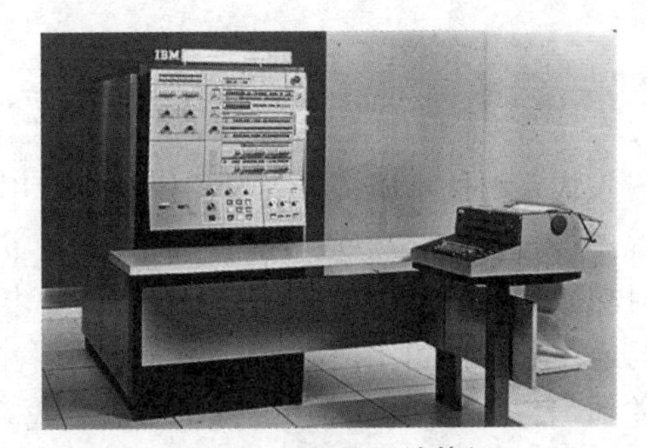
图 1-7 IBM 360 计算机

直到 20 世纪 70 年代微处理器的出现,计算机应用才出现了历史性的变化,计算机摘掉了神圣的光环,走下了神坛,步入平民化的时代,出现了延续至今的第四代电子计算机。

第四代电子计算机最显著的特征是利用了大规模集成电路和超大规模集成电路,经过发展,到 20 世纪 80 年代初,微处理器及微控制器已发展为一个庞大的家族,图 1-8 展示了以 Intel 公司 x86 架构为主流的应用于个人计算机(PC)的微处理器发展历程。

微处理器表现出的智能化水平引起了设备制造、机电控制等专业人士的兴趣,他们希望将微型机嵌入一个控制对象的体系,从而实现对象体系的智能化控制。为了区别于原有使用的通用计算机,这种嵌入对象体系以实现智能化控制的计算机被称为嵌入式计

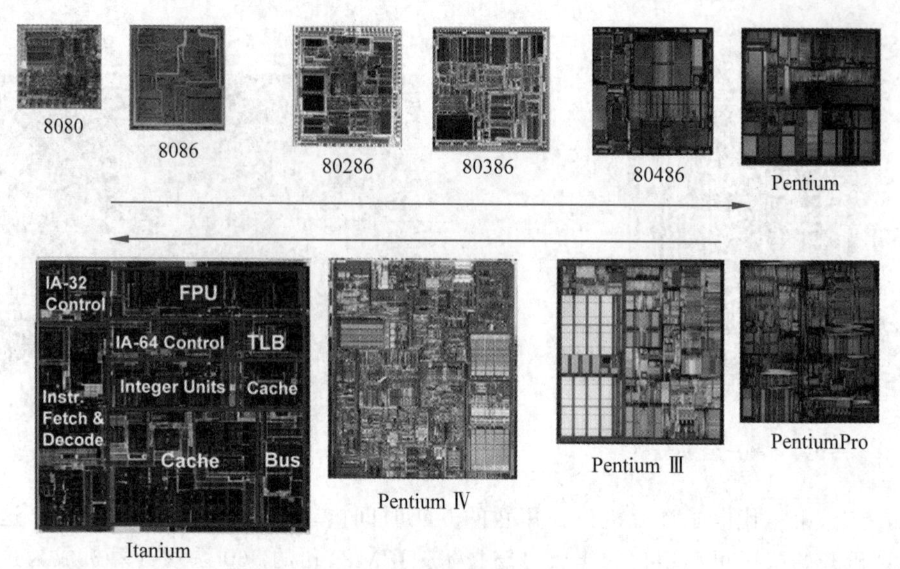

图 1-8 微处理器发展历程

算机。把嵌入对象体系、实现对象体系智能化控制的系统称作嵌入式系统。

如今，电子计算机逐渐向小型化、低功耗、高性能发展。随着 ARM、MIPS、PowerPC 等体系的应用和优化，以及嵌入式实时操作系统（RTOS）的高效、轻量化的优势逐渐显现，基于嵌入式计算机的嵌入式系统不断涌现，广泛应用于通信、安防、交通、家居等各个领域。

1.1.2 嵌入式系统概念及特点

嵌入式系统的本质是嵌入对象体系的专用计算机系统，以嵌入式计算机为核心。展开来说，嵌入式系统是以应用为中心、以计算机技术为基础、软件硬件可裁剪、适应应用系统对功能、可靠性、成本、体积、功耗严格要求的系统。

与通用计算机相比，嵌入式系统形式多样，体积小，应用更为灵活，其开发方式也有一定差别，表 1-1 展示了通用计算机与嵌入式系统的特征对比。

表 1-1 通用计算机与嵌入式系统对比

特 征	通用计算机	嵌入式系统
形式和类型	① 看得见的计算机 ② 按其体系结构、运算速度和结构规模等因素分为大、中、小型机和微机	① 看不见的计算机。 ② 形式多样，应用领域广泛，按应用划分
组成	① 通用处理器、标准总线和外设 ② 软件和硬件相对独立	① 面向应用的嵌入式微处理器，总线和外部接口多集成在处理器内部 ② 软件与硬件是紧密集成在一起的
开发方式	开发平台和运行平台都是通用计算机	采用交叉开发方式，开发平台一般是通用计算机，运行平台是嵌入式系统

总体来说，嵌入式系统相比通用计算机具有如下基本特点：

- “专用”的计算机系统；
- 运行环境差异很大；
- 比通用计算机系统资源少；
- 低功耗、小体积、高集成度、低成本；
- 具有完整的系统测试和可靠性评估体系；
- 具有较长的生命周期；
- 需要专用开发工具和方法进行设计；
- 包含专用调试电路；
- 多学科知识集成系统。

1.1.3　嵌入式系统分类及应用

嵌入式系统种类丰富，根据不同的标准可以分为不同的类别。

根据嵌入式系统形态上的差异，可以分为如下3类：

- 芯片级别，如微控制单元芯片(MCU)、片上系统(SoC)等；
- 板级，如单片机、通信模块、协议转换模块等；
- 设备级，如工控机。

根据嵌入式系统处理器的功能，可以将嵌入式系统分为基于嵌入式微处理器、嵌入式微控制器、嵌入式DSP或SoC等不同类型。并且，嵌入式系统具有广泛的应用领域，涵盖消费电子、交通工具、公共设施、工业控制以及军事国防等多个领域。以上介绍的嵌入式系统的特点和分类情况表明，嵌入式系统在各个领域中都发挥着重要作用。

1. 消费电子

消费电子包括数码产品和家用电器等。

数码产品主要有手机、相机、游戏机、耳机、路由器等。以最常见的手机为例，它是一个以嵌入式微处理器为中心，控制与连接显示器、摄像头、音频输入/输出设备、存储器、无线网络模块、电源模块等传感器的嵌入式系统，如图1-9所示。

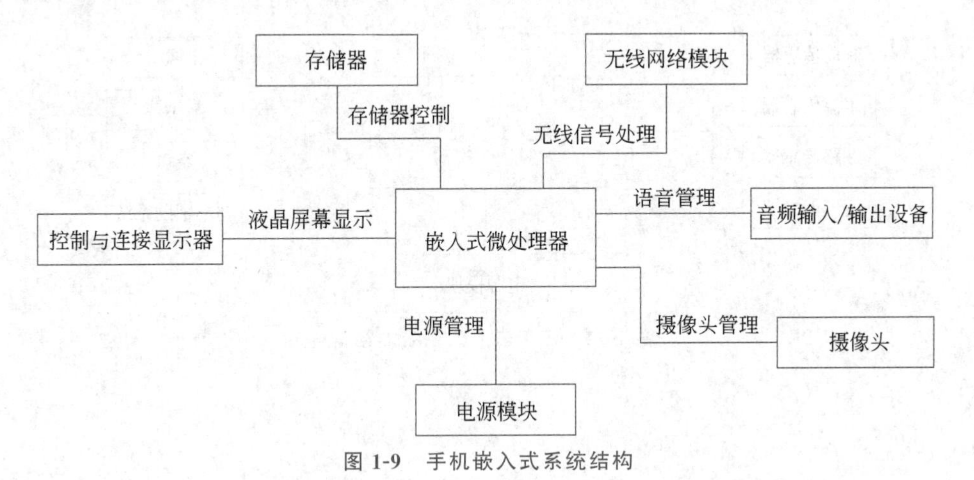

图1-9　手机嵌入式系统结构

家用电器包括空调、冰箱、洗衣机、微波炉、监控设备等。在物联网迅速发展的背景下，将家用电器集成在一个系统中以形成一个小型的物联网系统，并连接到局域网和互联网，由中控系统或移动设备进行控制，就构成了智能家居系统。在智能家居系统中，每一个家用电器节点都是一个嵌入式系统，如图 1-10 所示。

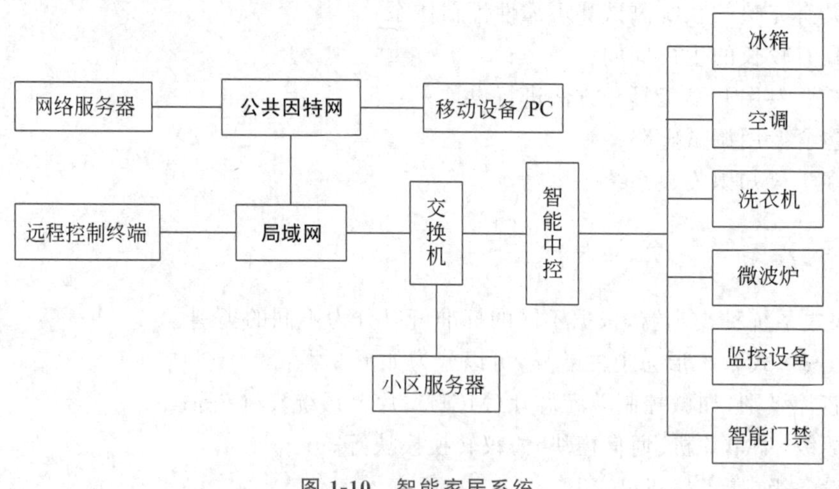

图 1-10　智能家居系统

2. 交通工具

交通工具包括飞机、轮船、火车、汽车等，如今的交通工具都是一个个庞大的嵌入式系统。以汽车为例，随着智能驾驶技术的飞速发展，集成在汽车上的传感器、处理器节点也越来越多。汽车通过车载单元(OBU)、路侧通信单元(RSU)等嵌入式模块可以实现对汽车车速、油箱温度、周围环境等的实时感知，同时对车载摄像头、显示屏、空调、雷达、刹车辅助系统(ABS)等进行命令控制。图 1-11 展示了汽车嵌入式系统的结构。

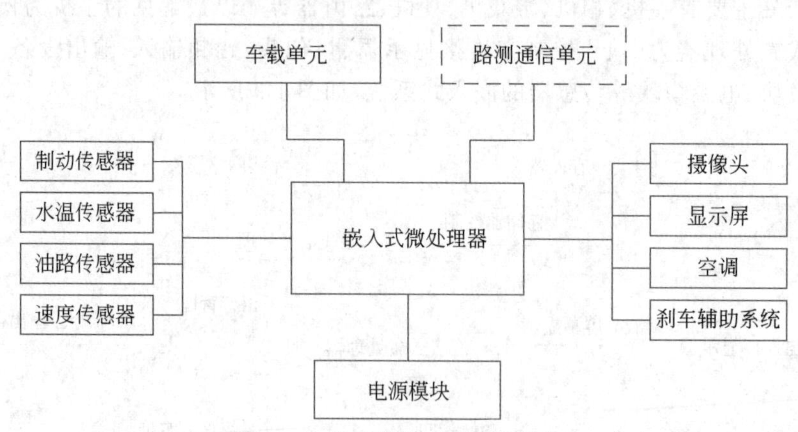

图 1-11　汽车嵌入式系统的结构

3. 公共设施

公共设施中的嵌入式系统主要包括ATM、自动售货机、网络基站、智能路灯等，如图1-12所示，它们为人们的生活提供了便利，并起到了节能减排的作用。

4. 工业

嵌入式系统在工业方面的应用主要集中在智能化控制设备、数控机床、智能装配/运输机器人等方面。机器人是较为复杂的嵌入式设备，其嵌入式处理器通常不止一个，而是由多个基于嵌入式微处理器的模块结点组成，结点之间包含通信链路、传动机等。

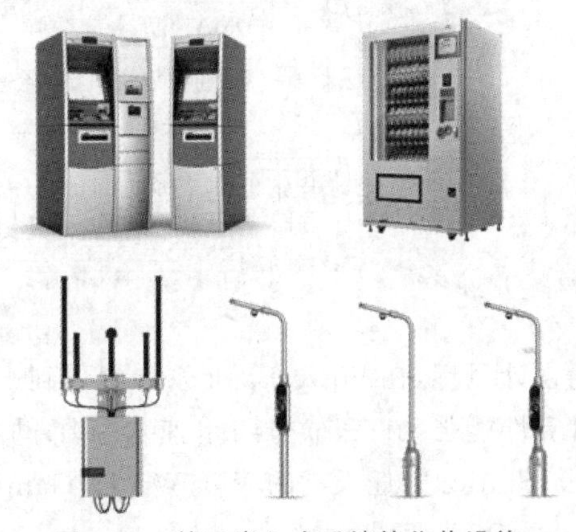

图1-12 基于嵌入式系统的公共设施

5. 军事国防

在嵌入式系统的发展早期，由于其成本高昂，一般只能由政府出资进行研制，通常只有在军事设备中才能看到嵌入式设备，故嵌入式设备在军事国防方面的发展最久。例如潜艇上的声呐系统、洲际导弹上的自主巡航系统和战机上的电子控制系统等，这些嵌入式系统对于软硬件的效率和可靠性的要求都非常高，并需要通过专用网络进行通信。

1.2 嵌入式系统硬件组成

嵌入式系统的硬件主要以嵌入式微处理器或微控制器为核心，通过相应的协议接口与存储器、通信模块、I/O设备等进行数据交互，如图1-13所示。本节将介绍嵌入式系统的硬件组成、控制与处理的芯片、嵌入式微处理器、嵌入式微控制器、FPGA芯片、DSP芯片、SoC芯片、SoPC芯片，以及嵌入式系统的接口和外设，带领读者了解嵌入式系统的硬件构造。

1.2.1 嵌入式微处理器/微控制器

嵌入式微处理器(Micro Processor Unit，MPU)对应通用计算机中的中央处理器(CPU)，其特征为装配在专门为其设计的电路板上，并在电路板上有相应的存储器、总线接口、外设等模块，从而构成嵌入式系统。与通用计算机相比，其系统体积和功耗大幅度减小，而工作温度的范围、抗电磁干扰能力、系统的可靠性等方面均有提高。主要的嵌入式处理器类型有PowerPC、Sparc、MIPS、Xtensa、ARM、RISC-V系列。

PowerPC处理器于1990年由AIM联盟(苹果、IBM和摩托罗拉)推出，旨在实施一种新的RISC架构处理器，以适应它们未来的新硬件和软件需求。首台PowerPC处理器为PowerPC 601，它是一台66MHz速率的32位嵌入式处理器；PowerPC 603e以低功耗

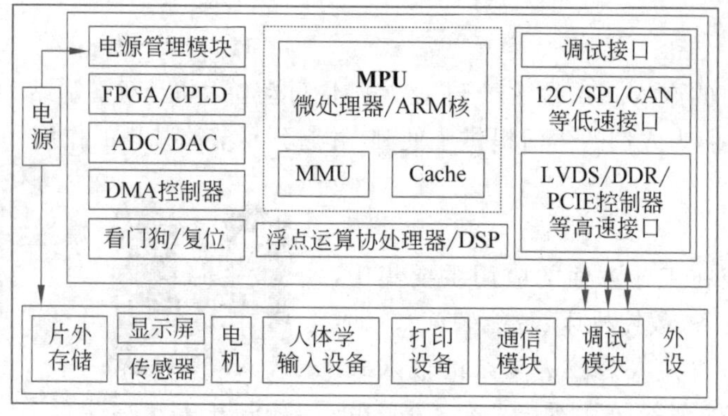

图 1-13　嵌入式系统硬件基本结构

为设计目标，在 PowerBook 系列中得到了广泛应用。PowerPC 架构的处理器方便灵活，计算性能强，在发布初期迅速占领了网络通信、工业控制、家居电器等市场。索尼的 PlayStation3，任天堂的 Wii、Wii U、GameCube，微软的 Xbox 360 和 3DO M2 都使用了 PowerPC 处理器。

Sparc(Scalable Performance Architecture)是 Sun Microsystems 和 TI 公司在 20 世纪 80 年代末推出的 RISC 架构处理器，采用自研架构，性能优越，广泛用于工作站中，它具有很强的可扩展性，是业界内第一款可扩展的处理器，迅速占领了当时的高端嵌入式微处理器市场。在之后的几十年内，Sun Microsystems 相继发布了 UltraSparc 处理器的多次迭代、多个系列的产品，从 32 位提升至 64 位，如 0.18μm、600MHz 的 UltraSparc Ⅲ，1.28GHz 的 UltraSparc Ⅲ i，双核心的 UltraSparc Ⅳ，基于 SMT 的 UltraSparc Ⅴ，以及高级多线程的 Niagara 处理器和专用于低端高性价比产品线的嵌入式 e 系列。

MIPS 处理器指无内部互锁流水级的微处理器(microprocessor without interlocked pipelined stages)，所用的指令集架构(ISA)被称为 MIPS ISA，其指令种类有算术运算、逻辑运算、数据传送、条件转移、无条件跳转、特殊指令、例外指令、协处理器指令、系统控制协处理器指令共 9 种。MIPS 在 1990 年前后曾风靡一时，但在此后的 30 年里，MIPS 计算机系统公司被反复收购，其指令集也多次改版，早已被市场边缘化。最近，MIPS 出现在人们的视野中还是龙芯购买了 MIPS ISA 授权，但 MIPS 及其子公司进入破产保护司法程序，由于版税等问题，最终没能延续 MIPS 的生命。

Xtensa 系列处理器由美国硅谷的 Tensilica 公司于 1999 年公开推出。Tensilica 是一家迅速成长的公司，其主要产品是在专业性应用程序微处理器上，为高容量嵌入式系统提供最优良的解决方案。Xtensa 系列处理器的特点是可以自由组装和弹性扩张，以 32 位的 Xtensa LX7 处理器为例，其指令集结构 ISA 有一套专门为嵌入式系统设计、精简而高效能的 16 位与 24 位指令集，拥有 80 个 RISC 指令，其中包括 32 位基本的 ALU、6 个管理特殊功能的寄存器、32 或 64 个普通功能 32 位寄存器，这些 32 位寄存器都设有加速运作功能的窗口。Xtensa 处理器实现了对硬件和软件的共同设计，通过硬件重构进行高性能计算，通过软件编程进行高效率控制，利用先进的结构和精简的指令帮助系统设计人员大量缩减了编码的长度，从而提高指令的密集度，降低处理器的功耗与成本。

ARM处理器是目前世界上运用最广泛的处理器，它由英国ARM(Advanced RISC Machines)公司推出。ARM公司只采取IP授权的方式允许其他半导体公司生产ARM架构的处理器，自己不生产芯片本身。世界上几乎所有的半导体厂商都会从ARM公司购买ARM ISA许可，开发面向各种应用的嵌入式芯片。ARM处理器早期有ARM7、ARM9、ARM9E、ARM10、ARM11等，2008年后主要有面向移动设备应用的Cortex-A系列，如昇腾310 AI处理器；大量应用在智能家居、工业控制等嵌入式系统上的Cortex-M系列，如STM32微处理器；注重实施性、面向军工的Cortex-R系列，如2021年发布的Cortex-R52＋。ARM处理器具有如下特点：

- 体积小、功耗低、成本低、高性能；
- 支持Thumb(16位)/ARM(32位指令集)，它能更好地兼容8位、16位、32位的器件；
- 大量使用了寄存器，指令执行速度很快；
- 大多数数据直接在寄存器中完成；
- 寻址方式简单、灵活，执行效率高；
- 指令长度固定。

RISC-V处理器得益于它免费开源的指令集架构，它正在努力打破ARM一家独大的局面。为了解决x86架构复杂臃肿、ARM架构需要授权费、开源的OpenRISC架构过于老旧的问题，美国加州大学伯克利分校的Krste Asanović教授于2010年提出RISC-V的概念，并在2015年创立RISC-V基金会，建立了首个开放、协作的软硬件创新者社区，开创了处理器创新的新时代。目前，许多国产厂商已推出不少基于RISC-V架构的嵌入式微处理器，如2021年在上海举行的首届RISC-V中国峰会上，中国科学院大学教授、中国科学院计算技术研究所研究员包云岗发布了国产开源高性能RISC-V处理器内核——香山；同一时期，华米发布采用双核RISC-V架构的可穿戴人工智能处理器黄山2S，其大核运算性能可支持图形、UI操作等高负载计算，大核系统同时集成浮点运算单元。

很遗憾的是，PowerPC、Sparc和MIPS架构的处理器由于性能、市场的原因如今已被逐渐抛弃，只有Xtensa、ARM和RISC-V仍活跃在各大厂商的嵌入式产品线中，具有广阔的应用前景。

与上述嵌入式微处理器不同，嵌入式微控制器(Microcontroller Unit，MCU)又称单片机，它将处理器、存储器(少量ROM/EPROM、RAM或两者都有)、I/O接口(串行接口、并行接口)、定时器/计数器、看门狗、脉宽调制输出、A/D转换器、D/A转换器、总线、总线逻辑等封装在同一片集成电路里，构成了一个完整的微型计算机系统。与嵌入式微处理器相比，微控制器的最大特点是单片化、体积小、功耗低、可靠性较高，主要采用ARM Cortex-M或8051内核，指令集更适用于控制输入与输出，具有设置和清除位的指令，也能执行其他面向位的操作，如对“位”进行逻辑与、或和异或的运算，根据标志位跳转等，这是面向字节、针对地址进行操作的微处理器所不具备的。微控制器是目前嵌入式系统工业的主流，常见的有MCS-51、MSP430等。

1.2.2 嵌入式 DSP/FPGA

在嵌入式系统中，DSP 和 FPGA 芯片作为专门针对信号处理等功能的专用处理器，常用于数据采样、信号调制与编解码等复杂情况。

DSP(Digital Signal Processor)芯片是一种能够实现数字信号处理技术的处理器，内部采用程序和数据分开的哈佛结构，大量采用流水线操作，具有高速、可编程、低功耗等特点。世界上第一个 DSP 芯片由 AMI 公司在 1978 年推出，型号为 S2811，内部集成了 12 位硬件乘法器、16 位计算逻辑单元和 16 位 I/O 端口。经过数十年，随着芯片工艺和数字信号处理技术的提升，德州仪器 TI、亚德诺 ADI 等公司相继推出了能进行定点与浮点运算、精度与性能高、功耗低的 DSP 芯片，以应对不同的应用场景和领域。目前，DSP 芯片在市场上应用最多的是通信领域，结合 DSP 指令系统高效的加速指令和寻址模式，以及 SIMD、VLIW、超标量等结构，DSP 芯片在信道编解码、基带调制与解调中有着绝对的优势。

FPGA(Field Programmable Gate Array)芯片是一种可编程门阵列，与之相对的是完全定制化的专用集成电路(Application Specific Integrated Circuit，ASIC)，FPGA 作为半定制化的处理器，内部包括可配置逻辑模块(Configurable Logic Block，CLB)、输入/输出模块(Input/Output Block，IOB)和内部连线(inter connect)三部分，拥有大量小型处理单元组成的阵列，其中包含多达数百万个可编程的 1 位自适应逻辑模块，每个模块都能实现 ALU 的功能；同时拥有 DSP 模块，可以利用大量数学引擎进行可变精度的定点与浮点计算。用户只需通过软件即可对 FPGA 内电路逻辑进行编辑，使得嵌入式系统的开发非常方便、高效。下面是 FPGA 芯片的特点。

- 可重构性：具有静态可重复编程和动态在系统重构的特性，硬件功能能够像软件一样通过编程来修改；
- 高性能：得益于定制化设计，FPGA 可以实现非常高效的逻辑运算；利用内部大量计算单元可以实现高速的并行计算；
- 低功耗：FPGA 通过硬件编程执行特定的计算任务，消耗电量更加有针对性；
- 实时性：FPGA 并行计算能力强，时延低，满足实时性应用的需求；
- 开发门槛高：需要通过硬件描述语言进行编程，比 C/C++ 、Python 等更为复杂，且常用的时钟、协议等需要自行配置。

1.2.3 嵌入式 SoC/SoPC

1. SoC

SoC 是片上系统(System on Chip)的缩写，是一个有专用目标的集成电路，其中包含完整系统并有嵌入软件的全部内容。20 世纪 90 年代，嵌入式系统的设计从之前的以嵌入式微处理器或 DSP 芯片为核心的“集成电路”级设计，转向了“集成系统”级设计，从而诞生了 SoC 的概念。SoC 是一个完整的微小型系统，强调的是一个整体，其中不仅包含实现中央处理器功能的核心，还包括存储系统、外设接口、总线、中断模块、时钟模块、图像处理模块、电源管理模块等。

随着电路集成工艺、芯片自动化设计和验证方法的不断发展,将多个模块融合为一个 SoC 是嵌入式系统的发展趋势。SoC 的设计不只是简单的电路集成,而是在高密度的系统中将微处理器、模型算法、芯片结构、外围器件等各层次的电路设计紧密结合,在单个芯片上进行软硬件的协同设计,创造一个能实现复杂功能的完整系统。然而,如此复杂的系统设计是成本巨大的,为缩短 SoC 的设计周期并提高系统可靠性,往往采用嵌入 SoC 系统中的成熟 IP 核进行设计,包括硬核、软核与固核。硬核对应已有一定功能的集成电路模块;软核相当于软件编程的库,只用调用即可;而固核介于软核和硬核之间,除了完成 IP 软核所有的设计外,还完成门级电路综合和时序仿真等设计环节,一般以门级电路网表的形式提供给用户。

昇腾 310 AI 处理器就是一个 SoC,芯片内部集成了基于自研达芬奇架构的 AI Core、基于 ARM A55 架构的八核 CPU、数字视觉预处理模块 DVPP、多级 Cache 与 Buffer、PCIE 控制器、多种总线接口等,可以实现高达 16Tops 的现场算力,一秒内可处理上千张图片,实现目标检测、动作识别等复杂的 AI 功能,适用于低功耗、高算力需求场景下的边端嵌入式设备。

SoC 应用在嵌入式系统中能够大幅缩小电路体积,提高系统性能和可靠性,利用自身多个功能模块扩展应用场景,已经广泛应用于高速计算、边端监控、移动通信、军用电子系统等各类嵌入式系统。

2. SoPC

SoPC 为片上可编程系统,是 Altera 公司提出的一种灵活且高效的 SoC 解决方案,其最大特点是灵活可编程,旨在解决 SoC 设计风险高、开发周期长的问题。SoPC 将可编程逻辑器件(Programmable Logic Device,PLD)和 FPGA 技术结合起来,把处理器、存储器、I/O、LVDS、CDR 等系统设计需要的功能模块集成到一个可编程器件上,构成一个可编程的片上系统。SoPC 具有如下特点:

- 使用一个及以上的嵌入式微处理器或 DSP 芯片;
- 具有可编程模拟或数字电路;
- 片上可编程逻辑资源丰富,能搭建多核系统;
- 能够在外部对芯片进行编程;
- 低功耗、小型封装;
- 时钟主频较低。

由于市场上有丰富的 IP Core 资源可供灵活选择,故用户可以构建各种不同的系统,如单处理器、多处理器系统。有些可编程器件内还包含部分可编程模拟电路。除了系统使用的资源外,可编程器件内还具有足够的可编程逻辑资源,用于实现其他的附加逻辑。下面列举一些 SoPC 的解决方案。

Altera 公司开发了 Nios 系列的内核,以 Nios Ⅱ 为代表,其处理器是软核形式,采用基于 RISC 架构的 32 位指令集,可以基于 GNU C/C++ 的软件开发环境进行开发,性能超过 250DMIPS。

Actel 公司旗下的 CoreMP7 软 IP 核是针对自研 FPGA 优化的 ARM7 系列处理核，采用 32 位 ARM 指令集和统一总线结构，可在自研 ProASIC3 等 Flash 结构的 FPGA 上实现在线重复编程。

Xilinx 公司的 LogiCORE™ IP 10G/25G 以太网解决方案提供一个速度为 10Gb/s 或 25Gb/s 的以太网媒体接入控制器，该控制器在 BASE-R/KR 模式下与 PCS/PMA 集成，而在各种 BASE-R/KR 模式下与独立 PCS/PMA 集成。这个内核旨在与最新的 UltraScale™ 和 UltraScale+™ FPGA 配合使用，为 SoPC 网络传输提供高效、可靠的解决方案。

1.2.4 嵌入式系统接口及外设

嵌入式系统的硬件配置除了嵌入式微处理器和基本的外围电路外，其余电路都可以实现裁剪和定制化，包含存储器、通信模块和 I/O 设备等，它们与微处理器之间通过相应的接口、总线协议进行数据交互。在嵌入式系统中，存储器用于存储操作系统和应用程序，通信模块用于嵌入式系统和外界数据的传输，I/O 设备用于嵌入式系统的调试、控制与可视化。

1. 存储器

存储器主要用来存放程序和数据，嵌入式系统中常用的存储器主要包含易失性存储器和非易失性存储器。

易失性存储器是指在系统停止供电时数据丢失的存储器，以随机存储器（Random Access Memory，RAM）最为常见，它利用电路中电荷的存在来存储数据，可以分为动态 RAM 和静态 RAM，即 DRAM 和 SRAM。DRAM 结构设计简单、容量大，利用电容充放电进行数据存储，难以长久保存，需要定期补充电荷，常用于系统主存；SRAM 则不需要像 DRAM 那样不断刷新，存取速度非常快，常用于处理器内的高速缓存。

非易失性存储器是指系统断电后数据仍然保存的存储器，常用的有只读存储器（Read Only Memory，ROM）和 Flash。ROM 所存数据稳定，一旦存储数据就再也无法将之改变或者删除，断电后所存数据也不会消失，其结构简单，因此常用于存储各种固化程序和数据；但后来在此基础上发展出了可修改的可编程只读存储器（PROM）、可擦除可编程只读存储器（EPROM）和电可擦除可编程只读存储器（EEPROM），解决了 ROM 不可修改的问题，但价格较高；之后又推出了 Flash 存储器（Flash EEPROM），又称闪存，它结合了 ROM 和 RAM 的长处，不仅具备电可擦除可编程（EEPROM）的性能，还不会因断电丢失数据，同时可以快速读取数据，它与 EEPROM 的最大区别是：Flash 按扇区（block）操作，而 EEPROM 按照字节操作。Flash 的电路结构比较简单，同样容量下占芯片面积较小，成本自然比 EEPROM 低，因此适用于作为程序存储器。

2. I/O 设备

嵌入式系统的输入/输出设备，即 I/O 设备主要负责嵌入式系统的调试、控制和可视化等。按照使用特性可以将其分为以遥控器、打印机和显示屏为代表的人机交互设备，以移动硬盘、光盘为代表的外接存储设备，以调制器与解调器为代表的网络通信设备。按照传输速率可以分为低速、中速和高速设备，低速设备通常用于命令控制；中、高速设备用于海量数据的传输。按照信息交换单位可以分为以磁盘为代表的块设备，传输速率较高，可寻址；以鼠标等控制设备为代表的字符设备，传输速率较低。常见的I/O设备还有打印机、指示灯、扬声器、绘图仪等。

3. 通信接口与协议

通信接口是嵌入式系统内部模块之间或与其他设备进行数据交互的通道。常见的通信接口有RS-232、RS-485、RS-422、USB、蓝牙接口、以太网接口、5G接口等，它们利用相应的协议与嵌入式主机或其他设备进行数据交互。

RS-232、RS-485和RS-422是美国电子工业协会(Electronic Industry Association，EIA)制定的一种串行物理接口标准。RS是英文Recommended Standard的缩写，后3位数字为标识号。上述标准对电气特性以及物理特性的规定只作用于数据的传输通路上，它并不包含对数据的处理方式。其中，RS-232用－15～－3V表示1，＋3～＋15V表示0，通常以DB-9或DB-25的接口形式存在，至少需要发送数据线(TX)、接收数据线(RX)和参考地(Ground)三条线组成，只用于点对点通信，最大传输距离约为15m，在此基础上的增强型RS-232C采用双绞屏蔽线，传输距离可达1000m；RS-485采用差分传输方式，也称平衡传输，增强了链路抗共模干扰的能力，发送端2～6V表示1，－6～－2V表示0，经电路衰减到±200mV时接收端也可识别，可与TTL标准兼容，它使用一对双绞线，最少只需要一个差分对的两根线，采用半双工通信方式，最远传输距离可达1500m；RS-422的电气性能与RS-485完全一样，主要区别在于RS-422有4根信号线，包括两根发送线和两根接收线，可以全双工通信。

USB(Universal Serial Bus)即通用串行总线，是一种串口总线的标准，也是一种输入/输出接口的技术规范，在现实中频繁应用于手机、打印机、游戏机等嵌入式系统，它拥有Type-A、Type-B、Type-C、micro USB等多种形式，从1996年的USB1.0到2019年的USB4，其传输速度从1.5Mb/s提升到了40Gb/s，数据线也从USB1.0的DP＋和DP－两根发展到了如今USB4至少需要TX1、TX2、RX1、RX2共4个差分对的8根线。USB4采用隧道协议，将不同协议的数据整合在一起，支持USB3.2、DP、PCIE等多种数据的传输。

蓝牙(Bluetooth)是由爱立信(Ericsson)、诺基亚(Nokia)、东芝(Toshiba)、国际商用机器公司(IBM)和英特尔(Intel)公司联合推出的一种无线通信技术，工作频率为2.4GHz，全球通用。利用蓝牙设备可以搜索到另一个蓝牙技术产品，迅速建立起两个设备之间的联系，由于其低功耗、无须数据线等特点，在数码产品、家用电器、汽车电子等嵌入式设备中应用广泛。

以太网接口是远距离传输常用的接口之一，IEEE 802.3是常用的协议标准。目前以太网根据速度等级大概分为标准以太网(10Mb/s)、快速以太网(100Mb/s)、千兆以太网(1000Mb/s)、万兆以太网(10Gb/s)等，其中的数据通过TCP或UDP封装数据进行传输。

5G是目前运用到嵌入式通信设备中的新技术,其网络架构宏观上分为接入网和核心网两部分,5G接入层称为NG-RAN(NR),由5G基站(gNB)组成;5G核心网由控制面(AMF)、用户面(UPF)组成。5G接口分为Xn和NG两种,Xn接口用于NG-RAN node之间的互联,NG接口用于gNB与5GC(5G核心网)之间的连接。5G NR使用100MHz频率带宽、MIMO 2天线发时的上行峰值速率为1.2Gb/s,使用100MHz频率带宽、MIMO 4天线收时的下行峰值速率大于2Gb/s。5G同时拥有高带宽与低延时的优势。

1.3 嵌入式系统软件组成

嵌入式系统软件和嵌入式系统是密不可分的,它基于嵌入式系统的硬件平台而设计,负责控制硬件电路、分配硬件资源和调度数据传输,同嵌入式硬件一样也是可以剪裁、定制的,具有实用性、灵活性、轻量化、可靠性与稳定性强等特点。本节先总体概括嵌入式系统的软件分层体系,再从嵌入式操作系统和嵌入式软件集成开发环境方面介绍嵌入式系统的软件组成。

1.3.1 嵌入式系统的软件分层体系

嵌入式系统软件结构一般包含四个层面:驱动层、实时操作系统(RTOS)层、应用程序接口层、应用程序层,如图1-14所示。

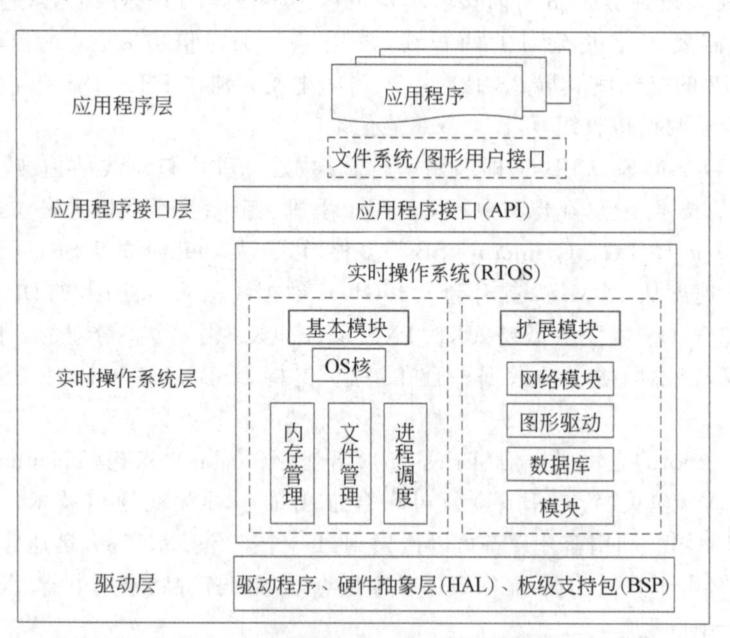

图1-14 嵌入式系统软件基本结构

(1) 驱动层:驱动是嵌入式系统中介于硬件平台和操作系统之间的中间层软件,提供操作系统与硬件层之间的交互,主要目的是屏蔽底层硬件的多样性,根据操作系统的要求完成对硬件的直接操作,向操作系统提供底层硬件信息并最终启动操作系统。

(2) 实时操作系统层：实时操作系统(Real-time Operating System，RTOS)又称即时操作系统，它会按照排序运行、管理系统资源，并为开发应用程序提供一致的基础，其最大特征为"实时"性，系统响应快。

(3) 应用程序接口层：应用程序接口(Application Programming Interface，API)是指一些预先定义的函数，或软件系统不同组成部分衔接的约定，旨在提供应用程序与开发人员基于某软件或硬件以访问一组例程的能力，而又无须访问源码，或理解内部工作机制的细节，可以有效缩短嵌入式软件的开发周期，提高系统的可靠性。

(4) 应用程序层：包含一系列数据和指令的集合，用于实现嵌入式设备的特定功能，并负责与用户进行交互。

1.3.2 嵌入式操作系统综述

当设计一个简单的应用程序时，可以不使用操作系统。对于功能简单且仅包括应用程序的嵌入式系统，一般不使用操作系统，仅使用应用程序和设备驱动程序；当设计较复杂的程序时，可能就需要一个操作系统来管理、控制内存、多任务、周边资源等。操作系统负责系统全部软、硬件资源的分配与调度，能够利用模块的装卸进行功能配置，它隐藏了系统的硬件配置，补平了各系统的硬件差异，使得不同功能的应用程序能够基于统一的平台开发、运行，提高了嵌入式系统的兼容性，降低了其开发设计周期。专门针对嵌入式系统的嵌入式操作系统(Embedded Operating System，EOS)是一段嵌入在目标硬件中的软件，用户的其他应用程序都建立在嵌入式操作系统之上。

由于实时性是嵌入式系统的特点之一，故嵌入式系统大多是实时操作系统(Real Time Operating System，RTOS)。实时操作系统指一个能够在指定或者确定的时间内完成系统功能以及对外部或内部、同步或异步事件作出响应的系统。与普通的嵌入式操作系统只注重任务的平均响应时间等平均性能指标不同，嵌入式实时操作系统的主要特点是性能上的"实时性"，系统的正确性不仅依赖于计算的逻辑结果，也依赖于结果产生的时间。RTOS可以根据实际应用环境的要求对内核进行剪裁和重新配置，组成可根据不同应用领域而有所不同，但以下几个重要组成部分是不太变化的：实时内核、网络组件、文件系统和图形接口。

嵌入式操作系统相对于一般的操作系统而言，仅指操作系统的内核(或者微内核)，其他的诸如窗口系统界面或通信协议等模块可以另外选择，目前大多数的嵌入式操作系统必须提供以下管理功能。

(1) 多任务管理：对于多线程(Multi-Threads)或多进程(Multi-Processes)的多任务，嵌入式操作系统需要采用先来先服务(FCFS)、轮询(Round Robin)、优先级(Priority)等调度算法来控制这些执行程序的起始、执行、暂停、结束。

(2) 存储管理：在嵌入式系统中一般不采用虚拟内存管理，而采用动态内存管理，当程序的某一部分需要使用内存时，利用操作系统提供的分配函数来处理，一旦使用完毕，可以通过释放函数来释放占用的内存，这样内存可以重复使用。

(3) 周边资源管理：在一个嵌入式系统里，除了系统本身的中央处理器、内存之外，还有许多不同的周边系统，例如输入/输出设备、通信端口、外接的控制器等，操作系统中必须提供周边资源的驱动程序，以便资源管理和应用程序使用。

(4) 中断管理：嵌入式操作系统和一般操作系统一样，都是用中断方式来处理外部事件和I/O请求的。中断管理负责中断的初始化安装、现场的保存和恢复、中断栈的嵌套管理等。

嵌入式操作系统可以分为商用型和免费型。商用型有VxWorks、Windows CE、pSOS、Palm OS、OS-9、LynxOS、QNX、LYNX、iOS、Symbian和HarmonyOS等；免费型有Linux、μC/OS-II、Android和FreeRTOS等。下面介绍一些主流的嵌入式操作系统。

1. FreeRTOS

FreeRTOS是一个专门针对嵌入式系统设计的轻量级操作系统，其功能包括多任务管理、时间管理、内存管理、定时器、消息队列等；其占用资源很小，可以在性能低的小型ARM单片机上运行；它凭借久经考验的系统稳定性、微小的占用空间和广泛的设备支持，广泛应用于微控制器和小型微处理器。FreeRTOS操作系统是完全免费的，也是完全开源的，具有可移植、可剪裁、调度策略灵活等特点，其具体特性有：

- 具有抢占式或者合作式的实时操作系统内核；
- 功能可裁剪，最小占用10KB左右的ROM空间及0.5KB的RAM空间；
- 灵活的任务优先级分配，没有限制任务数量与优先级，且多个任务可以分配相同的优先权，采用优先级继承机制；
- 具有低功耗模式；
- 有互斥锁、信号量、消息队列等功能；
- 强大的执行跟踪功能；
- 支持中断嵌套、堆栈溢出检测。

2. VxWorks

VxWorks操作系统是美国Wind River System公司于1983年设计开发的一种嵌入式实时操作系统，是嵌入式开发环境的关键组成部分，具有良好的持续发展能力、高性能的内核以及友好的用户开发环境，在嵌入式实时操作系统领域占据一席之地。

VxWorks的优势在于它是一种确定性、基于优先级的抢占式实时操作系统，具有超低延迟和最小抖动。为应对未来挑战，VxWorks采用可升级架构，助力企业快速响应不断变化的市场需求，确保技术永不过时。同时，VxWorks也是全球首个且唯一一个利用容器部署应用程序的实时操作系统，是唯一支持C++ 17、Boost、Rust、Python、pandas等开发语言的实时操作系统，搭载边缘优化和OCI兼容的容器引擎，便于企业灵活选择开发语言、工具和技术，创新机要事务。

VxWorks操作系统以其良好的可靠性和卓越的实时性广泛应用在通信、军事、航空、航天等高精尖技术及对实时性要求极高的领域，如卫星通信、军事演习、弹道制导、飞机导航等，甚至在1997年4月登陆火星的探测器上也使用了VxWorks。

3. Linux

Linux 是一个通用的操作系统，其全称为 GNU/Linux，在个人计算机和嵌入式设备上都有着广泛应用。Linux 是一种免费使用和可自由传播的类 UNIX 操作系统，其内核由林纳斯·本纳第克特·托瓦兹（Linus Benedict Torvalds）于 1991 年 10 月 5 日首次发布，其特点是版权免费、性能优异、软件移植容易、代码开放、有许多应用软件支持。其中，μClinux（micro-control Linux）是专门针对没有 MMU 的 CPU，并且为嵌入式系统做了许多小型化的工作，适用于没有虚拟内存或内存管理单元的处理器，例如 ARM7TDMI。同标准的 Linux 相比，μClinux 的内核非常小，不能使用虚拟内存管理技术，而是对物理内存进行直接访问，程序中访问的地址都是实际的物理地址，它继承了 Linux 操作系统的主要特性，包括良好的稳定性和移植性、强大的网络功能、出色的文件系统支持、标准丰富的 API，以及 TCP/IP 网络协议等。μClinux 结构复杂，移植相对困难，内核相对 FreeRTOS 更大，实时性也弱一些，适合开发注重文件系统与网络应用的嵌入式产品。

4. Android

Android 一词的本义是指“机器人”，是基于 Linux 平台的开源操作系统，主要用于便携嵌入式设备。Android 操作系统最初由 Andy Rubin 开发，最初主要支持手机。2005 年，Android 由 Google 收购注资，并组建开放手机联盟进行开发改良，逐渐扩展到平板电脑及其他领域。截至 2023 年 7 月，最新的 Android 14 版本对路径查询和插值、用户截屏检测和非线性字体放大等功能与 API 进行了修改和更新。Android 操作系统具有如下特点。

（1）开放性：Android 系统基于 Linux 平台进行设计与二次开发，有丰富的开放源代码，其设计理念就是建立一个标准化与开放式的移动软件平台。

（2）无界性：Android 系统中的应用程序既可以使用系统自带的软件，也可以使用开发者自己开发的软件，可任意替换，如文本编辑器、照相机等，调用 Android 开发平台开放的 API 接口即可。

（3）方便性：Android 使用通用的 Java 语言开发应用程序，在集成开发环境 Android Studio 中有大量的应用程序组件，如 Google Map、图形界面、电话服务等，用户可任意组合以开发新的应用程序，研发成本更低。

（4）硬件丰富性：Android 支持众多硬件传感器，如方向传感器、重力传感器、光学传感器、压力传感器等，以及其他模块，如蓝牙、3G、Wi-Fi、Camera、GPS 等，同时拥有完善的硬件仿真器，如 Android 模拟器。

5. iOS

iOS 是苹果公司开发的适用于手机、平板电脑的一款操作系统。系统引入了基于大型多触点显示屏和领先性新软件的全新用户界面，让用户用手指即可控制嵌入式设备。截至 2023 年，已发布 iOS 17 操作系统。

苹果 iOS 系统只运行在自己开发的设备上，其软件与硬件的整合度相当高，可以让系统有针对性地对硬件能够发挥的性能进行充分利用，使得系统软件和软件的运行效率更高。由于苹果是闭源系统，故为了保护用户信息的安全，仅仅只承认苹果商店中的 App，不允许机主下载安装来历不明的安装包，使 App 的运行被控制在 iOS 系统安全范围之内，也使恶意的应用直接从根源上远离手机。

6. HarmonyOS

HarmonyOS 即鸿蒙系统，是一款基于微内核的面向全场景的分布式操作系统，于 2019 年 8 月 9 日在华为开发者大会上正式发布。时任华为技术有限公司常务董事余承东表示，对于安卓的内核程序来说，一般用户用到的代码不到 8%，整体比较冗余，这在物联网时代是没必要的。因此，华为研发团队提出"微内核"的概念，区别于宏内核，微内核采用同一套操作平台，针对不同硬件能力的产品进行部署，并采用分布式架构提升效率。通俗来讲，就是根据手机、电视机、车载设备等嵌入式设备的不同情况，采用相同的内核完成嵌入式操作系统的基本功能，而采用不同的外核完善系统的差异化功能。HarmonyOS 还具有以下特点：

- 分布式架构首次用于终端 OS，实现跨终端的无缝协同体验；
- 确定时延引擎和高性能 IPC 技术实现系统流畅；
- 基于微内核架构重塑终端设备可信安全；
- 通过统一 IDE 支撑一次开发，多端部署，实现跨终端生态共享。

目前最新的 HarmonyOS 3 系列，其初代版本基于 Linux 5.4.86 进行开发，支持更多协同设备，显示器、打印机、墨水屏、手表、座舱、智能眼镜等，两两之间可以进行交互，同时系统安全得到了进一步的增强，还支持计算资源的跨平台共享，移动设备也能够享受到桌面端 GPU 的计算资源。

7. RT-Thread

RT-Thread 的全称是 Real Time-Thread，顾名思义，它是一个嵌入式实时多线程操作系统，基本属性之一是支持多任务，但允许多个任务同时运行并不意味着处理器在同一时刻真地执行了多个任务。事实上，一个处理器核心在某一时刻只能运行一个任务，由于每次对一个任务的执行时间很短、任务与任务之间通过任务调度器进行非常快速的切换（调度器根据优先级决定此刻该执行的任务），所以给人造成多个任务在一个时刻同时运行的错觉。在 RT-Thread 系统中，任务是通过线程实现的，RT-Thread 中的线程调度器也就是以上提到的任务调度器。

RT-Thread 主要采用 C 语言编写，浅显易懂，方便移植，它把面向对象的设计方法应用到实时系统设计中，使得代码风格优雅、架构清晰、系统模块化、可裁剪性好。针对资源受限的微控制器（MCU）系统，可通过方便易用的工具裁剪出仅需要 3KB Flash、1.2KB RAM 内存资源的 NANO 版本（NANO 是 RT-Thread 官方于 2017 年 7 月发布的一个极简版内核）；而对于资源丰富的物联网设备，RT-Thread 又能使用在线的软件包管理工具，配合系统配置工具实现直观快速的模块化裁剪，无缝导入丰富的软件功能包，实现类似 Android 的图形界面及触摸滑动效果、智能语音交互效果等复杂功能。相较于 Linux 操作系统，RT-Thread 体积小、成本低，功耗低、启动快速。除此以外，RT-Thread 还具有实时性高、占用资源小等特点，非常适用于各种资源受限(如成本、功耗限制等)的场合。

8. openEuler

欧拉开源操作系统(openEuler，简称“欧拉”)是一款由华为公司发布的开源操作系统。当前，openEuler 内核源于 Linux，支持昇腾、鲲鹏及其他多种处理器，能够充分释放计算芯片的潜能，是由全球开源贡献者构建的高效、稳定、安全的开源操作系统，适用于数据库、大数据、云计算、人工智能等应用场景。该操作系统是基于 CentOS 的 Linux 发行版，openEuler 项目来源于华为服务器操作系统 EulerOS，2023 年 6 月 28 日宣布开源，同时上线了其开源社区，源码托管于 Gitee 平台。openEuler 有几大特点，其中包括：

- 支持多处理架构：支持 X86、ARM 架构，支持昇腾、鲲鹏、树莓派、中科海光芯片。
- 性能强：采用协同反馈的方式对内核进行调度，解决核与核之间不均衡的问题，释放多核算力。
- 使用方便：通过 StratoVirt＋iSula 组合构建了极致轻量化的安全容器全栈，通过 RUST 语言和 VMware 接口，针对数据迁移提供了应用比较丰富的工具，简化容器使用。
- 开源生态：生态合作伙伴、学生、研究人员等数百万开发者可全方位参与包括内核、基础包、标准包、扩展包在内的项目贡献。

1.3.3 嵌入式系统软件集成开发环境

嵌入式软件建立在嵌入式硬件平台上，其最大的特点是软硬件协同设计，即在设计时从系统功能的实现考虑，把实现时的软硬件同时考虑进去，硬件设计包括芯片级功能定制设计。嵌入式软件和硬件在任务分配、接口定义、仿真分析等方面都需要协同设计，如图 1-15 所示。

嵌入式系统应用软件是跨平台开发的，或称为交叉开发的。交叉开发是指在一台通用计算机上进行软件的编辑和编译，然后下载到嵌入式设备中运行和调试的开发方式，通常采用宿主机/目标机模式。其中，开发计算机称为宿主机，嵌入式设备称为目标机。交叉开发环境由宿主机上的交叉开发软件和宿主机到目标机的调试通道组成。

嵌入式系统交叉开发软件通常是一种用于编辑、编译、链接，具有工程管理能力、丰富的函数库、能够将程序加载到嵌入式设备并进行调试的集成开发环境(Integrated Development Environment，IDE)。常见的交叉开发软件平台有 Keil、Vivado 等。

Keil 是由德国慕尼黑的 Keil Elektronik GmbH 公司和美国得克萨斯州的 Keil Software Inc 公司联合开发的专门针对单片机的集成开发环境，于 2005 年被 ARM 收购，用于编写单片机程序，并对程序进行编译；兼容 STM32、51 系列单片机，涵盖 C 编译器、宏汇编、链接器、库管理和仿真调试器，非常方便易用，目前已更新到第五代产品 Keil uVision 5。

Vivado 是由 Xilinx 公司于 2012 年发布的针对 FPGA 的集成设计环境，包括高度集

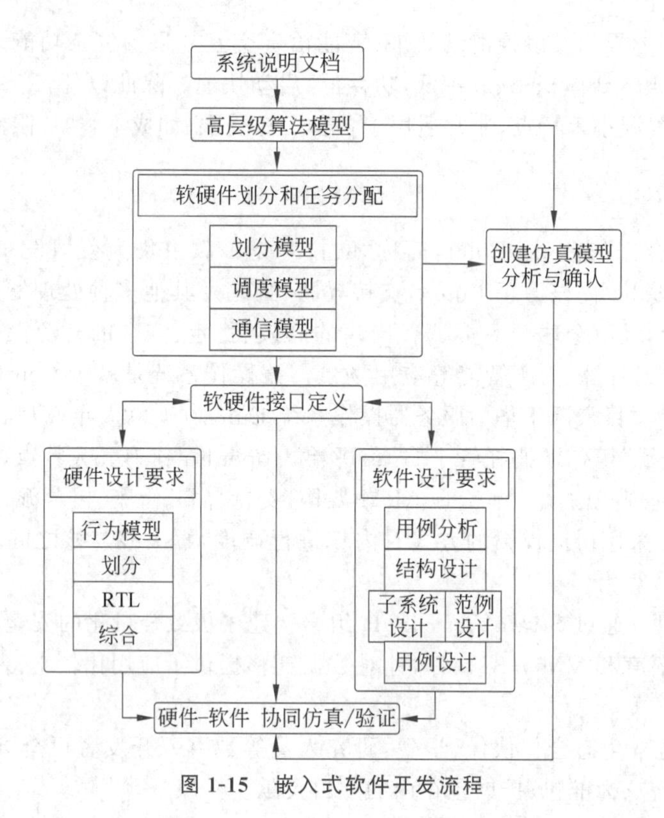

图 1-15　嵌入式软件开发流程

成的设计环境和新一代从系统到IC级的工具，是一系列软件和组件的集合，以上均建立在共享的可扩展数据模型和通用调试环境的基础上，可为设计团队提供实现基于C的设计、重用优化、IP子系统重复、集成自动化以及设计收敛加速所需的工具和方法。

宿主机到目标机的调试通道通常有以下5种。

1. 在线调试/在线仿真

在线调试(On-Chip Debugging，OCD)，在线仿真(On-Chip Emulator，OCE)通道在嵌入式处理器内植入特定的控制模块，在被调试程序停止运行时，宿主机通过处理器外部特定的接口访问处理器内部寄存器等各种资源。常见的有JTAG仿真器，通过处理器特有的JTAG接口，结合串口、网口等与宿主机进行通信，不使用片上资源；以及Freescale公司的专有调试接口BDM，调试时处理器被停机，大量命令被发送到处理器中访问内存和寄存器，外部仿真系统使用一个三脚(DSCLK，DSI，DSO)串行的双工通道与处理器通信。

2. 在线仿真器

在线仿真器(In-Circuit Emulator，ICE)是调试嵌入式系统软件的硬件设备，仿真器可以替代目标系统中的MCU，仿真其运行。仿真器运行起来和实际的目标处理器一样，但增加了其他功能，能够通过桌面计算机或其他调试界面观察MCU中的程序和数据，并控制MCU的运行。常见的ICE工具有Atmel-ICE-PCBA AVR仿真器、ST-Link v2仿真调试下载器和ARM仿真器等。

3. ROM 监控器

ROM 监控器(ROM Monitor)是被固化且运行在目标机上的一段程序,负责监控目标机上被调试的程序的运行,与宿主机端的调试器一起完成对应用程序的调试。调试器与 ROM 监控器之间的通信遵循远程调试协议,其优势是简单方便、成本低、可扩展性强、支持多种高级调试功能,但当 ROM 监控器占用 CPU 时,应用程序不响应外部的中断,因此不便调试有时间特性的程序,同时某些调试功能依赖于 CPU 硬件的支持,需要占用目标机一定数量的资源。

4. ROM 仿真器

ROM 仿真器(ROM Emulator)专门用于仿真目标机上的 ROM 芯片,被调试程序下载到 ROM 仿真器中,相当于下载到了目标机的 ROM 芯片上,最终在 ROM 仿真器上调试目标程序即可。

5. 软件模拟器

软件模拟器对目标机的指令系统或操作系统进行模拟,将嵌入式应用程序加载到其中进行调试。该方法是对目标机的指令执行结果、执行时间、常用外设和中断等的仿真,但速度慢,不能仿真与时序相关的操作。

1.4 嵌入式系统发展趋势

随着经济、科技的发展,嵌入式系统的发展也呈现多样化的趋势,体现在硬件、软件、协议、应用等方面。本节将从上述四方面出发,介绍嵌入式系统的发展趋势。

1. 硬件:多处理器融合

纵观计算机技术发展史,计算机发展的转折点总是伴随着处理器芯片的更迭;处理器的更新换代也同样推动着计算机技术与体系结构的发展。芯片架构的不断升级和芯片制造工艺的不断提升给嵌入式系统带来了小型化、低功耗、高算力的优势。由于处理器芯片逐渐逼近摩尔定律的极限,为应对嵌入式系统在不同应用场景下复杂的多计算模块协同处理需求,多处理器融合成为嵌入式系统硬件上主要的发展趋势。

随着多处理器融合的片上系统(SoC)芯片的诞生,它满足了嵌入式系统小型化、低功耗、低成本、多功能的需求,将在未来很长一段时间成为嵌入式系统处理器的核心技术。SoC 将多个处理器模块融合在一起,包括但不限于中央处理器(CPU)、图像处理器(GPU)、可编程门阵列(FPGA)、数字信号处理(DSP)模块、存储管理单元(MMU)等。以昇腾 310 AI 处理器为例,其本质就是一个 SoC,片内包含八核的 Cortex-A55 作为中央处理器,以及集成 AI Core 与 AI CPU 的 AI 计算引擎、数字视觉预处理(Digital Vision Pre-Processing,DVPP)模块等,能够在低功耗场景下实现命令控制、数据传输、图像/视频处理以及复杂的神经网络训练与推理计算。

除此之外，多处理器融合还表现在嵌入式系统的分布式计算上。由多个边端设备节点组成的分布式计算系统通过网络相互连接组成分散系统，然后将需要处理的数据分散成多部分，交由分散在系统内的计算机组同时计算，最终再将结果合并，得到最终结果。多个处理器节点的融合不但能够解决传统集中式处理成本攀升的问题，还能够有效避免系统单点故障的风险。由多个嵌入式设备组成边端设备节点，利用两阶段提交协议 2PC 满足多节点数据的一致性，同时在某个节点故障时，可以通过相邻节点的信息恢复数据。在 HarmonyOS 3 中，通过嵌入式操作系统的支持，两个设备能够实现计算资源的跨平台共享，移动设备也能够享受桌面端 GPU 的计算资源。

2. 软件：辅助硬件，重视需求

如果说嵌入式硬件是嵌入式系统的支撑，那么嵌入式软件就是嵌入式系统发展的灵魂。嵌入式软件包括操作系统、应用程序和面向用户的可视化控制与显示界面。所有的嵌入式产品都需要嵌入式软件提供灵活多样、应用特制的功能。随着嵌入式系统应用的不断深入和产业化程度的不断提升，新的应用环境和产业化需求对嵌入式系统软件提出了更加严格的要求。在新需求的推动下，嵌入式操作系统内核不仅需要具有微型化、高实时性等基本特征，还将向高可信性、自适应性、构件组件化方向发展；支撑开发环境将更加集成化、自动化、人性化；系统软件对无线通信和能源管理的功能支持将日益重要。行业性开放系统正日趋流行。统一的行业标准具有开放、设计技术共享、软硬件重用、构件兼容、维护方便和合作生产的特点，是增强行业性产品竞争能力的有效手段。嵌入式操作系统正走向开放化、标准化；Linux 正逐渐成为嵌入式操作系统的主流；J2ME 技术也将对嵌入式软件的发展产生深远影响。目前，自由软件技术备受青睐，并对软件技术的发展产生了巨大的推动作用，这为加快发展嵌入式软件技术提供了极好的机遇和条件。

3. 协议：高速协议助力高效通信

随着嵌入式系统处理器性能的提升，实时性要求的提高，AI 算法植入嵌入式系统，以及多节点分布式计算的嵌入式网络逐渐形成，其数据量也日益增加，这需要高速、高带宽传输数据的接口实现海量数据的传输。高速与高带宽数据传输的实现不仅需要通过硬件电路上板材特性的进步和合理的布线方式保证高速信号完整性的要求，更重要的是对高速协议的标准不断进行更新迭代。常见的嵌入式系统内部模块之间和与外部进行通信的高速协议有以太网、USB、PCIe 等。

以太网协议是一种应用十分广泛的局域网传输技术，从早期的兆比特以太网、施乐以太网到如今的千兆以太网、万兆以太网，以太网技术逐渐向高带宽发展，传输介质也从普通的铜芯双绞线发展为光纤。2020 年，25 千兆以太网联盟（现称为以太网技术联盟）发布了 800G 以太网 800GBASE-R 规范，顾名思义，其带宽可以达到惊人的 800Gb/s。800G 以太网协议引入了新的 MAC 和物理编码子层（PCS），它本质上重新利用了 IEEE 802.3bs 标准中的两组现有 400GbE 逻辑，并进行了一些修改，故也可以看作 400G 以太网的扩展版本。

USB（Universal Serial Bus）是一种串口总线标准，也是一种输入/输出接口的技术规范，广泛应用于个人计算机和移动设备等信息通信产品，其最新标准是于2019年推出的USB4协议，最高带宽可以达到40Gb/s。USB4的特点在于利用隧道协议整合了USB前代数据、DisplayPort数据和PCIe数据，最多可分别为数据传输和显示分配22Gb/s和18Gb/s的带宽，同时支持USB PD快充，最大功率可达100W。USB4整合各种协议的技术是未来协议的发展趋势之一，利用隧道技术使同种接口支持多种协议，并能够同时传输，可以在提高数据传输能力的同时降低了系统冗余度。

PCIe(Peripheral Component Interconnect Express)总线协议是在PCI(Peripheral Component Interconnect)协议的基础上发展而来的，属于高速串行点对点双通道高带宽传输，连接的设备分配独享通道带宽，不共享总线带宽。PCIe支持×1、×4、×8、×16等不同通道数，可以针对不同数据量提供不同带宽。最新的PCIe 6.0初始版草案已在2022年年初完成，按照传统，继续让I/O带宽翻倍达到64GT/s；应用到实际中，PCIe 6.0×1单向实际带宽为8GB/s，PCIe 6.0×16单向带宽为128GB/s、双向带宽为256GB/s。如此高带宽的接口不是给消费级市场准备的，甚至不针对一般的企业级、数据中心级应用，而是针对云端、人工智能、机器学习、边缘计算等需要超高带宽的领域，单个PCIe 6.0×16就可以支持800G以太网，还有各种加速器、FPGA、ASIC、存储等。

4. 应用：智能物联网覆盖更广领域

嵌入式系统的应用领域非常广泛，在消费电子、交通工具、公共设施、工业控制及军事国防等方面都能够找到嵌入式系统的身影。随着嵌入式系统开发技术的不断提升，以及各领域对嵌入式系统需求的不断增加，嵌入式系统最终会覆盖生活中的每个角落，解决人们衣食住行各方面的问题。除了嵌入式系统在军事国防和工业领域的应用，万物互联(IoE)的概念将在嵌入式系统的推动下变成现实。基于嵌入式设备的物联网(IoT)将生活中的各种事物联系在一起，移动设备、智能家居、交通设施等可以相互通信，实现远程控制与管理。嵌入式系统的发展将会使人车交互、车辆节点之间的交互，以及车辆与路侧单元、云平台的交互更加高效、方便，L5级自动驾驶技术将成为可能。除此之外，智能家居系统如今已有雏形，嵌入式系统的发展将会使其更加完善，拥有更多的功能，方便人们的生活起居。

嵌入式系统在硬件、软件、协议等嵌入式技术上和嵌入式系统的应用相互依托，嵌入式技术发展为嵌入式系统的应用提供技术基础与实现平台，嵌入式设备的应用需求为软硬件技术的发展提供方向与目标，两者共同推动嵌入式技术的发展。

1.5 课后习题

1. 请简述嵌入式系统的定义。
2. 嵌入式系统有哪些特点？
3. 以下关于嵌入式处理器的说法中正确的是(　　)。

   A. RISC-V处理器是基于复杂指令集架构的处理器

   B. 哈佛结构是程序与数据统一的存储结构

C. FPGA 比 DSP 更适合处理通信中的信道编解码、基带调制与解调等问题

D. ARM Cortex-M 处理器是面向控制的嵌入式微处理器

4. 嵌入式系统软件结构由如下 4 个层面组成：________、________、________、________。

5. 嵌入式操作系统的功能主要有哪些？

6. 什么是易失性存储器和非易失性存储器？

7. 写出下列英文缩写的英文全拼及中文含义。

(1) RAM　(2) DRAM　(3) ROM　(4) PROM　(5) EPROM　(6) FLASH
(7) RTOS　(8) SoC　(9) SoPC　(10) IP　(11) OS　(12) HAL
(13) BSP　(14) ICE　(15) ICD　(16) EEPROM　(17) API　(18) RISC
(19) SPI　(20) MMU　(21) I2S　(22) I2C　(23) UART　(24) ARM
(25) LCD　(26) AHB　(27) APB　(28) SP　(29) SWI　(30) FIQ
(31) CAN　(32) DMA　(33) FPGA　(34) DSP　(35) GPIO

8. 简述嵌入式系统的硬件组成，并解释什么是嵌入式微处理器、嵌入式微控制器 MCU、DSP 和 SoC/SoPC。

第2章 chapter 2

ARM技术概述

目前存在很多嵌入式处理器硬件，其中应用最广泛的是ARM嵌入式处理器。ARM体系相比其他处理器具有结构简单、使用入门快等特点。ARM内核虽然众多，但是其设计的核心特点都是相似的。因此，了解和掌握ARM的体系结构，在未来应对不同ARM处理器核时将更容易上手。

本章的内容主要包括ARM体系结构、ARM流水线、ARM内核、Cortex-A55处理器。

2.1 ARM体系结构

ARM是目前常见的处理器类型之一，在军工、消费电子、汽车、能源等各个领域都有着广泛的应用。了解ARM处理器的体系结构和工作原理对未来从事ARM开发非常有帮助，因此本节将通过介绍ARM体系结构的发展和特点、ARM的流水线技术、ARM发展至今设计的处理器内核，帮助读者全面了解ARM的整体体系。

2.1.1 ARM体系结构的发展

1978年12月5日，物理学家赫尔曼·豪泽(Hermann Hauser)和工程师克里斯·库里(Chris Curry)，在英国剑桥创办了CPU(Cambridge Processing Unit)公司，主要业务是为当地市场供应电子设备。1979年，CPU公司改名为Acorn计算机公司。

1. ARM1～ARM3

ARM1处理器是在1985年推出的，它是ARM公司的第一个产品。该处理器是32位RISC(Reduced Instruction Set Computer)处理器，采用了哈佛架构，即指令和数据使用不同的地址总线，可以实现指令和数据同时进行访问。ARM1处理器只有2.6万个晶体管，最高主频为6MHz，运行效率相对较低。

之后，ARM2处理器推出，主频提高到8MHz，并支持Cache(缓存)功能，使得运行效率进一步提升。ARM3处理器又进一步提高了主频，达到了25MHz，并支持虚拟内存管理功能，这是ARM处理器首次具备了操作系统支持的能力。

2. ARM4～ARM6

ARM4处理器于1991年推出，主频有了较大提升，达到了120MHz，并加入了向后兼容的指令集，使得现有的ARM软件可以直接在ARM4上运行。ARM5处理器在1992年推出，它进一步增加了性能和功能。ARM5处理器实现了内置Cache的能力，同时加入了Write Buffer、Write Allocate等多种技术，进一步提高了处理器的效率。此外，ARM6处理器还支持LOCK、SWP等指令，这些指令极大地方便了多处理器的应用。

3. ARM7

ARM7内核采用冯·诺依曼体系结构，数据和指令使用同一条总线。内核有一条3级流水线，执行ARMv4指令集。

ARM7系列处理器主要用于对功耗和成本要求比较苛刻的消费类产品，其最高主频可以达到130MIPS（MIPS指每秒执行的百万条指令数）。ARM7系列包括ARM7TDMI、ARM7TDMI-S、ARM7EJ-S和ARM720T，用于不同的市场需求。ARM7系列处理器主要具有以下特点：

- 成熟的、大批量的32位RISC芯片；
- 最高主频达到130MIPS；
- 功耗低；
- 代码密度高，兼容16位微处理器；
- 开发工具多、EDA仿真模型多；
- 调试机制完善；
- 提供0.25μm、0.18μm及0.13μm的生产工艺；
- 代码与ARM9系列、ARM9E系列以及ARM10E系列兼容。

4. ARM9

ARM9系列于1997年问世。由于采用了5级指令流水线，ARM9处理器能够运行在比ARM7更高的时钟频率上，改善了处理器的整体性能；存储器系统根据哈佛体系结构（程序和数据空间独立的体系结构）重新设计，区分了数据总线和指令总线。

ARM9系列的第一个处理器是ARM920T，包含独立的数据指令Cache和MMU。此处理器能够用在要求有虚拟存储器支持的操作系统上。此系列的ARM922T是ARM920T的变种，只有一半大小的数据指令Cache。

ARM940T包含一个更小的数据指令Cache和一个MPU，它是针对不要求运行操作系统的应用而设计的。ARM920T、ARM940T都执行v4T架构指令。

5. ARM9E

ARM9系列的下一个处理器是基于ARM9E-S内核的，这个内核是ARM9内核带有E扩展的一个可综合版本，它有ARM946E-S和ARM966E-S两个变种，两者都执行v5TE架构指令，它们也支持可选的嵌入式跟踪宏单元，支持开发者实时跟踪处理器上指令和数据的执行。当调试对时间敏感的程序段时，这种方法非常重要。

ARM946E-S包括TCM、Cache和一个MPU，TCM和Cache的大小可配置。该处理器是针对要求确定的实时响应的嵌入式控制而设计的。ARM966E-S有可配置的TCM，但没有MPU和Cache扩展。

ARM9系列的ARM926EJ-S内核为可综合的处理器内核，发布于2000年，它是针对小型便携式Java设备，诸如3G手机和PDA应用而设计的。ARM926EJ-S是第一个包含Jazelle技术、可加速Java字节码执行的ARM处理器内核，它还有一个MMU、可配置的TCM以及具有零或非零等待存储器的数据/指令Cache。

6. ARM10

ARM10发布于1999年，具有高性能、低功耗的特点，它采用的新的体系使其在所有ARM产品中具有最高的MIPS/MHz，它将ARM9的流水线扩展到6级，也支持可选的向量浮点单元(VFP)，对ARM10的流水线加入了第7段。VFP明显增强了浮点运算性能，并与IEEE754.1985浮点标准兼容。

ARM10E系列处理器采用了新的节能模式，提供了64位的Load/Store体系，支持包括向量操作的、满足IEEE 754的浮点运算协处理器，系统集成更加方便，拥有完整的硬件和软件开发工具。ARM10E系列包括ARM1020E、ARM1022E和ARM1026EJ-S三种类型。

7. ARM11

ARM1136J-S发布于2003年，是针对高性能和高能效而设计的。ARM1136J-S是第一个执行ARMv6架构指令的处理器，它集成了一条具有独立的Load/Store和算术流水线的8级流水线。ARMv6指令包含针对媒体处理的单指令流和多数据流扩展，可以采用特殊的设计改善视频处理能力。

8. SecurCore

SecurCore系列处理器提供了基于高性能的32位RISC技术的安全解决方案。SecurCore系列处理器除了具有体积小、功耗低、代码密度高等特点外，还具有自己的特别优势，即提供了安全解决方案支持。SecurCore系列包含SC100、SC110、SC200和SC210四种类型。

SecurCore系列的主要特点如下：

- 支持ARM指令集和Thumb指令集，以提高代码密度和系统性能；
- 采用软内核技术，以提供最大限度的灵活性，可以防止外部对其进行扫描探测；
- 提供了安全特性，可以抵制攻击；
- 提供面向智能卡和低成本的存储保护单元(MPU)；
- 可以集成用户自己的安全特性和其他协处理器。

9. Cortex

ARM公司在经典处理器ARM11以后的产品改用Cortex命名，并分成A、R和M三类，旨在为各种不同的市场提供服务。Cortex系列经历了ARMv7、ARMv8架构，目前发展到最新的ARMv9架构。按应用领域的不同，Cortex又分为三个系列，分别是应用型处理器Cortex-A系列、实时型处理器Cortex-R系列、微控制器处理器Cortex-M系列。

(1) Application Processors(应用处理器)。面向移动计算、智能手机、服务器等市场的高端处理器。这类处理器运行在很高的时钟频率(超过1GHz)下，支持Linux、Android、MS Windows和移动操作系统等完整操作系统需要的内存管理单元。如果规划开发的产品需要运行上述一个操作系统，则需要选择ARM应用处理器。

(2) Real-time Processors(实时处理器)。面向实时应用的高性能处理器系列，例如硬盘控制器、汽车传动系统和无线通信的基带控制。多数实时处理器不支持MMU，不过通常具有MPU、Cache和其他针对工业应用设计的存储器功能。实时处理器运行在比较高的时钟频率(例如200MHz～1GHz)下，响应延迟非常低。虽然实时处理器不能运行完整版本的Linux和Windows操作系统，但是支持大量的实时操作系统。

(3) Microcontroller Processors(微控制器处理器)。微控制器处理器通常设计得面积很小和能效比很高。通常这些处理器的流水线很短，最高时钟频率很低(虽然市场上有此类处理器可以运行在200MHz以上)。并且，新的Cortex-M处理器家族设计得非常容易使用。因此，ARM微控制器处理器在单片机和深度嵌入式系统市场非常受欢迎。Cortex-M处理器家族更多地集中在低性能端，但是这些处理器相比于许多微控制器使用的传统处理器，性能仍然很强大。例如，Cortex-M4和Cortex-M7处理器应用在许多高性能的微控制器产品中，最大时钟频率可以达到400MHz。

2.1.2 ARM体系结构的特点

ARM内核采用精简指令集计算机(Reduced Instruction Set Computer，RISC)体系结构。RISC技术产生于20世纪70年代，其目标是设计一套能在高时钟频率下单周期执行、简单而有效的指令集，RISC的设计重点在于降低硬件执行指令的复杂度，这是因为软件比硬件更容易提供更大的灵活性和更高的智能。与其相对的传统复杂指令级计算机(CISC)则更侧重于硬件执行指令的功能性，会使CISC指令变得更复杂。下面介绍RISC的设计思想及其特性。

1. Load/Store体系结构

Load/Store体系结构也称为寄存器/寄存器体系结构或者RR体系结构。在这类机器中，操作数和运算结果不是通过主存储器直接取回，而是借用大量标量和矢量寄存器取回。与RR体系结构相反，还有一种存储器/存储器体系结构，在这种体系结构中，源操作数的中间值和最后的运算结果是直接从主存储器中取回的，这类机器的缩写符号是SS体系结构。

2. 固定长度指令

固定长度指令使得机器译码变得比较容易。由于指令简单,故需要更多的指令完成相同的工作。但是随着存储器存取速度的提高,处理器可以更快地执行较大的代码段(大量指令)。

3. 硬联控制

RISC以硬联控制指令为特点,而CISC的微代码指令则相反。使用CISC(通常是可变长度的)指令集时,处理器的语义效率最大,而简单指令往往容易被机器翻译。像CISC那样通过执行较少指令完成工作未必省时,因为还要包括微代码译码所需的时间。因此,由硬件实现指令在执行时间方面提供了更好的平衡。除此之外,还节省了芯片上用于存储微代码的空间,并且消除了翻译微代码所需的时间。

4. 流水线

指令的处理过程被拆分为几个更小的、能够被流水线并行执行的单元。在理想情况下,流水线每周期前进一步,可获得更高的吞吐率。

5. 寄存器

RISC处理器拥有更多的通用寄存器,每个寄存器都可以存放数据或地址。寄存器可为所有的数据操作提供快速的局部存储访问。

表2-1总结了RISC和CISC之间的主要区别。

表2-1　RISC和CISC之间主要的区别

指　标	RISC	CISC
指令集	一个周期执行一条指令,通过简单指令的组合实现复杂操作;指令长度固定	指令长度不固定,执行需要多个周期
流水线	流水线每周期前进一步	指令的执行需要调用微代码的一个微程序
寄存器	更多的通用寄存器	用于特定目的的专用寄存器
Load/Store结构	独立的Load和Store指令完成数据在寄存器和外部存储器之间的传输	处理器能够直接处理存储器中的数据

为了使ARM指令集能够更好地满足嵌入式应用的需要,ARM指令集和单纯的RISC定义有以下几方面的不同。

(1) 一些特定指令的周期数可变。并非所有的ARM指令都是单周期的。例如,多寄存器装载和存储的Load/Store指令的周期数就不确定,必须根据被传送的寄存器个数而定。如果是访问连续的存储器地址,就可以改善性能,这是因为连续的存储器访问通常比随机访问更快。同时,代码密度也得到了提高,这是因为在函数的起始和结尾,多个寄存器的传输是很常用的操作。

(2) 内嵌桶形移位器产生更复杂的指令。内嵌桶形移位器是一个硬件部件,在一个输入寄存器被一条指令使用之前，内嵌桶形移位器可以处理该寄存器中的数据，它扩展了许多指令的功能，改善了内核的性能，提高了代码密度。

(3) Thumb 指令集。ARM 处理器根据 RISC 原理而设计，但是由于各种原因，在低代码密度上它比其他多数 RISC 要好一些，然而它的代码密度仍不如某些 CISC 处理器。在代码密度重要的场合，ARM 公司在某些版本的 ARM 处理器中加入了一个名为 Thumb 的新型机构。Thumb 指令集是原来 32 位 ARM 指令集的 16 位压缩形式，并在指令流水线中使用了动态解压缩硬件。Thumb 代码密度优于多数 CISC 处理器达到的代码密度。

(4) 条件执行。只有当某个特定条件满足时，指令才会被执行。这个特性可以减少分支指令数目，从而改善性能，提高代码密度。

(5) DSP 指令。一些功能强大的数字信号处理(DSP)指令被加入标准的 ARM 指令中，以支持快速的 16×16 位乘法操作及饱和运算。在某些应用中，传统的方法需要微处理器加上 DSP 才能实现。这些增强指令使得 ARM 处理器能够满足这些应用的需要。

综上所述，ARM 体系结构的主要特征如下：

- 大量的寄存器，它们都可以用于多种用途；
- Load/Store 体系结构；
- 每条指令都有条件执行；
- 多寄存器的 Load/Store 指令；
- 单时钟周期执行的单条指令内完成一项普通的移位操作和一项普通的 ALU 操作；
- 通过协处理器指令集扩展 ARM 指令集，包括在编程模式中增加新的寄存器和数据类型。

如果把 Thumb 指令集也当作 ARM 体系结构的一部分，那么还可以加上在 Thumb 体系结构中以高密度 16 位压缩形式表示的指令集。

2.1.3 ARM 流水线

1. 流水线的概念与原理

处理器按照一系列步骤执行每一条指令。典型的步骤如下：

① 从存储器读取指令(fetch)；

② 译码以鉴别它属于哪一条指令(dec)；

③ 从指令中提取指令的操作数(这些操作数往往存在于寄存器中)(reg)；

④ 将操作数进行组合以得到结果或存储器地址(ALU)；

⑤ 如果需要，则访问存储器以存储数据(mem)；

⑥ 将结果写回到寄存器堆(res)。

并不是所有的指令都需要上述每一个步骤，但是多数指令需要其中的多个步骤。这些步骤往往使用不同的硬件功能，例如，ALU 可能只在步骤④中用到。因此，如果一条指令不是在前一条指令结束之前就开始，那么在每一步骤内，处理器只有少部分的硬件在使用。

有一种方法可以明显改善硬件资源的使用率和处理器的吞吐量，这就是在前一条指令结束之前就开始执行下一条指令，即通常所说的流水线(pipeline)技术。流水线是RISC处理器执行指令时采用的机制。使用流水线，可在取下一条指令的同时译码和执行其他指令，从而加快执行的速度。可以把流水线看作汽车生产线，每个阶段只完成专门的处理器任务。

采用上述操作顺序，处理器可以这样组织：当一条指令刚刚执行完步骤①并转向步骤②时，下一条指令就开始执行步骤①。图2-1说明了这个过程，从原理上说，这样的流水线应该比没有重叠的指令执行快6倍，但由于硬件结构本身的一些限制，实际情况会比理想状态差一些。

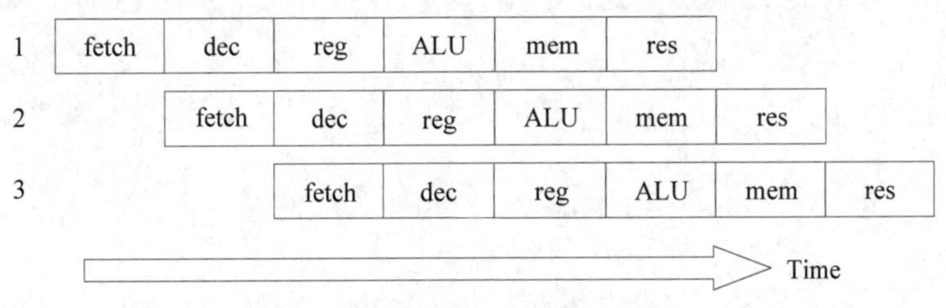

图2-1 流水线的指令执行过程

自1995年以来，ARM公司推出了几个新的ARM核，它们采用5级流水线和哈佛架构，获得了显著的高性能。例如，ARM9增加了存储器访问段和回写段，这使得ARM9的处理能力可达到平均1.1 Dhrystone1 MIPS/MHz，与ARM7相比，指令吞吐量提高了约13%。

2. 3级流水线

3级流水线ARM的组织如图2-2所示，其主要的组成包括处理器状态寄存器堆(register bank)、桶形移位寄存器(barrel shifter)、ALU、地址寄存器(address register)、增值器(incrementer)、数据输出寄存器(data-out register)、数据输入寄存器(data-in register)、指令译码器和相关的控制逻辑。

处理器状态寄存器堆有两个读端口和一个写端口，每个端口都可以访问任意寄存器，另外有附加的、可以访问PC的一个读端口和一个写端口。桶形移位寄存器可以把一个操作数移位或循环移位任意位数。ALU完成指令集要求的算术或逻辑功能。地址寄存器和增值器可选择和保存所用的存储器地址，并在需要时产生顺序地址。数据输出寄存器和数据输入寄存器，用于保存传输到存储器和从存储器输出的数据。

【例2-1】 一条单周期指令在流水线上的执行过程。

```
add r1,r2,r3
```

单周期指令在流水线上的执行过程如图2-3所示。

在ADD指令中，需要访问两个寄存器操作数，B总线上的数据移位后与A总线上的数据在ALU中组合，再将结果写回寄存器堆。在指令执行过程中，程序计数器的数据放

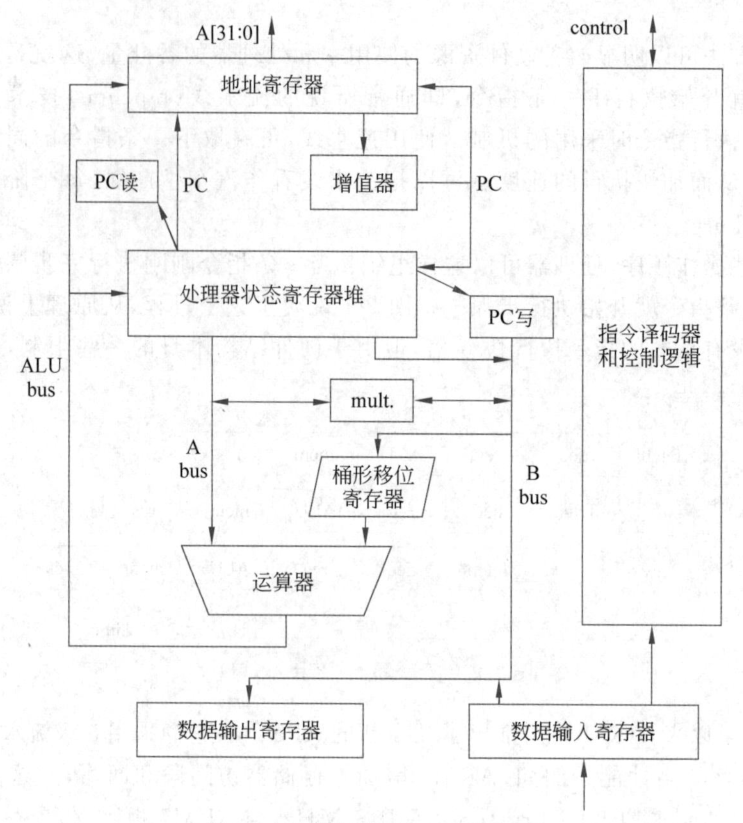

图 2-2　3 级流水线 ARM 的组织

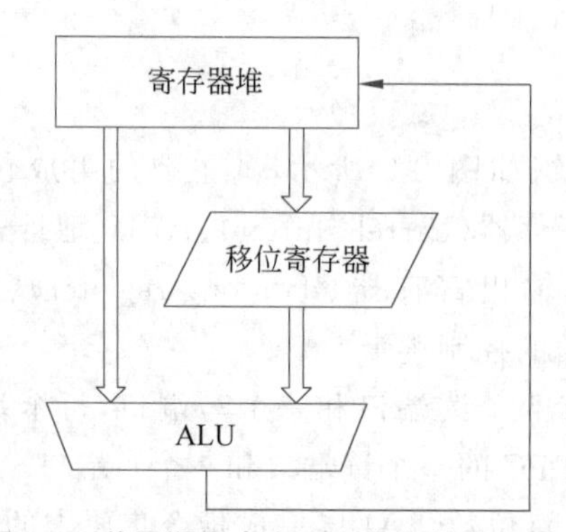

图 2-3　单周期指令在流水线上的执行过程

在地址寄存器中，地址寄存器的数据送入增值器，然后将增值后的数据复制到寄存器堆的 r15(程序计数器)，同时复制到地址寄存器，作为下一次取指的地址。

到 ARM7 为止的 ARM 处理器使用简单的 3 级流水线，包括下列流水线级。

- 取指(fetch)：从寄存器装载一条指令。
- 译码(decode)：识别被执行的指令，并为下一个周期准备数据通路的控制信号。在这一级，指令占有译码逻辑，不占用数据通路。
- 执行(execute)：处理指令并将结果写回寄存器。

图 2-4 显示了 3 级流水线指令执行过程。

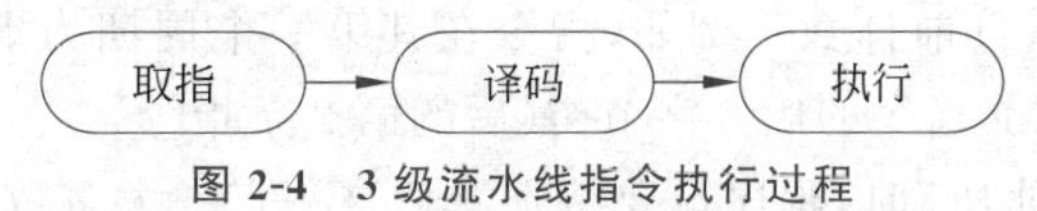

图 2-4 3 级流水线指令执行过程

当处理器执行简单的数据处理指令时，流水线使得平均每个时钟周期能完成一条指令。但一条指令需要 3 个时钟周期来完成，因此，有 3 个时钟周期的延时(latency)，但吞吐率(throughput)是每个周期一条指令。

流水线指令序列如图 2-5 所示。

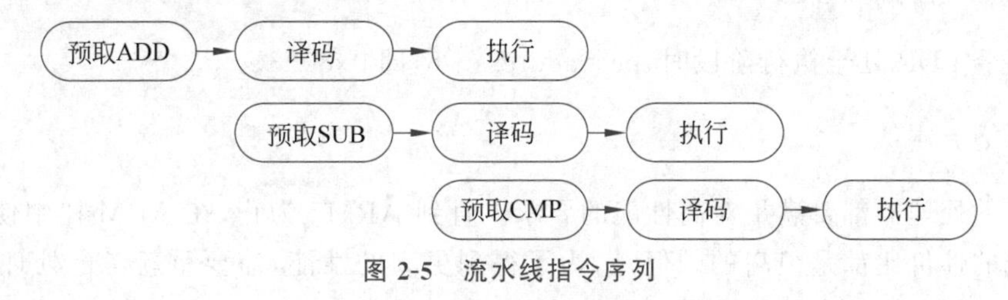

图 2-5 流水线指令序列

在第一个周期，内核从存储器取出指令 ADD；在第二个周期，内核取出指令 SUB，同时对 ADD 译码；在第三个周期，指令 SUB 和 ADD 都沿流水线移动，ADD 被执行，而 SUB 被译码，同时取出 CMP 指令。可以看出，流水线使得每个时钟周期都可以执行一条指令。

当执行多条指令时，流水线的执行不一定会如图 2-5 所示那么规则，图 2-6 显示了有数据存储指令(STR)的流水线状态。

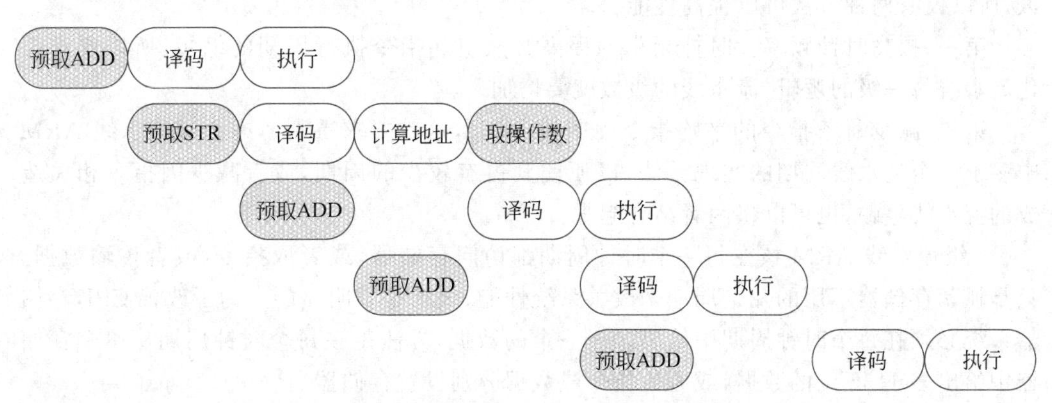

图 2-6 含有数据存储指令的流水线状态

图 2-6 中，在单周期指令 ADD 后出现了一条数据存储指令(STR)。访问主存储器的指令用阴影表示，可以看出在每个周期都使用了存储器。同样，在每一个周期也使用了数据通路。在执行周期、地址计算和数据传输周期，数据通路都是被占用的。在译码周期，译码逻辑负责产生下一周期用到的数据通路的控制信号。

在图 2-6 所示的指令序列中，处理器的每个逻辑单元在每个指令都是活动的。可以看出，流水线的执行与存储器访问密切相关，存储器访问限制了程序执行必须花费的指令周期数。

ARM的流水线执行模式导致了一个结果，就是程序计数器PC(对使用者而言为r15)必须在当前指令执行前计数。例如，指令在其第一个周期为下一条指令取指，这就意味着PC必须指向当前指令的后8字节(其后的第2条指令)。

当程序中必须用到PC时，程序员要特别注意这一点。大多数正常情况下不用考虑这一点，由汇编器或编译器自动处理这些细节。

【例2-2】 流水线下程序计数器PC的使用情况，指令序列为

```
0x8000 LDR pc,[pc,#0]
0x8004 NOP
0x8008 DCD jumpAddress
```

当指令LDR处于执行阶段时，pc=address+8，即0x8008。

3. 5级流水线

所有的处理器都要满足对高性能的要求。直到ARM7为止，在ARM核中使用的3级流水线的性价比都是很高的。但是，为了得到更高的性能，需要重新考虑处理器的组织结构。执行一个给定的程序需要的时间由下式决定。

$$T_{prog}=(N_{inst}\times CPI)/f_{clk} \tag{2-1}$$

N_{inst}：表示在程序中执行的ARM指令数。

CPI：表示每条指令的平均时钟周期。

f_{clk}：表示处理器的时钟频率。

因为对给定程序(假设使用给定的优化集并用给定的编译器进行编译)，N_{inst}是常数，所以仅有两种方法可以提高性能。

第一，提高时钟频率。时钟频率的提高必然引起指令执行周期的缩短，所以要求简化流水线每一级的逻辑，流水线的级数就要增加。

第二，减少每条指令的平均指令周期数(CPI)，这就要求重新考虑3级流水线ARM中多于一个流水线周期的实现方法，以便使其占有较少的周期，或者减少因指令相关造成的流水线停顿，也可以将两者结合起来。

3级流水线ARM核在每一个时钟周期都访问存储器，或者取指令，或者传输数据。只是抓紧存储器不用的几个周期来改善系统性能，效果是不明显的。为了改善CPI，存储器系统必须在每个时钟周期中给出多于一个的数据，方法是在每个时钟周期从单个存储器中给出多于32位的数据，或者为指令或数据分别设置存储器。

基于以上原因，较高性能的ARM核使用了5级流水线，而且具有分开的指令和数据存储器。把指令的执行分割为5部分而不是3部分，进而可以使用更高的时钟频率，分开的指令和数据存储器使核的CPI明显减少。

在ARM9TDMI中使用了典型的5级流水线，其组织结构如图2-7所示。

5级流水线包括下面的流水线级。

- 取指(fetch)：从存储器中取出指令，并将其放入指令流水线。
- 指令译码(decode)：指令被译码，从寄存器堆中读取寄存器操作数。在寄存器堆中有3个操作数读端口，因此，大多数ARM指令能在一个周期内读取其操作数。

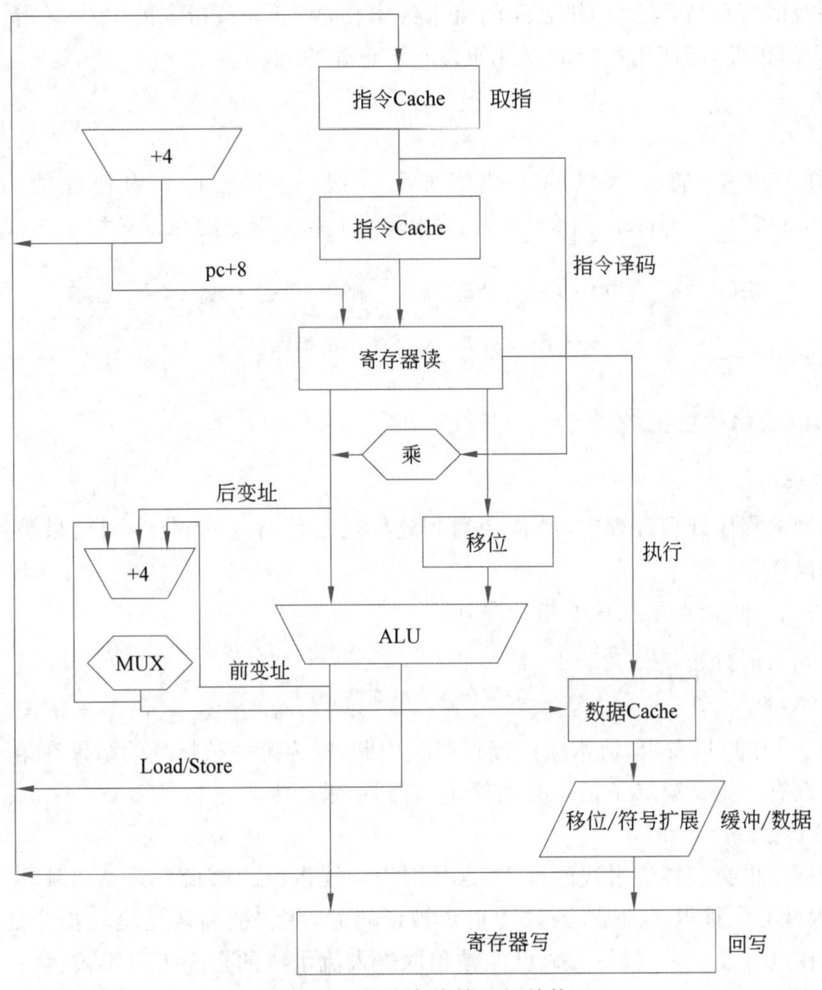

图 2-7 5级流水线的组织结构

- 执行(execute)：将其中一个操作数移位，并在 ALU 中产生结果。如果指令是 Load 或 Store 指令，则在 ALU 中计算存储器的地址。
- 缓冲/数据(buffer/data)：如果需要，则访问数据存储器，否则 ALU 只是简单地缓冲一个时钟周期。
- 回写(write-back)：将指令的结果回写到寄存器堆，包括任何从寄存器读出的数据。

图 2-8 显示了 5 级流水线指令的执行过程。

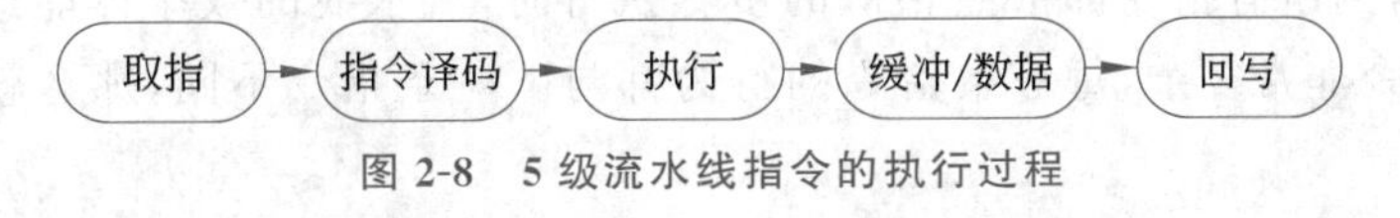

图 2-8 5级流水线指令的执行过程

在程序执行过程中，PC 值是基于 3 级流水线操作特性的。5 级流水线中提前一级来读取指令操作数，得到的值是不同的(PC+4 而不是 PC+8)。产生的代码不兼容是不容许的。但 5 级流水线 ARM 完全仿真 3 级流水线的行为，在取指级增加的 PC 值被直接送到译码级的寄存器，穿过两级之间的流水线寄存器，下一条指令的 PC+4 等于当前指令的 PC+8，因此，未使用额外的硬件便得到了正确的 r15。

4. 6 级流水线

在 ARM10 中，将流水线的级数增加到 6 级，使系统的平均处理能力达到了 1.3Dhrystone MIPS/MHz。图 2-9 显示了 6 级流水线上指令的执行过程。

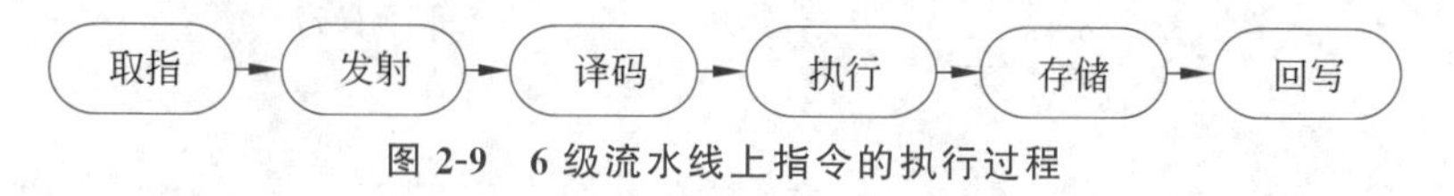

图 2-9　6 级流水线上指令的执行过程

5. 影响流水线性能的因素

1）互斥

在典型的程序处理过程中，经常会遇到这样的情形，即一条指令的结果被用作下一条指令的操作数。

【例 2-3】　可能产生互斥的指令序列。

```
LDR r0,[r0,#0]
ADD r0,r0,r1                    //在 5 级流水线上产生互锁
```

从例 2-3 中可以看出，流水线的操作产生中断，因为第一条指令的结果在第二条指令取数时还没有产生。第二条指令必须停止，直到结果产生为止。

2）跳转指令

跳转指令也会破坏流水线的行为，这是因为后续指令的取指步骤受到跳转目标计算的影响，因此必须推迟。但是，当跳转指令被译码时，在它被确认是跳转指令之前，后续的取指操作已经发生。这样一来，已经被预取进入流水线的指令不得不被丢弃。如果跳转目标的计算是在 ALU 阶段完成的，那么在得到跳转目标之前，已经有两条指令按原有指令流读取。

解决的办法是：如果有可能，最好早一些计算转移目标，当然这需要硬件支持；如果转移指令具有固定格式，那么可以在解码阶段预测跳转目标，从而将跳转的执行时间减少到单个周期。但要注意，由于条件跳转与前一条指令的条件码结果有关，故在这个流水线中还会有条件转移的危险。

尽管有些技术可以减少这些流水线问题的影响，但是不能完全消除这些困难。流水线级数越多，问题就越严重。对于相对简单的处理器，使用 3～5 级流水线效果最好。

显然，只有当所有指令都依照相似的步骤执行时，流水线的效率才能达到最高。如果处理器的指令非常复杂，每一条指令的行为都与下一条指令不同，那么就很难用流水线实现。

2.1.4　ARM 核简述

自 1983 年开始，ARM 内核共有 ARM1、ARM2、ARM6、ARM7、ARM9、ARM10、

ARM11 和 Cortex 以及对应的修改版或增强版，越靠后的内核初始频率越高，架构越先进，功能也越强。

ARM 产品通常以 ARM[x][y][z][T][D][M][I][E][J][F][-S]的形式出现，表 2-2 显示了 ARM 体系结构的命名规则中后缀的具体含义。

表 2-2 ARM 体系结构的命名规则中后缀的具体含义

后缀变量	含　义	后缀变量	含　义
x	系列，例如 ARM7、ARM9	I	嵌入式跟踪宏单元
y	存储管理/保护单元	E	增强指令(基于 TDMI)
z	Cache	J	Jazelle 加速
T	Thumb16 位译码器	F	向量浮点单元
D	JTAG 调试器	S	可综合版本
M	快速乘法器		

特别地，ARM7TDMI 之后的所有 ARM 内核，即使“ARM”标志后没有包含“TDMI”字符，也都默认包含 TDMI 的功能特性；JTAG 是由 IEEE 1149.1 标准测试访问端口和边界扫描结构来描述的，它是 ARM 用来发送和接收处理器内核与测试仪器之间调试信息的一系列协议；嵌入式 ICE 宏单元是建立在处理器内部，用来设置断点和观察点的调试硬件；可综合意味着处理器内核是以源代码形式提供的，这种源代码形式可被编译成一种易于 EDA 工具使用的形式。

表 2-3 梳理了 ARM 公司发布的经典 ARM 核处理器及其特征。

表 2-3 经典 ARM 核处理器及其特征

ARM 家族	含　义	ARM 核	特　　征
ARM1	ARMv1	ARM1	第一次实施
ARM2	ARMv2	ARM2	ARMv2 增加了 MUL(乘法)指令
ARM2aS	ARMv2a	ARM250	集成了 MEMC(MMU)、图形和 I/O 处理器。ARMv2a 增加了 SWP 和 SWPB(交换)指令
		ARM3	第一个集成的内存缓冲器
ARM6	ARMv3	ARM60	ARMv3 首先支持 32 位内存地址空间(以前是 26 位) ARMv3M 首次增加长乘法指令(32×32=64)
		ARM600	与 ARM60 一样，有缓存和协处理器总线(用于 FPA10 浮点单元)
		ARM610	与 ARM60 一样，有高速缓存，没有协处理器总线
ARM7	ARMv3	ARM700	协处理器总线(用于 FPA11 浮点单元)
		ARM710	与 ARM700 一样，没有协处理器总线
		ARM710a	作为 ARM710，也被用作 ARM7100 的核

续表

ARM 家族	含 义	ARM 核	特 征
ARM7T	ARMv4T	ARM7TDMI (-S)	3 级流水线，Thumb，ARMv4 首先放弃了传统的 ARM 26 位寻址
ARM7EJ	ARMv5TEJ	ARM7EJ-S	5 级流水线，Thumb，Jazelle DBX，增强型 DSP 指令
ARM8	ARMv4	ARM810	5 级流水线，静态分支预测，双带宽内存
ARM9T	ARMv4T	ARM9TDMI	5 个阶段的管道，支持 Thumb
ARM9E	ARMv5TE	ARM946E-S	Thumb，增强型 DSP 指令、缓存
		ARM966E-S	Thumb，增强型 DSP 指令
	ARMv5TEJ	ARM926EJ-S	Thumb，Jazelle DBX、增强型 DSP 指令
	ARMv5TE	ARM996HS	无时钟处理器，如 ARM966E-S
ARM10E	ARMv5TE	ARM1020E	6 级流水线，Thumb，增强型 DSP 指令(VFP)
	ARMv5TEJ	ARM1026EJ-S	Thumb，Jazelle DBX、增强型 DSP 指令(VFP)
ARM11	ARMv6	ARM1136J(F)-S	8 级流水线，SIMD，Thumb，Jazelle DBX，(VFP)，增强型 DSP 指令，无对齐内存访问
	ARMv6T2	ARM1156T2(F)S	9 级流水线，SIMD，Thumb-2，(VFP)，增强型 DSP 指令
	ARMv6Z	ARM1176JZ(F)S	和 ARM1136EJ(F)-S 一样
	ARMv6K	ARM11MPCore	如同 ARM1136EJ(F)-S，1～4 核 SMP

ARM Cortex-M 系列是为了单片机、特殊应用集成电路(ASIC)、应用专门标准产品(ASSP)、现场可编程门阵列(FPGA)及片上系统(SoC)设计的 ARM 微处理器内核。Cortex-M 核通常用在专用微控制器芯片中，但也会藏在 SoC 芯片中，例如电源管理控制器、输入/输出控制器、系统控制器、触碰屏幕控制器、智能电池控制器以及传感器控制器。表 2-4 梳理了目前 ARM 公司发布的 Cortex-M 核处理器及其特征。

表 2-4 Cortex-M 核处理器及其特征

ARM 家族	ARM 架构	ARM 核	特 征
Cortex-M	ARMv6-M	Cortex-M0	微控制器，most Thumb＋Thumb-2，硬件乘法指令，可选系统定时器，可选位带式存储器
		Cortex-M0＋	微控制器，most Thumb＋Thumb-2，硬件乘法指令，可选系统定时器，可选位带式存储器
		Cortex-M1	微控制器，most Thumb＋Thumb-2，硬件乘法指令，操作系统选项增加了 SVC/banked 堆栈指针，可选系统定时器，无位带内存
	ARMv7-M	Cortex-M3	Thumb/Thumb-2，硬件乘法和除法指令，可选的位带式存储器

续表

ARM家族	ARM架构	ARM核	特　征
Cortex-M	ARMv7E-M	Cortex-M4	微控制器,Thumb/Thumb-2/DSP/可选的 VFPv4-SP 单精度 FPU,硬件乘法和除法指令,可选的位带存储器
		Cortex-M7	微控制器,Thumb/Thumb-2/DSP/可选的 VFPv5 单精度和双精度 FPU,硬件乘法和除法指令
	ARMv8-M Baseline	Cortex-M23	微控制器,Thumb-1(大多数),Thumb-2(一些),划分,TrustZone
	ARMv8-M Mainline	Cortex-M33	微控制器,Thumb-1,Thumb-2,Saturated,DSP,除法,FPU(SP),TrustZone,协处理器
		Cortex-M35P	微控制器,Thumb-1,Thumb-2,Saturated,DSP,除法,FPU(SP),TrustZone,协处理器
	ARMv8. 1-M Mainline	Cortex-M55	微控制器,支持 Helium 向量扩展指令集,DSP,FPU,TrustZone,低功耗,支持多核
	ARMv8. 1-M Mainline	Cortex-M85	微控制器,支持 Helium 向量扩展指令集,DSP,FPU,TrustZone,低功耗,支持多核

ARM Cortex-R 系列核是为高性能硬实时和安全关键应用而设计的,它类似于应用处理核,但增加了一些功能,使其具有更强的容错性,适用于硬实时和安全关键应用。该系列适用于高性能实时控制系统(包括汽车和大容量存储设备)。表 2-5 梳理了目前 ARM 公司发布的 Cortex-R 核处理器及其特征。

表 2-5　Cortex-R 核处理器及其特征

ARM家族	ARM架构	ARM核	特　征
Cortex-R	ARMv7-R	Cortex-R4	实时控制器,Thumb/Thumb-2/DSP/可选的 VFPv3 FPU,硬件乘法和可选的除法指令,可选的内部总线/缓存/TCM 的奇偶校验和 ECC,8 级流水线双核与故障逻辑锁步运行
		Cortex-R5	实时控制器,Thumb/Thumb-2/DSP/可选的 VFPv3 FPU 和精度,硬件乘法和可选的除法指令,可选的内部总线/缓存/TCM 的奇偶校验和 ECC,8 级流水线双核与故障逻辑同步运行/可选的 2 个独立核,低延迟外围端口(LLPP),加速器一致性端口(ACP)
		Cortex-R7	实时控制器,Thumb/Thumb-2/DSP/可选的 VFPv3 FPU 和精度,硬件乘法和可选的除法指令,可选的内部总线/缓存/TCM 的奇偶校验和 ECC,11 级流水线的双核运行锁定故障逻辑/失序执行/动态寄存器重命名/可选的 2 个独立内核,低延迟外围端口(LLPP),加速器一致性端口(ACP)
		Cortex-R8	实时控制器,Thumb/Thumb-2/DSP/可选的 VFPv3 FPU 和精度,硬件乘法和可选的除法指令,可选的内部总线/缓存/TCM 的奇偶校验和 ECC,11 级流水线的双核运行锁定故障逻辑/失序执行/动态寄存器重命名/可选的 2 个独立内核,低延迟外围端口(LLPP),加速器一致性端口(ACP)

续表

ARM 家族	ARM 架构	ARM 核	特　征
Cortex-R	ARMv8-R	Cortex-R52	实时控制器，Thumb/Thumb-2/DSP/可选的 VFPv3 FPU 和精度，硬件乘法和可选的除法指令，可选的内部总线/缓存/TCM 的奇偶校验和 ECC，11 级流水线的双核运行锁定故障逻辑/失序执行/动态寄存器重命名/可选的 2 个独立内核，低延迟外围端口（LLPP），加速器一致性端口（ACP）
		Cortex-R82	实时控制器，Thumb/Thumb-2/DSP/可选的 VFPv3 FPU 和精度，硬件乘法和可选的除法指令，可选的内部总线/缓存/TCM 的奇偶校验和 ECC，11 级流水线的双核运行锁定故障逻辑/失序执行/动态寄存器重命名/可选的 2 个独立内核，低延迟外围端口（LLPP），加速器一致性端口（ACP）

Cortex-A 是为面向性能密集型系统应用而设计的处理器内核。Cortex-A 处理器为利用操作系统（例如 Linux 或者 Android）的设备提供了一系列解决方案，这些设备被用于各类应用，从低成本手持设备到智能手机、平板电脑、机顶盒以及企业网络设备等。表 2-6 梳理了目前 ARM 公司发布的 Cortex-A 核处理器及其特征。

表 2-6　Cortex-A 核处理器及其特征

ARM 家族	ARM 架构	ARM 核	特　征
Cortex-A (32-bit)	ARMv7-A	Cortex-A5	应用处理器，ARM/Thumb/Thumb-2/DSP/SIMD/可选 VFPv4-D16 FPU/可选 NEON/Jazelle RCT 和 DBX，1～4 核/可选 MPC 核，窥探控制单元（SCU），通用中断控制器（GIC），加速器一致性端口（ACP）
		Cortex-A7	应用处理器，ARM/Thumb/Thumb-2/DSP/VFPv4 FPU/NEON/Jazelle RCT 和 DBX/硬件虚拟化，无序执行，超标量，1～4 个 SMP 内核，MPCore，大型物理地址扩展（LPAE），窥探控制单元（SCU），通用中断控制器（GIC），架构和功能集与 A15 相同，8～10 级流水线，低功耗设计
		Cortex-A8	应用处理器，ARM/Thumb/Thumb-2/VFPv3 FPU/NEON/Jazelle RCT 和 DAC，13 级超标量流水线
		Cortex-A9	应用处理器，ARM/Thumb/Thumb-2/DSP/可选的 VFPv3 FPU/可选的 NEON/JazelleRCT 和 DBX，失序投机问题超标量，1～4 个 SMP 核，MPC 核，窥探控制单元（SCU），通用中断控制器（GIC），加速器一致性端口（ACP）
		Cortex-A12	应用处理器，ARM/Thumb-2/DSP/VFPv4 FPU/NEON/硬件虚拟化、失序投机问题超标量、1～4 个 SMP 内核、大型物理地址扩展（LPAE）、窥探控制单元（SCU）、通用中断控制器（GIC）、加速器一致性端口（ACP）

续表

ARM 家族	ARM 架构	ARM 核	特　征
Cortex-A (32-bit)	ARMv7-A	Cortex-A15	应用处理器，ARM/Thumb/Thumb-2/DSP/VFPv4 FPU/NEON/整数除法/融合 MAC/Jazelle RCT/硬件虚拟化，失序投机问题超标量，1～4 个 SMP 核，MPC 核，大型物理地址扩展(LPAE)，窥探控制单元(SCU)，通用中断控制器(GIC)，ACP，15～24 级流水线
		Cortex-A17	应用处理器，ARM/Thumb/Thumb-2/DSP/VFPv4 FPU/NEON/整数除法/融合 MAC/Jazelle RCT/硬件虚拟化，失序投机问题超标量，1～4 个 SMP 内核，MPCore，大型物理地址扩展(LPAE)，窥探控制单元(SCU)，通用中断控制器(GIC)，ACP
	ARMv8-A	Cortex-A32	应用处理器，AArch32，1～4 个 SMP 核，TrustZone，NEON 高级 SIMD，VFPv4，硬件虚拟化，双问题，内序流水线
	ARMv8-A	Cortex-A34	应用处理器，AArch64，1～4 个 SMP 核，TrustZone，NEON 高级 SIMD，VFPv4，硬件虚拟化，2 宽解码，内序流水线
		Cortex-A35	应用处理器，AArch32 和 AArch64，1～4 个 SMP 内核，TrustZone，NEON 高级 SIMD，VFPv4，硬件虚拟化，2 宽解码，内序流水线
		Cortex-A53	应用处理器，AArch32 和 AArch64，1～4 个 SMP 内核，TrustZone，NEON 高级 SIMD，VFPv4，硬件虚拟化，2 宽解码，内序流水线
		Cortex-A57	应用处理器，AArch32 和 AArch64，1～4 个 SMP 内核，TrustZone，NEON 高级 SIMD，VFPv4，硬件虚拟化，3 宽解码超标量，深度失序流水线
		Cortex-A72	应用处理器，AArch32 和 AArch64，1～4 个 SMP 内核，TrustZone，NEON 高级 SIMD，VFPv4，硬件虚拟化，3 宽超标量，深度失序流水线
		Cortex-A73	应用处理器，AArch32 和 AArch64，1～4 个 SMP 内核，TrustZone，NEON 高级 SIMD，VFPv4，硬件虚拟化，2 宽超标量，深度失序流水线
	ARMv8.2-A	Cortex-A55	应用处理器，AArch32 和 AArch64，1～8 个 SMP 核，TrustZone，NEON 高级 SIMD，VFPv4，硬件虚拟化，2 宽解码，内序流水线
		Cortex-A65	应用处理器，AArch64，1～8 个 SMP 核，TrustZone，NEON 高级 SIMD，VFPv4，硬件虚拟化，2 宽解码超标量，3 宽问题，失序流水线，SMT
		Cortex-A65AE	作为 ARM Cortex-A65，为安全应用增加了双核锁定功能
		Cortex-A75	应用处理器，AArch32 和 AArch64，1～8 个 SMP 核，TrustZone，NEON 高级 SIMD，VFPv4，硬件虚拟化，3 宽解码超标量，深度失序流水线
		Cortex-A76	应用处理器，AArch32(非特权级或仅 EL0)和 AArch64，1～4 个 SMP 内核，TrustZone，NEON 高级 SIMD，VFPv4，硬件虚拟化，4 宽解码超标量，8 路发行，13 级流水线，深度失序流水线

续表

ARM 家族	ARM 架构	ARM 核	特　征
	ARMv8.2-A	Cortex-A76AE	作为 ARM Cortex-A76,为安全应用增加了双核锁定功能
		Cortex-A77	应用处理器,AArch32(非特权级或仅 EL0)和 AArch64,1～4 个 SMP 内核,TrustZone,NEON 高级 SIMD,VFPv4,硬件虚拟化,4 宽解码超标量,6 宽指令获取,12 路发行,13 级流水线,深度失序流水线
		Cortex-A78	应用处理器,AArch32(非特权级或仅 EL0)和 AArch64,1～4 个 SMP 内核,TrustZone,NEON 高级 SIMD,VFPv4,硬件虚拟化,4 宽解码超标量,6 宽指令获取,12 路发行,13 级流水线,深度失序流水线,较 A77 节能 50%,多用在手机、平板电脑和笔记本平台
		Cortex-A78AE	作为 ARM Cortex-A78,为安全应用增加了双核锁步功能
		Cortex-A78C	应用处理器,作为 Cortex-A78 的强化版,面向高性能计算优化,主要服务于笔记本。同 A78 最大的变化是将三级缓存从最高 4MB 提升到了最高 8MB,拥有满足更高负载的 3A 游戏或生产力多线程应用场景。同时,它还在数据和设备安全性层面进行了更新,可进一步提升设备的安全性
	ARMv9-A	Cortex-A510	ARM Cortex-A510 与前一代 ARM Cortex-A55 相比,性能提升 35%,能效比提高 20%以及 3 倍机器学习性能。对比前一代 ARM Cortex-A55 的两条解码流水线,ARM Cortex-A510 升级到 3 条,不再支持 AArch32。3 条前端以及后端拥有 3 个 AL
		Cortex-A710	ARM Cortex-A710 是 ARM Cortex-A78 的继任产品,能效比提高 30%,性能提升 10%,并且机器学习性能提升 2 倍。ARM Cortex-A710 是唯一支持 EL0 AArch32 的 ARMv9 内核,并拥有 10 周期流水线
		Cortex-A715	ARM Cortex-A715 是第二代 ARMv9"大"Cortex CPU。与其前身 Cortex-A710 相比,Cortex-A715 CPU 的功率效率提高了 20%,而性能提高了 5%。从 A715 开始的这一代芯片放弃了原生 32 位支持
		Cortex-A520	ARM Cortex-A520 是 ARM 公司在 2023 年推出的低功耗 CPU 内核,与 Cortex-A510 相比,峰值性能提高 8%。只支持 64 位应用程序高达 0.512MiB 的私有二级缓存(从 0.256 MiB)。增加 QARMA3 指针验证(PAC)算法支持
		Cortex-A720	ARM Cortex-A720 是 ARM 公司在 2023 年推出的中等功率 CPU 内核。比 Cortex-A715 的峰值性能提高 15%。可以缩小到与 Cortex-A78 相同的尺寸,性能提高 10%。将二级缓存命中延迟降至 9 个周期(从 10 个周期)。将错误预测延迟降至 11 个周期(从 12 个周期)。x2 L2 带宽仅支持 64 位应用程序

2.2 ARM Cortex-A55

Cortex-A55是ARM官方基于ARMv8-a架构设计的处理器内核，本节主要介绍ARM Cortex-A55处理器核，读者可以了解Cortex-A55的结构、内存管理单元和中断控制接口。

2.2.1 Cortex-A55内核及其特征

基于ARMv8体系结构设计的处理器内核有很多，常见的有Cortex-A53、Cortex-A55、Cortex-A72、Cortex-A77以及Cortex-A78等。本书配套的实验环境采用昇腾Atlas200 AI加速模块，内置4个Cortex-A55处理器内核，因此重点介绍Cortex-A55处理器内核。

Cortex-A55是ARM在2017年发布的一个高性能处理器核，Cortex-A55支持ARMv8.1，并采用ARMv8.2架构，并在其前代产品Cortex-A53的基础上打造而成。

Cortex-A55内核包括以下功能：

- 全面实施ARMv8.2-A A64、A32和T32指令集；
- 所有异常级别(EL0～EL3)的AArch32和AArch64执行状态；
- 具有直接和间接分支预测的有序流水线；
- 使用内存管理单元(MMU)将L1数据和指令端内存系统分开；
- 支持ARM TrustZone技术；
- 实现高级SIMD和浮点架构支持的可选数据引擎单元；
- 可选的加密扩展。此体系结构扩展仅在存在数据引擎时可用；
- 通用中断控制器(GIC)CPU接口，用于连接到外部分配器；
- 通用定时器接口支持来自外部系统计数器的64位计数输入；
- 可选的统一专用二级缓存；
- L1和L2高速缓存保护，形式为纠错码(ECC)或RAM实例奇偶校验；
- 可靠性、可用性和可服务性(RAS)扩展；
- ARMv8.2-A调试逻辑；
- 性能监控单元(PMU)；
- 仅支持指令跟踪的嵌入式跟踪宏单元(ETM)。

2.2.2 Cortex-A55内核结构

本节将描述Cortex-A55内核的结构。

图2-10包含一个内核的顶层功能图，该集群包括：

- 1～8个核。
- DynamIQ™共享单元(DSU)，将内核连接到外部存储器系统。

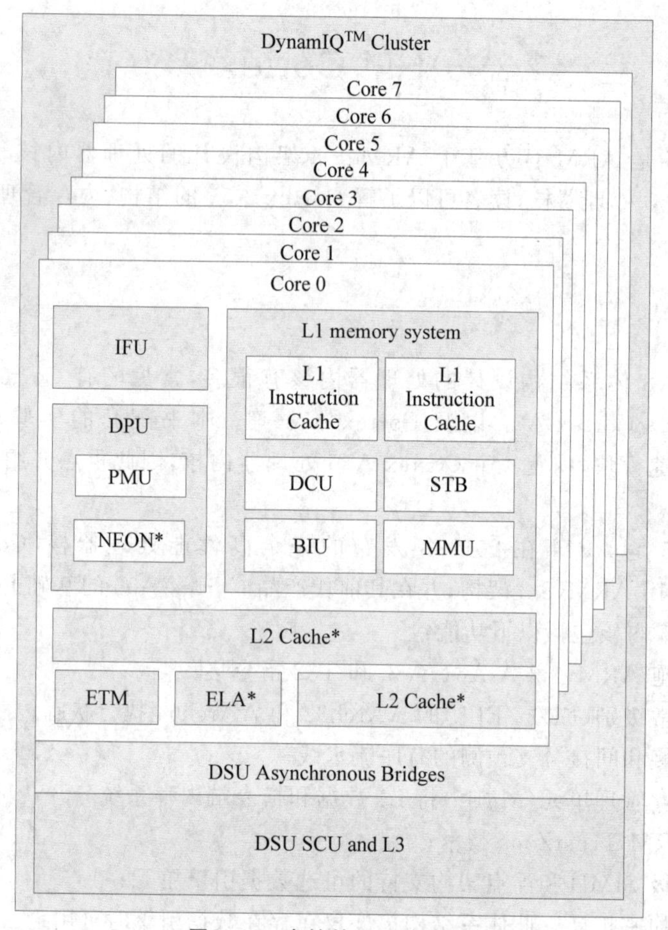

图 2-10　内核的顶层功能图

> Cortex-A55 内核和 DSU 之间有多个异步桥。只有 Cortex-A55 内核和 DSU 之间的一致接口可以配置为同步运行，但是它不会影响始终异步的其他接口，例如调试、跟踪和 GIC。有关如何将相关接口设置为同步或异步运行的更多信息，请参阅 ARM DynamIQ™ Shared Unit Configuration and Sign-off Guide 中的 Configuration Guidelines。

1. 指令布置单元

指令布置单元(IFU)从指令缓存或外部存储器中获取指令，并预测指令流中分支的结果，它将指令传递给数据处理单元(DPU)进行处理。

2. 数据处理单元

数据处理单元(DPU)解码并执行指令，它通过连接到数据高速缓存单元(DCU)执行需要将数据传输到内存系统或从内存系统传输数据的指令。DPU 包括 PMU、高级 SIMD 和浮点支持以及加密扩展。

(1) 电源管理单元(PMU)。PMU 提供 6 个性能监控器，可以配置它们以收集有关每个内核和内存系统运行的统计数据,该信息可用于调试和代码分析。

(2) 高级 SIMD 和浮点支持(advanced SIMD and floating-point support)。高级SIMD是一种媒体和信号处理架构,它添加了主要用于音频、视频、3D图形、图像和语音处理的指令。浮点体系结构提供对单精度和双精度浮点运算的支持。

- A64 指令集中提供了所有标量浮点指令。
- A32 和 T32 指令集中提供了所有 VFP 指令。
- A64 指令集提供了额外的高级 SIMD 指令,包括双精度浮点向量运算。

> 📖 高级 SIMD 架构及其相关实施和支持软件也称为 NEON™ 技术。

(3) 加密扩展(cryptographic extension)。可选的 Cortex-A55 内核加密扩展支持 ARMv8-A 加密扩展,它是一个配置选项,可以在配置核并将其集成到系统中时进行设置,并适用于所有核。加密扩展向高级 SIMD 添加了新指令,可加速:

- 高级加密标准(AES)加密和解密;
- 安全散列算法(SHA)使用 SHA-1、SHA-224 和 SHA-256;
- 算法中使用的有限域算法,例如 Galois/Counter Mode 和 Elliptic Curve Cryptography。

3. 内存管理单元

内存管理单元(MMU)通过一组保存在转换表中的虚拟物理地址映射和内存属性来提供细粒度的内存系统控制。转换地址时,这些将保存到旁路转换缓冲器(TLB)中。TLB 条目包括全局和地址空间标识符(ASID),以防止上下文切换 TLB 刷新;它们还包括虚拟机标识符(VMID),以防止管理程序在虚拟机交换机上刷新 TLB。

(1) 1 级旁路转换缓冲器(L1 TLBs)。转换表信息的第一级缓存是 L1 TLB,它在指令和数据端都实现,所有与 TLB 相关的维护操作都会导致刷新指令和数据 L1 TLB。

(2) 2 级旁路转换缓冲器(L2 TLBs)。统一的 L2 TLB 处理来自 L1 TLB 的未命中。在具有核心高速缓存保护的实现中,奇偶校验位通过启用任何单位错误的检测来保护 TLB RAM。如果检测到错误,则条目无效并再次获取。

4. 1 级内存系统

1 级内存系统(L1 memory system)包括数据高速缓存单元(DCU)、存储缓冲器(STB)和总线接口单元(BIU)。DCU 管理所有加载和存储操作。L1 数据高速缓存 RAM 使用纠错码(ECC)进行保护。ECC 方案是单错误纠正双错误检测(SECDED)。DCU 包含一个组合的本地和全局独占监视器,供 Load-Exclusive 和 Store-Exclusive 指令使用。当存储操作离开 DCU 中的加载/存储管道并已由 DPU 提交时,STB 会保留存储操作。STB 可以请求访问 L1 数据缓存、启动行填充或写入 L2 和 L3 内存系统。STB 还用于在将维护操作广播到集群中的其他核之前以对它们进行排队。BIU 包含到 L2 内存系统的接口和缓冲区,以将接口与 L1 数据缓存和 STB 分离。

5. 2 级内存系统

2 级内存系统(L2 memory system)包含 L2 高速缓存。L2 缓存是可选的,并且对每个内核都是私有的。L2 高速缓存是 4 路组相联的,支持 64 字节高速缓存行,并且具有 64～256KB 的可配置高速缓存 RAM。L2 内存系统通过可选的异步桥连接到 DynamIQ™共享单元。

6. 通用中断控制器 CPU 接口(GIC CPU interface)

CPU 接口与外部分发器组件集成时,是用于支持和管理集群系统中的中断的资源。

7. DynamIQ™共享单元

DynamIQ™共享单元(DynamIQ™ shared unit)包含 L3 缓存和维持集群内核之间一致性所需的逻辑。有关详细信息,可参阅 ARM DynamIQ™共享单元技术参考手册。

8. 调试和跟踪组件(debug and trace components)

Cortex-A55 内核支持一系列调试、测试和跟踪选项,包括:
- PMU 提供的 6 个性能事件计数器和一个周期计数器;
- 6 个硬件断点和 4 个观察点;
- 仅针对每个内核的指令跟踪 ETM;
- 对 ELA-500 的每核支持;
- 集群和 DebugBlock 之间的 AMBA 4 APB 接口。

2.2.3 Cortex-A55 内存管理单元

本节介绍 Cortex-A55 内核的内存管理单元(MMU)。内存管理单元负责将代码地址和数据虚拟地址(VA)转换为实际系统中的物理地址(PA)。MMU 还控制每个内存区域的内存访问权限、内存排序和缓存策略。MMU 的 3 个主要功能是:
- 控制访问主存储器中翻译表的翻译表遍历硬件;
- 将虚拟地址(VA)转换为物理地址(PA);
- 通过一组虚拟到物理地址提供内存系统控制转换表中保存的映射和内存属性。

地址转换的每个阶段都使用一组地址转换和关联的内存属性,这些属性保存在称为转换表的内存映射表中。转换表条目可以缓存到转换后备缓冲器中。表 2-7 描述了 MMU 中包含的组件。

表 2-7 MMU 包含的组件

组　件	描　述
指令 L1 TLB	15 个条目,完全关联
数据 L1 TLB	16 个条目,完全关联
L2 TLB	1024 个条目,4 向集关联

续表

组　件	描　述
walk cache RAM	64个条目,4向集关联
IPA cache RAM	64个条目,4向集关联

L2 TLB条目包含全局和地址空间标识符(ASID),以防止上下文切换TLB刷新。

TLB条目包含一个虚拟机标识符(VMID),以防止管理程序在虚拟机切换时刷新上下文切换TLB。

Cortex-A55内核支持40位物理地址范围,可寻址1TB的物理内存。

Cortex-A55内核是ARMv8-A兼容内核,支持在AArch32和AArch64状态下执行。表2-8显示了两种执行状态之间的差异。

表2-8　AArch32和AArch64的行为差异

特　性	AArch32	Aarch64
地址翻译系统	ARMv8-A地址转换系统类似于具有大型物理地址扩展(LPAE)和虚拟化扩展的ARMv7地址转换系统	ARM v8-A地址转换系统类似于长描述符格式地址转换系统的扩展,以支持扩展的虚拟和物理地址空间
翻译颗粒	4KB用于虚拟内存系统架构(VMSA)和LPAE	LPAE为4KB、16KB或64KB
ASID大小	8位	8或16位,取决于TCR_ELx.AS的值
VMID大小	8位	8或16位,取决于VTCR_EL2.VS的值
PA大小	仅40位	最多40位 超过40位的TCR_ELx.IPS的任何配置都被视为40位

Cortex-A55内核还支持虚拟化主机扩展(VHE),包括EL2的ASID空间。当实现并启用VHE时,EL2具有与EL1相同的行为。

2.2.4 Cortex-A55中断控制器CPU接口

本节介绍ARM通用中断控制器(GIC) CPU接口的Cortex®-A55内核实现。GIC CPU接口与外部分发器组件集成时,是用于支持和管理集群系统中的中断的资源。

GIC CPU接口托管寄存器以屏蔽、识别和控制转发到该内核的中断的状态。系统中的每个内核都有一个单独的GIC CPU接口。

Cortex-A55内核实现了ARM通用中断控制器架构规范中描述的GIC CPU接口,这与系统内的外部GICv3或GICv4中断分发器组件连接。

> 本节仅描述特定于Cortex-A55内核实现的特性,可以在ARM DynamIQ™共享单元技术参考手册中找到特定于DSU的其他信息。

GICv4 架构支持：

- 两种安全状态；
- 中断虚拟化；
- 软件生成的中断(SGI)；
- 基于消息的中断；
- CPU 接口的系统寄存器访问；
- 中断屏蔽和优先级排序；
- 集群环境，包括包含 8 个以上内核的系统；
- 电源管理环境中的唤醒事件。

GIC 包括支持以下功能的中断分组功能：

- 配置每个中断以属于一个中断组；
- 使用 IRQ 或 FIQ 异常请求向目标内核发送组 1 中断；
- 仅使用 FIQ 异常请求向目标内核发送组 0 中断；
- 用于处理组 0 和组 1 中断优先级的统一方案。

2.3 课后习题

1. 简述 ARM7 系列处理器的主要特点。
2. 简述 ARM Cortex 处理器的系列及其特点。
3. 简述 ARM 系统结构的主要特征。
4. 试比较 RISC 体系结构和 CISC 体系结构的主要区别。
5. 简述 ARM 3 级流水线的基本执行过程并画出流程图。
6. 简述 ARM 5 级流水线的基本执行过程并画出流程图。
7. Cortex-A55 是基于哪一代 ARM 架构设计的？

第3章 chapter 3

ARMv8 架构基础知识

ARMv8 架构是 ARM 体系结构的一种，它具有引人注目的特点：首次引入了 64 位指令集，从而能够处理更大的内存空间和更复杂的数据计算。此外，ARMv8 架构还引入了全新的执行模式 AArch64，它能够运行 64 位指令集，支持更广泛的操作模式和高级特性。目前，基于 ARMv8 架构设计的处理器在各个领域都发挥着重要的作用。

本章将从 ARMv8 架构的基础概念、寄存器组、A64 指令集、ARM64 异常处理以及 ARM64 内存管理等方面介绍 ARMv8 架构，旨在帮助读者更好地理解 ARMv8 架构。

3.1 ARMv8 架构

ARMv8 是 ARM 公司推出的处理器架构，广泛应用于移动设备、嵌入式系统、物联网设备和云服务器等领域，了解 ARMv8 架构可以理解和应用这些设备和系统。许多应用和系统都是基于 ARMv8 架构开发的，学习 ARMv8 架构可以更好地理解和开发这些应用和系统。同时，了解 ARMv8 架构也可以提高编程技能和工作竞争力。本节主要对 ARMv8 中涉及的主要概念进行梳理，介绍基于 ARMv8 架构设计的处理器的运行状态和其支持的数据宽度。

3.1.1 ARMv8 架构介绍

1. ARMv8-A 架构特性

ARMv8-A 是 ARM 公司发布的第一代支持 64 位处理器的指令集和架构，它在扩充 64 位寄存器的同时提供了对上一代架构指令集的兼容，因此它提供了运行 32 位和 64 位应用程序的环境。

ARMv8-A 架构除了提高了处理能力，还引入了很多吸引人的新特性。

- 具有超大物理地址空间，提供超过 4GB 物理内存。
- 具有 64 位宽的虚拟地址空间。32 位宽的虚拟地址空间只能提供 4GB 大小的虚拟地址空间访问，这极大地限制了桌面操作系统和服务器等的性能发挥。64 位宽的虚拟地址空间可以提供更大的访问空间。
- 提供 31 个 64 位宽的通用寄存器，可以减少对栈的访问，从而提高性能。

- 提供 16KB 和 64KB 的页面，有助于降低 TLB 的未命中率(miss rate)。
- 具有全新的异常处理模型，有助于降低操作系统和虚拟化的实现复杂度。
- 具有全新的加载-获取指令(load-acquire instruction)、存储-释放指令(store-release instruction)，专门为 C++ 11、C11 以及 Java 内存模型设计。

2. 采用 ARMv8 架构的常见处理器内核

下面介绍市面上常见的采用 ARMv8 架构的处理器(简称 ARMv8 处理器)内核。

(1) Cortex-A53 处理器内核。ARM 公司第一款采用 ARMv8-A 架构的处理器内核，专门为低功耗设计的处理器。通常可以使用 1～4 个 Cortex-A53 处理器组成一个处理器簇，或者和 Cortex-A57 或 Cortex-A72 等高性能处理器组成大/小核架构。

(2) Cortex-A57 处理器内核。采用 64 位 ARMv8-A 架构的处理器内核，而且通过 AArch32 执行状态，保持与 ARMv7 架构完全后向兼容。除了 ARMv8 架构的优势之外，Cortex-A57 还提高了单个时钟周期的性能，比高性能的 Cortex-A15 高出 20%～40%；它还改进了二级高速缓存的设计和内存系统的其他组件，极大地提高了性能。

(3) Cortex-A72 处理器内核。2015 年年初正式发布的基于 ARMv8-A 架构，并在 Cortex-A57 处理器上做了大量优化和改进。在相同的移动设备电池寿命限制下，Cortex-A72 相较于基于 Cortex-A15 的设备具有 3.5 倍的性能提升，展现出了优异的整体功耗效率。

3.1.2 ARMv8 基础概念

ARM 处理器实现的是精简指令集架构。在 ARMv8-A 架构中有以下基本概念和定义。

(1) 处理机(processing element，PE)。在 ARM 公司的官方技术手册中提到的一个概念，把处理器处理事务的过程抽象为处理机。

(2) 执行状态(execution state)。处理器运行时的环境，包括寄存器的位宽、支持的指令集、异常模型、内存管理以及编程模型等。ARMv8 架构定义了两个执行状态。

① AArch64：64 位的执行状态。

- 提供 31 个 64 位的通用寄存器。
- 提供 64 位的程序计数器(program counter，PC)指针寄存器、栈指针(stack pointer，SP)寄存器以及异常链接寄存器(exception link register，ELR)。
- 提供 A64 指令集。
- 定义 ARMv8 异常模型，支持 4 个异常等级，即 EL0～EL3。
- 提供 64 位的内存模型。
- 定义一组处理器状态(PSTATE)用来保存 PE 的状态。

② AArch32：32 位的执行状态。

- 提供 13 个 32 位的通用寄存器，再加上 PC 指针寄存器、SP 寄存器、链接寄存器(link register，LR)。
- 支持两套指令集，分别是 A32 和 T32 指令集(Thumb 指令集)。
- 支持 ARMv7-A 异常模型，基于 PE 模式并映射到 ARMv8 的异常模型中。

- 提供32位的虚拟内存访问机制。
- 定义一组PSTATE用来保存PE的状态。

(3) ARMv8指令集。ARMv8架构根据不同的执行状态提供不同指令集的支持。

- A64指令集：运行在AArch64状态下，提供64位指令集支持。
- A32指令集：运行在AArch32状态下，提供32位指令集支持。
- T32指令集：运行在AArch32状态下，提供16和32位指令集支持。

(4) 系统寄存器命名。在AArch64状态下，很多系统寄存器会根据不同的异常等级提供不同的变种寄存器。

3.1.3 ARMv8处理器的运行状态

ARMv8处理器支持两种执行状态——AArch64状态和AArch32状态。AArch64状态是ARMv8新增的64位执行状态，而AArch32是为了兼容ARMv7架构的32位执行状态。当处理器运行在AArch64状态下时，运行A64指令集；而当运行在AArch32状态下时，可以运行A32指令集或者T32指令集。

如图3-1所示，AArch64状态的异常等级(exception level)决定了处理器当前运行的特权级别，类似于ARMv7架构中的特权等级。

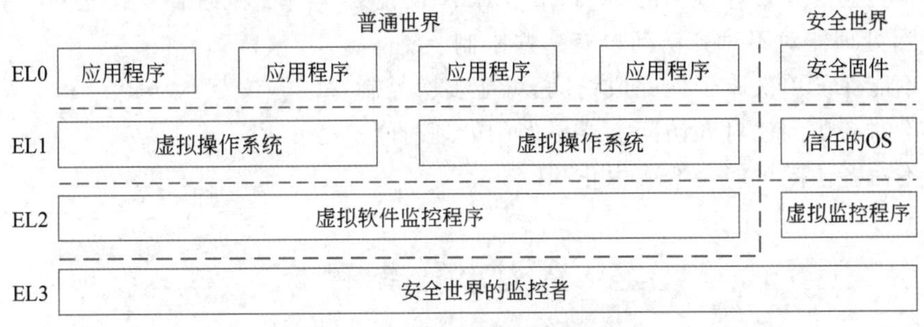

图3-1 AArch64状态的异常等级

- EL0：用户特权，用于运行普通用户程序。
- EL1：系统特权，通常用于运行操作系统。
- EL2：运行虚拟化扩展的虚拟监控程序(hypervisor)。
- EL3：运行安全世界中的安全监控器(secure monitor)。

ARMv8架构允许切换应用程序的运行模式。例如在一个运行64位操作系统的ARMv8处理器中，可以同时运行A64指令集的应用程序和A32指令集的应用程序。但是在一个运行32位操作系统的ARMv8处理器中就不能运行A64指令集的应用程序了。当需要运行A32指令集的应用程序时，需要通过一条管理员调用(supervisor call, SVC)指令切换到EL1，操作系统会做任务的切换并返回AArch32的EL0中，这时操作系统就为这个应用程序准备好了AArch32的运行环境。

3.1.4 ARMv8架构支持的数据宽度

ARMv8支持如下几种数据宽度。

- 字节(byte)：8位。
- 半字(halfword)：16位。
- 字(word)：32位。
- 双字(doubleword)：64位。
- 四字(quadword)：128位。

不对齐访问有两种情况，一种是指令不对齐访问，另一种是数据不对齐访问。A64指令集要求指令存放的位置必须以字(word,32位宽)为单位对齐。访问一条存储位置不以字为单位对齐的指令会导致PC对齐异常(PC alignment fault)。

对于数据访问，需要区分不同的内存类型。内存类型是设备内存的不对齐访问会触发一个对齐异常(alignment fault)。

对于访问普通内存，除了独占加载/独占存储(load-exclusive/store-exclusive)指令或者加载-获取/存储-释放(load-acquire/store-release)指令外，对于其他加载或者存储单个或多个寄存器的所有指令，如果访问地址和要访问数据不对齐，则按照以下两种情况进行处理。

- 若对应的异常等级中的SCTLR_Elx.A设置为1，则说明打开了地址对齐检查功能，那么会触发一个对齐异常。
- 若对应的异常等级中的SCTLR_Elx.A设置为0，那么处理器支持不对齐访问。

当然，处理器对不对齐访问也有一些限制。

- 不能保证单次原子地完成访问，可能多次复制。
- 不对齐访问比对齐访问需要更多的处理时间。
- 不对齐访问可能会造成中止(abort)。

3.2 ARMv8寄存器

了解ARMv8寄存器的结构、数量和使用方式，对理解指令集的执行、优化代码、调试程序以及进行性能分析非常有必要。因此本节通过介绍ARMv8架构的主要寄存器：通用寄存器、处理状态寄存器、特殊寄存器和系统寄存器，帮助读者认识ARMv8寄存器。

3.2.1 通用寄存器

AArch64运行状态支持31个64位的通用寄存器，分别是X0～X30寄存器，而AArch32状态支持16个32位的通用寄存器。

通用寄存器除了用于数据运算和存储之外，还可以在函数调用过程中起到特殊作用，ARM64架构的函数调用标准和规范对此有所约定，如图3-2所示。

在AArch64状态下，使用X表示64位通用寄存器，如X0、X30等。另外，还可以使用W表示X寄存器的低32位的数据，如W0表示X0寄存器的低32位数据，W1表示X1寄存器的低32位数据，如图3-3所示。

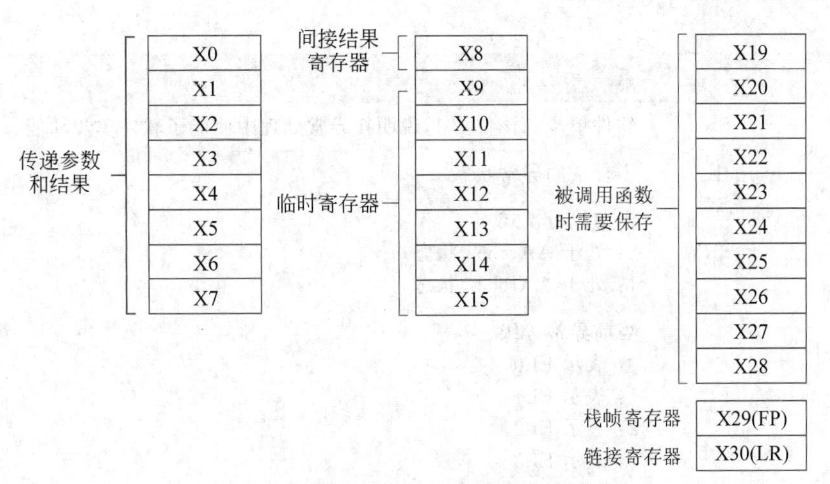

图 3-2 AArch64 状态的 31 个通用寄存器

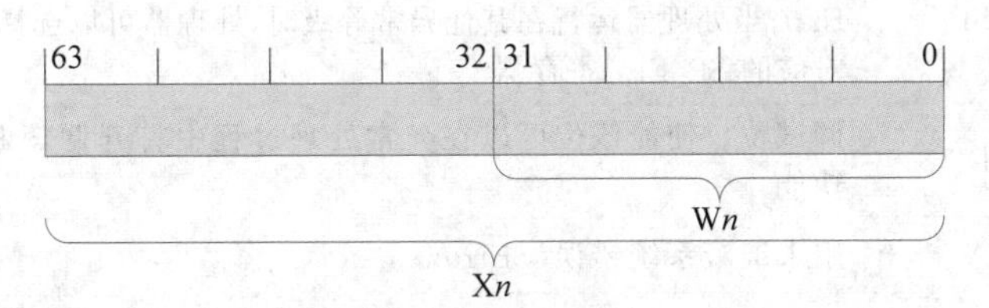

图 3-3 64 位通用寄存器和低 32 位数据

3.2.2 处理器状态寄存器

在 ARMv7 架构中，使用当前程序状态寄存器（current program status register，CPSR）表示当前的处理器状态（processor state），而在 AArch64 中使用 PSTATE 寄存器表示，如表 3-1 所示。

表 3-1 PSTATE 寄存器

分类	字段	描述
条件标志位	N	负数标志位 在结果是有符号的二进制代码的情况下，如果结果为负数，则 N=1；如果结果为非负数，则 N=0
	Z	0 标志位 如果结果为 0，则 Z=1；如果结果为非 0，则 Z=0
	C	进位标志位 当发生无符号数溢出时，C=1 其他情况下，C=0
	V	有符号数溢出标志位 对于加/减指令，在操作数和结果是有符号的整数时，如果发生溢出，则 V=1；如果未发生溢出，则 V=0 对于其他指令，V 通常不发生变化

续表

分　类	字　段	描　　述
运行状态控制	SS	软件单步。该位为1,说明在异常处理中使能了软件单步功能
	IL	不合法的异常状态
	nRW	当前执行模式 0：处于 AArch64 状态 1：处于 AArch32 状态
	EL	当前异常等级 0：表示 EL0 1：表示 EL1 2：表示 EL2 3：表示 EL3
	SP	选择 SP 寄存器。当运行在 EL0 时,处理器选择 EL0 的 SP 寄存器,即 SP_EL0;当处理器运行在其他异常等级时,处理器可以选择使用 SP_EL0 或者对应的 SP_ELn 寄存器
异常掩码标志位	D	调试位。使能该位可以在异常处理过程中打开调试断点和软件单步等功能
	A	用来屏蔽系统错误(SError)
	I	用来屏蔽 IRQ
	F	用来屏蔽 FIQ
访问权限	PAN	特权不访问(privileged access never)位是 ARMv8.1 的扩展特性 1：在 EL1 或者 EL2 访问属于 EL0 的虚拟地址时会触发一个访问权限错误 0：不支持该功能,需要软件模拟
	UAO	用户特权访问覆盖标志位,是 ARMv8.2 的扩展特性 1：当运行在 EL1 或者 EL2 时,没有特权的加载存储指令可以和有特权的加载存储指令一样访问内存,如 LDTR 指令 0：不支持该功能

3.2.3　特殊寄存器

ARMv8 架构除了支持 31 个通用寄存器之外,还提供多个特殊寄存器,如图 3-4 所示。

1. 零寄存器

ARMv8 架构提供两个零寄存器(zero register),这些寄存器的内容全是 0,可以用作源寄存器,也可以用作目标寄存器。WZR 寄存器是 32 位的零寄存器,XZR 是 64 位的零寄存器。

特殊寄存器

	EL0	EL1	EL2	EL3
NZCV寄存器	NZCV			
UAO寄存器	UAO			
PAN寄存器	PAN			
SPSel寄存器	SPSel			
DAIF寄存器	DAIF			
CurrentEL寄存器	CurrentEL			
零寄存器	XZR/WZR			
PC寄存器	PC			
SP寄存器	SP_EL0	SP_EL1	SP_EL2	SP_EL3
SPSR		SPSR_EL2	SPSR_EL2	SPSR_EL3
ELR		ELR_EL1	ELR_EL2	ELR_EL3

图 3-4　特殊寄存器

2. PC 寄存器

PC 寄存器通常用来指向当前运行指令的下一条指令的地址，用于控制程序中指令的运行顺序，但是编程人员不能通过指令直接访问它。

3. SP 寄存器

ARMv8 架构支持 4 个异常等级，每一个异常等级都有一个专门的 SP 寄存器 SP_ELn，例如处理器运行在 EL1 时选择 SP_EL1 寄存器作为 SP 寄存器。

- SP_EL0：EL0 下的 SP 寄存器。
- SP_EL1：EL1 下的 SP 寄存器。
- SP_EL2：EL2 下的 SP 寄存器。
- SP_EL3：EL3 下的 SP 寄存器。

当处理器运行在比 EL0 高的异常等级时，处理器可以访问如下寄存器。

- 当前异常等级对应的 SP 寄存器 SP_ELn。
- EL0 对应的 SP 寄存器 SP_EL0 可以当作一个临时寄存器，如 Linux 内核里使用该寄存器存放进程的 task_struct 数据结构的指针。

当处理器运行在 EL0 时，它只能访问 SP_EL0，而不能访问其他高级的 SP 寄存器。

4. 保存处理状态寄存器

当运行一个异常处理器时，处理器的处理状态会保存到保存处理状态寄存器(saved process status register，SPSR)中，这个寄存器非常类似于 ARMv7 架构中的 CPSR。当异常将要发生时，处理器会把 PSTATE 寄存器的值暂时保存到 SPSR 中；当异常处理完成并返回时，再把 SPSR 的值恢复到 PSTATE 寄存器。SPSR 的格式如图 3-5 所示，SPSR 的重要字段如表 3-2 所示。

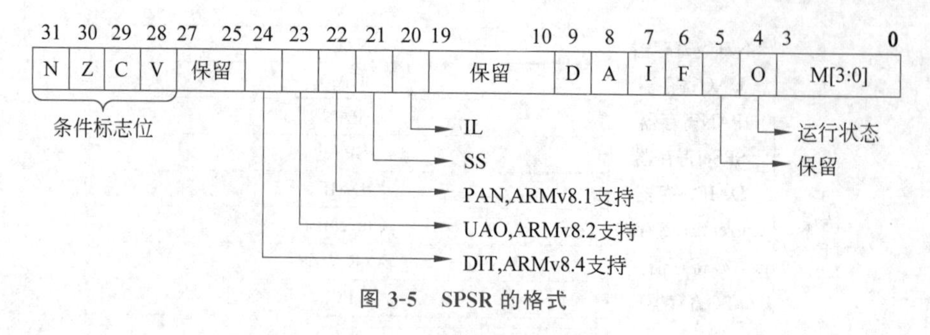

图 3-5 SPSR 的格式

表 3-2 SPSR 的重要字段

字 段	描 述
N	负数标志位
Z	零标志位
C	进位标志位
V	有符号数溢出标志位
DIT	与数据无关的指令时序(data independent timing),ARMv8.4 的扩展特性
UAO	用户特权访问覆盖标志位,ARMv8.2 的扩展特性
PAN	特权模式禁止访问(privileged access never)位,ARMv8.1 的扩展特性
SS	表示是否使能软件单步功能。若该位为 1,说明在异常处理中使能了软件单步功能
IL	不合法的异常状态
D	调试位。使能该位可以在异常处理过程中打开调试断点和软件单步等功能
A	用来屏蔽系统错误
I	用来屏蔽 IRQ
F	用来屏蔽 FIQ
M[4]	用来表示异常处理过程中处于哪个执行状态,若为 0,表示 AArch64 状态
M[3:0]	异常模式

5. ELR 寄存器

该寄存器存放了异常返回地址。

6. CurrentEL 寄存器

该寄存器表示 PSTATE 寄存器中的 EL 字段,其中保存了当前异常等级。使用 MRS 指令可以读取当前异常等级。

- 0:表示 EL0。
- 1:表示 EL1。
- 2:表示 EL2。

- 3：表示 EL3。

7. DAIF 寄存器

该寄存器表示 PSTATE 寄存器中的{D,A,I,F}字段。

8. SPSel 寄存器

该寄存器表示 PSTATE 寄存器中的 SP 字段，用于在 SP_EL0 和 SP_ELn 中选择 SP 寄存器。

9. PAN 寄存器

该寄存器表示 PSTATE 寄存器中的 PAN（privileged access never，特权禁止访问）字段。可以通过 MRS 和 MSR 指令设置 PAN 寄存器。

10. UAO 寄存器

该寄存器表示 PSTATE 寄存器中的 UAO（user access override，用户访问覆盖）字段。可以通过 MRS 和 MSR 指令设置 UAO 寄存器。

11. NZCV 寄存器

该寄存器表示 PSTATE 寄存器中的{ N,Z,C,V }字段。

3.2.4 系统寄存器

除了上面介绍的通用寄存器和特殊寄存器之外，ARMv8 架构还定义了很多的系统寄存器，通过访问和设置这些系统寄存器可以完成对处理器不同功能的配置。在 ARMv7 架构中，需要通过访问 CP15 协处理器间接访问这些系统寄存器，而在 ARMv8 架构中没有协处理器，可直接访问系统寄存器。ARMv8 架构支持如下 7 类系统寄存器。

- 通用系统控制寄存器。
- 调试寄存器。
- 性能监控寄存器。
- 活动监控寄存器。
- 统计扩展寄存器。
- RAS 寄存器。
- 通用定时器寄存器。

系统寄存器支持不同异常等级的访问，通常系统寄存器会使用 Reg_ELn 的方式表示。

- Reg_EL1：处理器处于 EL1、EL2 以及 EL3 时可以访问该寄存器。
- Reg_EL2：处理器处于 EL2 和 EL3 时可以访问该寄存器。
- 大部分系统寄存器不支持处理器处于 EL0 时访问，但也有一些例外，如 CTR_EL0 寄存器。

程序可以通过 MRS 和 MSR 指令访问系统寄存器。

```
MRS X0, TTBR0_EL1          //把 TTBR0_EL1 的值复制到 x0 寄存器
MSR TTBR0_EL1, X0          //X0 寄存器的值复制到 TTBR0_EL1
```

3.3 A64 指令集

指令集是处理器体系结构设计的重点之一。ARM 公司定义和实现的指令集一直在变化和发展中。ARMv8 体系结构最大的改变是增加了一个新的 64 位指令集，这是早前 ARM 指令集的有益补充和增加，它可以处理 64 位宽的寄存器和数据，并且使用 64 位的指针访问内存。这个新的指令集称为 A64 指令集，运行在 AArch64 状态。ARMv8 兼容旧的 32 位指令集——A32 指令集，它运行在 AArch32 状态。A64 和 A32 指令集并不兼容，它们是两套不同的指令集，指令编码是不一样的。需要注意的是，A64 指令集支持 64 位宽的数据和地址寻址，但其编码宽度是 32 位，而不是 64 位。A64 指令集具有以下特点：具有特有的指令编码格式；只能运行在 AArch64 状态；指令的宽度为 32 位。

下面以前变基模式的 LDR 指令为例，介绍 A64 指令集的编码风格，如图 3-6 所示。

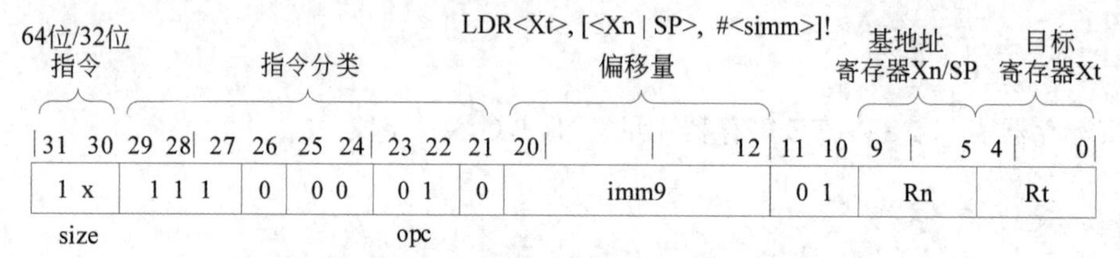

图 3-6 前变基模式的 LDR 指令的编码

第 0～4 位为 Rt 字段，用来描述目标寄存器 Xt，可以从 X0～X30 中选择。

第 5～9 位为 Rn 字段，用来描述基地址寄存器 Xn，可以从 X0～X30 中选择，也可以选择 SP 寄存器作为第 31 个寄存器。

第 12～20 位为 imm9 字段，用于偏移量 imm。

第 21～29 位用于指令分类。

第 30～31 位为 size 字段，当 size 为 0b11 时，表示 64 位宽数据；当 size 为 0b10 时，表示 32 位宽数据。

A64 指令集可以分为如下几类：

- 内存加载和存储指令；
- 多字节内存加载和存储指令；
- 算术和移位指令；
- 移位操作指令；
- 位操作指令；
- 条件操作指令；
- 跳转指令；
- 独占访问指令；

- 内存屏障指令；
- 异常处理指令；
- 系统寄存器访问指令。

3.3.1 加载与存储指令

和早期的 ARM 体系结构一样，ARMv8 体系结构基于指令加载和存储体系结构。在这种体系结构下，所有的数据处理都需要在通用寄存器中完成，而不能直接在内存中完成。因此，首先把待处理数据从内存加载到通用寄存器，然后进行数据处理，最后把数据写入内存。

常见的内存加载指令是 LDR 指令，内存写入指令是 STR 指令。LDR 指令和 STR 指令的基本格式如下。

```
LDR 目标寄存器, <存储器地址>          //把存储器地址中的数据加载到目标寄存器中
STR 源寄存器, <存储器地址>            //把源寄存器的数据存储到存储器中
```

1. 基地址模式的寻址

基地址模式首先是使用寄存器的值表示一个地址，然后把这个内存地址的内容加载到通用寄存器中。

以下指令以 Xn 寄存器中的内容作为内存地址，加载此内存地址的内容到 Xt 寄存器。

```
LDR Xt, [Xn]
```

以下指令是把 Xt 寄存器中的内容存储到 Xn 寄存器的内存地址中。

```
STR Xt, [Xn]
```

2. 基地址加偏移量模式的寻址

基地址加偏移量模式是指在基地址的基础上再加上偏移量，从而计算内存地址，并把这个内存地址的值加载到通用寄存器中，偏移量可以是正数，也可以是负数。

以下指令是把 Xn 寄存器的内容加上一个偏移量(offset 必须是 8 的倍数)，以相加的结果作为基地址，加载此内存地址的内容到 Xt 寄存器。

```
LDR Xt, [Xn, #offset]
```

基地址加偏移量模式的存储指令格式如下。该指令是将 Xt 寄存器中的值存储到以 Xn 寄存器的值加一个偏移量(offset 必须是 8 的倍数)表示的地址中。

```
STR Xt, [Xn, #offset]
```

3. 基地址扩展模式的寻址

基地址扩展模式的命令如下。

```
LDR <Xt>, [<Xn>, (<Xm>){,<extend>{<amount>}}]
STR <Xt>, [<Xn>, (<Xm>){,<extend>{<amount>}}]
```

Xt：目标寄存器。

Xn：基地址寄存器。

Xm：用来表示偏移的寄存器。

extend：扩展/移位指示符，默认是 LSL，也可以是 UXTW、SXTW、SXTX。

amount：索引偏移量，amount 的值只能是 0 或者 3，如果是其他值，汇编器将报错。

【例 3-1】 如下代码使用了基于基地址加偏移量模式。

```
LDR X0, [X1]              //内存地址为 X1 寄存器的值，加载此内存地址的值到 X0 寄存器

LDR X0, [X1,#8]
            //内存地址为 X1 寄存器的值再加上偏移量(8)，加载此内存地址的值到 X0 寄存器

LDR X0,[X1,X2]
            //内存地址为 X1 寄存器的值加 X2 寄存器的值，加载此内存地址的值到 X0 寄存器

LDR X0,[X1,X2,LSL #3]
            //内存地址为 X1 寄存器的值加(X2 寄存器的值<<3)，加载此内存地址的值到 X0
            寄存器

LDR X0,[X1,W2,SXTW]
            //先对 W2 的值做有符号的扩展，和 X1 寄存器的值相加后，将结果作为内存地址，
            //加载此内存地址的值到 X0 寄存器

LDR X0,[X1,W2,SXTW #3]
            //先对 W2 的值做有符号的扩展，然后左移 3 位，和 X1 寄存器的值相加后，将
            //结果作为内存地址，加载此内存地址的值到 X0 寄存器
```

4. 前变基模式的寻址

前变基模式指先更新偏移量地址，后访问内存地址。前变基模式的指令格式如下。首先更新 Xn|SP 寄存器的值为 Xn|SP 寄存器的值加 imm，然后以新的 Xn|SP 的值为内存地址，加载该内存地址的值到 Xt 寄存器。

```
LDR <Xt>, [<Xn|SP>, #<imm>]!
```

以下指令首先更新 Xn|SP 的值为 Xn|SP 寄存器的值加 imm，然后把 Xt 寄存器的值存储到 Xn|SP 寄存器的新值为地址的内存单元中。

```
STR <Xt>, [<Xn|SP>, #<imm>]!
```

5. 后变基模式的寻址

后变基模型指先访问内存地址，后更新偏移量地址。首先以 Xn|SP 寄存器的值为内存地址，取该内存地址上的值到 Xt 寄存器，再更新 Xn|SP 寄存器的值为 Xn|SP 寄存器的值加 imm。

```
LDR <Xt>, [<Xn|SP>], #<imm>
```

以下指令先将 Xt 寄存器的值存储到以 Xn|SP 寄存器的值为地址的内存单元中，然后更新 Xn|SP 寄存器的值为 Xn|SP 寄存器的值加 imm。

```
STR <Xt>, [<Xn|SP>], #<imm>
```

【例 3-2】 如下代码使用了前变基模式和后变基模式。

```
LDR X0, [X1, #8]!   //前变基模式。先更新 X1 寄存器的值为 X1 寄存器的值加 8
                    //然后以新的 X1 寄存器的值为内存地址，加载该内存地址的值到 X0 寄存器中

LDR X0, [X1], #8
    //后变基模式。以 X1 寄存器的值为内存地址，加载该内存地址的值到 X0 寄存器，然后更
                    //新 X1 寄存器的值为 X1 寄存器的值加 8
```

6. PC 相对地址模式的寻址

汇编代码中常常会使用标签(label)标记代码片段。LDR 指令还提供一种访问标签的地址模式，指令的格式如下。这条指令驱动 label 所在内存地址的内容到 Xt 寄存器中。但是这个 label 必须在当前 PC 地址前后 1MB 的范围内，如果超过这个范围，则汇编器会报错。

```
LDR <Xt>, <label>
```

【例 3-3】 如下 LDR 指令会把标签 my_data 的数据读出来。

```
my_data:
        .word 0x40

ldr x0, my_data           //最终 X0 寄存器的值为 0x40
```

【例 3-4】 假设当前 PC 值为 0x806E4，那么这条 LDR 指令读取 0x806E4+0x20 地址的内容到 X6 寄存器中。

```
#define MY_LABEL 0x20

ldr x6,MY_LABEL
```

7. 多字节内存加载和存储

A32 指令集提供 LDM 和 STM 指令以实现多字节内存加载与存储，而 A64 指令集不再提供 LDM 和 STM 指令，而是提供 LDP 和 STP 指令。LDP 和 STP 指令支持 3 种寻址模式。

基地址偏移量模式 LDP 指令的格式如下，它以 Xn|SP 寄存器的值为基地址，然后读取 Xn|SP 寄存器的值加 imm 地址的值到 Xt1 寄器，读取 Xn|SP 寄存器的值加 imm+8 地址的值到 Xt2 寄存器中。

```
LDP <Xt1>, <Xt2>, [<Xn|SP>{, #<imm>}]
```

基地址偏移量模式STP指令的格式如下，它以Xn|SP寄存器的值为基地址，然后把Xt1寄存器的内容存储到[Xn|SP+imm]处，把Xt2寄存器的内容存储到[Xn|SP+imm+8]处。

```
STP <Xt1>, <Xt2>, [<Xn|SP>{, #<imm>}]
```

前变基模式LDP指令的格式如下，它先计算Xn寄存器的值加imm，并存储到Xn寄存器中，然后以Xn寄存器的最新值作为基地址，读取Xn寄存器的值加imm地址的值到Xt1寄存器，读取[Xn+imm+8]的值到Xt2寄存器中。Xn寄存器可以使用SP寄存器。

```
LDP <Xt1>, <Xt2>, [<Xn|SP>, #<imm>]!
```

前变基模式STP指令的格式如下，它先计算Xn寄存器的值加imm，并存储到Xn寄存器中，然后以Xn寄存器的最新值作为基地址，把Xt1寄存器的内容存储到Xn内存地址处，把Xt2寄存器的值存储到Xn寄存器的值加8对应的内存地址处。

```
STP <Xt1>, <Xt2>, [<Xn|SP>, #<imm>]!
```

后变基模式LDP指令的格式如下，它以Xn寄存器的值为基地址，读取[Xn+imm]的值到Xt1寄存器，读取[Xn+imm+8]的值到Xt2寄存器中，最后更新Xn寄存器。Xn寄存器可以使用SP寄存器。

```
LDP <Xt1>, <Xt2>, [<Xn|SP>], #<imm>
```

后变基模式STP指令格式如下，它以Xn寄存器的值为基地址，把Xt1寄存器的内容存储到Xn寄存器的值加imm对应的内存地址处，Xt2寄存器的值存储到[Xn+imm+8]处，并更新Xn寄存器。Xn寄存器可以使用SP寄存器。

```
STP <Xt1>, <Xt2>, [<Xn|SP>], #<imm>
```

【例3-5】 如下代码使用了基地址偏移量模式和前变基模式。

```
LDP X3, X7, [X0]
    //以 X0 寄存器的值为内存地址,加载此内存地址的值到 X3 寄存器中,然后以 X0 寄存器的
    //值加 8 作为内存地址,加载此内存地址的值到 X7 寄存器中

LDP X1, X2, [X0, #0x10]!
    //前变基模式。先计算 X0+0x10 作为 X0 的值,然后以 X0 寄存器的值作为内存地址
    //加载此内存地址的值到 X1 寄存器中,接着以 X0 寄存器的值加 8 作为内存地址
    //加载此内存地址的值到 X2 寄存器中

STP X1, X2, [X4]
    //存储 X1 寄存器的值到地址为 X4 寄存器的值的内存单元中
    //然后存储 X2 寄存器的值到地址为 X4 寄存器的值加 8 的内存单元中
```

8. 不同位宽的加载与存储指令

LDR和STR指令根据不同的数据位宽有多种变种，如表3-3所示。

表 3-3 不同位宽的 LDR 和 STR 指令

指 令	描 述
LDR	数据加载指令
LDRSW	有符号的数据加载指令，单位为字
LDRB	数据加载指令，单位为字节
LDRSB	有符号的数据加载指令，单位为字节
LDRH	数据加载指令，单位为半字
LDRSH	有符号的数据加载指令，单位为半字
STR	数据存储指令
STRB	数据存储指令，单位为字节
STRH	数据存储指令，单位为半字

9. 不可扩展的加载和存储指令

LDR 指令中的基地址加偏移量模式为可扩展模式，即偏移量按照数据大小来扩展且是正数，取值范围为 0～32760。A64 指令集还支持一种不可扩展模式的加载和存储指令，即偏移量只能按照字节来扩展，可以是正数或者负数，取值范围为－256～255，例如 LDUR 指令。因此，可扩展模式和不可扩展模式的区别在于是否按照数据大小进行扩展，从而扩大寻址范围。

LDUR 指令的格式如下。LDUR 指令的意思是以 Xn|SP 寄存器的内容加一个偏移量(imm)作为内存地址，加载此内存地址的内容(8 字节数据)到 Xt 寄存器。

```
LDUR <Xt>, [<Xn|SP>{, #<imm>}]
```

同理，不可扩展模式的存储指令为 STUR，其指令格式如下。STUR 指令是把 Xt 寄存器的内容存储到 Xn|SP 寄存器加上 imm 偏移量的地方。

```
STUR <Xt>, [<Xn|SP>{, #<imm>}]
```

不可扩展模式的 LDUR 和 STUR 指令根据数据位宽有多种变种，如表 3-4 所示。

表 3-4 不可扩展模式的 LDUR 和 STUR 指令

指 令	描 述
LDUR	数据加载指令
LDURSW	有符号的数据加载指令，单位为字
LDURB	数据加载指令，单位为字节
LDURSB	有符号的数据加载指令，单位为字节
LDURH	数据加载指令，单位为半字

续表

指　令	描　述
LDURSH	有符号的数据加载指令,单位为半字
STUB	数据存储指令
STURB	数据存储指令,单位为字节
STURH	数据存储指令,单位为半字

10. 独占内存访问指令

ARMv8 体系结构提供独占内存访问(exclusive memory access)的指令。LDXR 指令尝试在内存总线中申请一个独占访问的锁,然后访问一个内存地址。STXR 指令往刚才 LDXR 指令已经申请独占访问的内存地址中写入新内容。LDXR 和 STXR 指令通常组合使用以完成一些同步操作,如 Linux 内核的自旋锁。

另外,ARMv7 和 ARMv8 还提供多字节独占内存访问指令,如表 3-5 所示。

表 3-5　独占内存访问指令

指　令	描　述
LDXR	独占内存访问指令。指令的格式如下 `LDXR Xt,[Xn|SP{,#0}];`
STXR	独占内存访问指令。指令的格式如下 `STXR Ws,Xt,[Xn|SP{,#0}];`
LDXP	多字节独占内存访问指令。指令的格式如下 `LDXP Xt1,Xt2,[Xn|SP{,#0}];`
STXP	多字节独占内存访问指令。指令的格式如下 `STXP Ws,Xt1,Xt2,[Xn|SP{,#0}];`

11. 隐含加载-获取/存储-释放内存屏障原语

ARMv8 体系结构提供一组新的加载和存储指令,其中包含内存屏障原语,如表 3-6 所示。

表 3-6　隐含屏障原语的加载和存储指令

指令	描　述
LDAR	加载-获取(load-acquire)指令。LDAR 指令后面的读写内存指令必须在 LDAR 指令之后执行
STLR	存储-释放(store-release)指令。所有的加载和存储指令必须在 STLR 指令之前完成

12. 非特权访问级别的加载和存储指令

ARMv8 体系结构实现了一组非特权访问级别的加载和存储指令,它适用于在 EL0 进行的访问,如表 3-7 所示。

表 3-7 非特权访问级别的加载和存储指令

指 令	描 述
LDTR	非特权加载指令
LDTRB	非特权加载指令,加载1字节
LDTRSB	非特权加载指令,加载有符号的1字节
LDTRH	非特权加载指令,加载2字节
LDTRSH	非特权加载指令,加载有符号的2字节
LDTRSW	非特权加载指令,加载有符号的4字节
STTR	非特权存储指令,存储8字节
STTRB	非特权存储指令,存储1字节
STTRH	非特权存储指令,存储2字节

当PSTATE寄存器中的UAO字段为1时,在EL1和EL2执行这些非特权指令的效果和执行特权指令是一样的,这个特性是在ARMv8.2的扩展特性中加入的。

3.3.2 算术与移位指令

1. 条件操作码

A64指令集沿用了A32指令集中的条件操作,在PSTATE寄存器中有4个条件标志位,即N、Z、C、V,如表3-8所示。

表 3-8 条件标志位

条件标志位	描 述
N	负数标志(上一次运算结果为负值)
Z	零结果标志(上一次运算结果为零)
C	进位标志(上一次运算结果发生了无符号数溢出)
V	溢出标志(上一次运算结果发生了有符号数溢出)

常见的条件操作后缀如表3-9所示。

表 3-9 常见的条件操作后缀

后 缀	含义(整数运算)	条件标志位	条 件 码
EQ	相等	Z=1	0b0000
NE	不相等	Z=0	0b0001
CS/HS	发生了无符号数溢出	C=1	0b0010
CC/LO	没有发生无符号数溢出	C=0	0b0011

续表

后 缀	含义(整数运算)	条件标志位	条 件 码
MI	负数	N=1	0b0100
PL	正数或零	N=0	0b0101
VS	溢出	V=1	0b0110
VC	未溢出	V=0	0b0111
HI	无符号数大于	(C==1)&&(Z==0)	0b1000
LS	无符号数小于或等于	(C==0)||(Z==1)	0b1001
GE	有符号数大于或等于	N==V	0b1010
LT	有符号数小于	N!=V	0b1011
GT	有符号数大于	(Z==0)&&(N==V)	0b1100
LE	有符号数小于或等于	(Z==1)||(N!=V)	0b1101
AL	永远执行	—	0b1110
NV	永不执行	—	0b1111

2. 加法与减法指令

1）ADD 指令

普通的加法指令有下面几种用法。

- 使用立即数的加法。
- 使用寄存器的加法。
- 使用移位操作的加法。

使用立即数的加法指令格式如下，它的作用是把 Xn|SP 寄存器的值再加上立即数 imm，把结果写入 Xd|SP 寄存器。Shift 表示可选项，默认表示算术左移操作。

```
ADD <Xd|SP>, <Xn|SP>, #<imm>{, <shift>}
```

【例 3-6】 以下代码是使用立即数的加法指令示例。

```
add x0, x1, #1        //把 x1 寄存器的值加上立即数 1,结果写入 x0 寄存器
add x0, x1, #1 LSL 12
                //把立即数 1 算术左移 12 位,然后加上 x1 寄存器的值,结果写入 x0 寄存器
```

使用寄存器的加法指令格式如下。这条指令的作用是先对 Rm 寄存器做一些扩展，例如左移操作，然后加上 Xn|SP 寄存器的值，把结果写入 Xd|SP 寄存器。

```
ADD <Xd|SP>, <Xn|SP>, <Rm>{, <extend>{#<amount>}}
```

【例 3-7】 下面是使用寄存器的加法指令。

```
add x0, x1, x2              //x0=x1+x2
```

```
add x0, x1, x2, LSL 2              //x0=x1+x2<<2
```

【例 3-8】 下面也是使用寄存器的加法指令。

```
mov  x1, #1
mov  x2, #0x108a
add  x0, x1, x2, UXTB
add  x0, x1, x2, SXTB
```

上面的示例代码中,第 3 行的运行结果为 0x8B,因为 UXTB 对 X2 寄存器的低 8 位数据进行了无符号扩展,结果为 0x8A,然后加上 X1 寄存器的值,最终结果为 0x8B。在第 4 行中,SXTB 对 X2 寄存器的低 8 位数据进行有符号扩展,结果为 0xFFFFFFFFFFFFFF8A,然后加上 X1 寄存器的值,最终结果为 0xFFFFFFFFFFFFFF8B。

使用移位操作的加法指令的格式如下。这条指令的作用是先对 Xm 寄存器做一些移位操作,然后加上 Xn 寄存器的值,结果写入 Xd 寄存器。

```
ADD <Xd>,<Xn>,<Xm>{,<shift>#<amount>}
```

【例 3-9】 以下代码用于实现移位操作加法。

```
add x0, x1, x2, LSL 3              //x0=x1+x2<<3
```

2) ADDS 指令

ADDS 指令是 ADD 指令的变种,唯一的区别是指令执行结果会影响 PSTATE 寄存器的 N、Z、C、V 标志位,例如当计算结果发生无符号数溢出时,C=1。

【例 3-10】 下面的代码使用了 ADDS 指令。

```
mov x1, 0xFFFFFFFFFFFFFFFF

adds x0, x1, #2

mrs x2, nzcv
```

X1 的值(0xFFFFFFFFFFFFFFFF)加上立即数 2 一定会触发无符号数溢出,最终 X0 寄存器的值为 1,同时设置 PSTATE 寄存器的 C 标志位为 1。通过读取 NZCV 寄存器进行判断,最终 X2 寄存器的值为 0x20000000,说明第 29 位的 C 字段置 1,如图 3-7 所示。

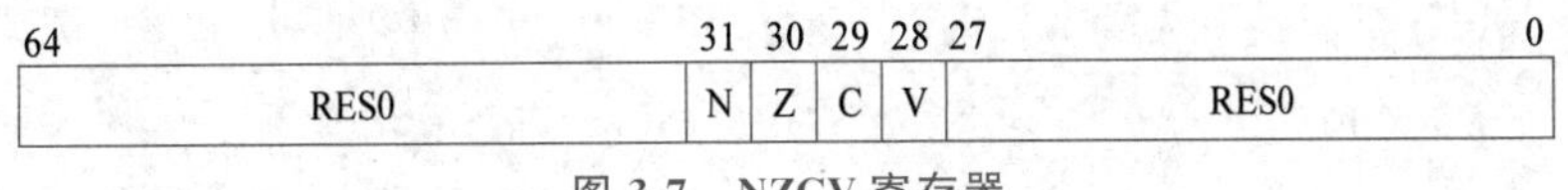

图 3-7 NZCV 寄存器

3) ADC 指令

ADC 是进位的加法指令,最终的计算结果需要考虑 PSTATE 寄存器的 C 标志位。ADC 指令的格式如下。Xd 寄存器的值等于 Xn 寄存器的值再加上 Xm 寄存器的值再加上 C,其中,C 表示 PSTATE 寄存器的 C 标志位。

```
ADC <Xd>, <Xn>, <Xm>
```

【例 3-11】 如下代码使用了 ADC 指令。

```
mov  x1, 0xFFFFFFFFFFFFFFFF
mov  x2, #2

adc  x0, x1, x2

mrs  x3 nzcv
```

ADC 指令的计算过程是0xFFFFFFFFFFFFFFFF+2+C,因为 0xFFFFFFFFFFFFFFFF+2 的过程中已经触发了无符号数溢出,C=1,所以最终计算 X0 寄存器的值为 2。若读取 NZCV 寄存器,会发现 C 标志位也被置位了。

4) SUB 指令

普通的减法指令与加法指令类似,也有下面几种用法。

• 使用立即数的减法。
• 使用寄存器的减法。
• 使用移位操作的减法。

使用立即数的减法指令格式如下,它的作用是把 Xn|SP 寄存器的值减去立即数 imm,结果写入 Xd|SP 寄存器。

```
SUB <Xd|SP>, <Xn|SP>, #<imm>{, <shift>}
```

【例 3-12】 如下代码使用了 SUB 指令。

```
Sub x0, x1, #1        //把 x1 寄存器的值减去立即数 1,结果写入 x0 寄存器

sub x0, x1, #1, LSL 12
        //把立即数 1 算术左移 12 位,然后把 x1 寄存器中的值减去立即数(1<<12),把结果值
                      //写入 x0 寄存器
```

使用寄存器的减法指令格式如下。这条指令的作用是先对 Rm 寄存器做一些扩展,例如左移操作,然后 Xn|SP 寄存器的值减去 Rm 寄存器的值,把结果写入 Xd|SP 寄存器。

```
SUB <Xd|SP>,<Xn|SP>,<Rm>{,<extend>{#<amount>}}
```

【例 3-13】 如下代码使用了寄存器的减法指令。

```
sub x0, x1, x2            //x0=x1-x2
sub x0, x1, x2, LSL 2     //x0=x1-x2<<2
```

【例 3-14】 下面的代码也使用了寄存器的减法指令。

```
mov  x1, #1
mov  x2, #0x108a
sub  x0, x1, x2, UXTB
sub  x0, x1, x2, SXTB
```

上面的示例代码中,UXTB 对 X2 寄存器的低 8 位数据进行了无符号扩展,结果为 0x8A,然后计算 1-0x8A 的值,最终结果为 0xFFFFFFFFFFFFFF77。

在第 4 行中，SXTB 对 X2 寄存器的低 8 位数据进行了有符号扩展，结果为 0xFFFFFFFFFFFFFF8A，然后计算 1－0xFFFFFFFFFFFFFF8A，最终结果为 0x77。

使用移位操作的减法指令的格式如下。这条指令的作用是先对 Xm 寄存器做一些移位操作，然后使 Xn 寄存器中的值减去 Xm 寄存器中的值，把结果写入 Xd 寄存器。

```
SUB <Xd>,<Xn>,<Xm>{, <shift>#<amount>}
```

【例 3-15】 下面的代码用于实现移位操作减法。

```
sub x0, x1, x2, LSL 3          //x0=x1-x2<<3
```

5) SUBS 指令

SUBS 指令是 SUB 指令的变种，唯一的区别是指令执行结果会影响 PSTATE 寄存器的 N、Z、C、V 标志位。SUBS 指令判断是否影响 N、Z、C、V 标志位的方法比较特别，对应的伪代码如下。

```
operand2=NOT(imm);
(result,nzcv) =AddwithCarry(operandl, operand2,'1');
PSTATE.<N,Z,C,V>=nzcv;
```

首先，把第二个操作数做取反操作。然后根据公式(3-1)进行计算。

$$\text{operand1} + \text{NOT}(\text{operand2}) + 1 \tag{3-1}$$

NOT(operand2)表示把 operand2 按位取反。在这个计算过程中要考虑是否影响 N、Z、C、V 标志位。当计算结果发生无符号数溢出时，C＝1；当计算结果为负数时，N＝1。

【例 3-16】 如下代码会导致 C 标志位为 1。

```
mov   x1, #0x3
mov   x2, #0x1
subs  x0, x1, x2
mrs   x3, nzcv
```

第二个操作数为 X2 寄存器的值，对应值为 1，按位取反之后为 0xFFFFFFFFFFFFFFFE。根据计算公式，计算 3＋0xFFFFFFFFFFFFFFFE＋1，这个过程会发生无符号数溢出，因此 4 标志位中的 C＝1 的最终计算结果为 2。因此，最后一行读取 NZCV 寄存器的值 0x20000000。

【例 3-17】 如下代码会导致 C 和 Z 标志位都置 1。

```
mov   x1, #0x3
mov   x2, #0x3
subs  x0, x1, x2
mrs   x3, nzcv
```

第二个操作数为 X2 寄存器的值，该值为 3，按位取反之后为 0xFFFFFFFFFFFFFFFC。根据公式计算 3＋0xFFFFFFFFFFFFFFFC＋1 的过程中会发生无符号数溢出，因此 C＝1。另外，最终结果为 0，所以 Z＝1。

3. CMP 指令

CMP 指令用来比较两个数的大小。在 A64 指令集的实现中，CMP 指令通过内部调用 SUBS 指令实现。

使用立即数的 CMP 指令的格式如下。

```
CMP <Xn|SP>, #<imm>{, <shift>}
```

上述指令等同于如下指令。

```
SUBS XZR, <Xn|SP>, #<imm>{, <shift>}
```

使用寄存器的 CMP 指令的格式如下。

```
CMP <Xn|SP>, <Rm>{, <extend>{#<amount>}}
```

上述指令等同于如下指令。

```
SUBS XZR, <Xn|SP>, <Rm>{, <extend>{#<amount>}}
```

使用移位操作的 CMP 指令的格式如下。

```
CMP <Xn>, <Xm>{, <shift>#<amount>}
```

上述指令等同于如下指令。

```
SUBS XZR, <Xn>, <Xm>{, <shift>#<amount>}
```

CMP 指令常常和跳转指令与条件操作后缀搭配使用，例如条件操作后缀 CS 表示是否发生了无符号数溢出，即 C 标志位是否置位，CC 表示 C 标志位没有置位。

【例 3-18】 使用 CMP 指令比较如下两个寄存器。

```
cmp x1, x2
b.cs label
```

CMP 指令判断两个寄存器是否触发无符号溢出的计算公式与 SUBS 指令类似。

$$X1 + NOT(X2) + 1 \tag{3-2}$$

如果上述过程中发生了无符号数溢出，那么 C 标志位会置 1，b.cs 指令将会跳转到 label 处。

【例 3-19】 下面的代码用来比较 3 和 2 这两个立即数。

```
my_test:
        mov x1, #3
        mov x2, #2
label:
        cmp x1, x2
        b.cs label

        ret
```

至于如何比较，需要根据 b 指令后面的条件操作后缀决定。CS 表示判断是否发生无符号数溢出。根据式(3-2)可得 3 + NOT(2) +1，其中 NOT(2)把立即数 2 按位取反,取反后为 0xFFFFFFFFFFFFFFFD。3+0xFFFFFFFFFFFFFFFD+1 的最终结果为 1,这个过程中发生了无符号数溢出,C 标志位为 1。所以,b.cs 的判断条件成立,跳转到标签 label 处,继续执行。

4. 移位指令

常见的移位指令如下。

(1) LSL:逻辑左移指令,最高位会被丢弃,最低位补 0,如图 3-8(a)所示。

(2) LSR:逻辑右移指令,最高位补 0,最低位会被丢弃,如图 3-8(b)所示。

(3) ASR:算术右移指令,最低位会被丢弃,最高位会按照符号进行扩展,如图 3-8(c)所示。

(4) ROR:循环右移指令,最低位会移动到最高位,如图 3-8(d)所示。

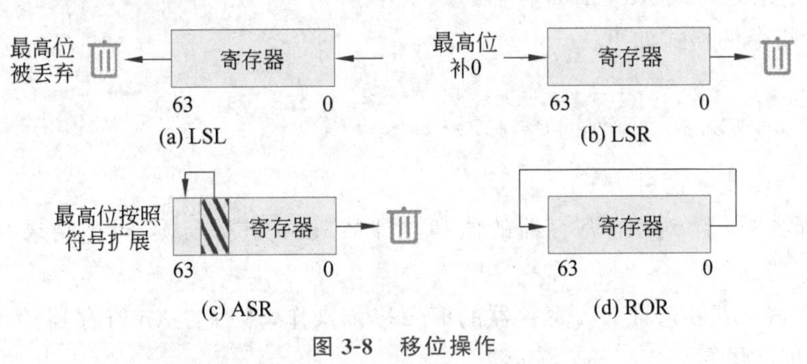

图 3-8 移位操作

关于移位操作指令有两点需要注意。

- A64 指令集中没有单独设置算术左移的指令,因为 LSL 指令会把最高位丢弃。
- 逻辑右移和算术右移的区别在于是否考虑符号问题。

例如,对于二进制数 1010101010,逻辑右移一位后变成[0]101010101(在最高位永远补 0),算术右移一位后变成[1]101010101(算术右移,最高位需要按照原二进制数的符号进行扩展)。

【例 3-20】 如下代码使用了 ASR 和 LSR 指令。

```
ldr w1, 0x8000008a

asr w2, wl, 1
lsr w3, wl, 1
```

在上述代码中,ASR 是算术右移指令,把 0x8000008A 右移一位且对最高位进行有符号扩展,最后结果为 0xC0000045。LSR 是逻辑右移指令,把 0x8000008A 右移一位且在最高位补 0,最后结果为 0x40000045。

5. 位操作指令

1) 与操作指令

与操作主要有两条指令。

• AND：按位与操作。
• ANDS：带条件标志位的与操作，影响 Z 标志位。

AND 指令的格式如下。shift 表示移位操作，支持 LSL、LSR、ASR 以及 ROR。amount 表示移位数量，取值范围为 0～63。

```
AND <Xd|SP>, <Xn>, #<imm>
AND <Xd>, <Xn>, <Xm>{, <shift>#<amount>}
```

AND 指令支持两种方式。

• 立即数方式：对 Xn 寄存器的值和立即数 imm 进行与操作，把结果写入 Xd|SP 寄存器。
• 寄存器方式：先对 Xm 寄存器的值做移位操作，然后与 Xn 寄存器的值进行与操作，把结果写入 Xd|SP 寄存器。

ANDS 指令的格式如下。

```
ANDS <Xd>, <Xn>, #<imm>
ANDS <Xd>, <Xn>, <Xm>{, <shift>#<amount>}
```

ANDS 指令支持两种方式。

• 立即数方式：对 Xn 寄存器的值和立即数 imm 进行与操作，把结果写入 Xd|SP 寄存器。
• 寄存器方式：先对 Xm 寄存器的值做移位操作，然后与 Xn 寄存器的值进行与操作，把结果写入 Xd|SP 寄存器。

【例 3-21】 如下代码使用 ANDS 指令对 0x3 和 0 做“与”操作。

```
mov x1, #0x3

mov x2, #0

ands x3, x1, x2

mrs x0, nzcv
```

与操作的结果为 0。通过读取 NZCV 寄存器，可以看到其中的 Z 标志位置位了。

2）或操作指令

ORR(或)操作指令的格式如下。

```
ORR <Xd|SP>, <Xn>, #<imm>
ORR <Xd>, <Xn>, <Xm>{, <shift>#<amount>}
```

ORR 指令支持两种方式。

• 立即数方式：对 Xn 寄存器的值与立即数 imm 进行或操作。
• 寄存器方式：先对 Xm 寄存器的值做移位操作，然后与 Xn 寄存器的值进行或操作。

EOR(异或)操作指令的格式如下。

```
EOR <Xd|SP>, <Xn>, #<imm>
EOR <Xd>, <Xn>, <Xm>{, <shift>#<amount>}
```

EOR 指令支持两种方式。

- 立即数方式：对 Xn 寄存器的值与立即数 imm 进行异或操作。
- 寄存器方式：先对 Xm 寄存器的值做移位操作，然后与 Xn 寄存器的值进行异或操作。

3）位清除操作指令

BIC（位清除操作）指令的格式如下。BIC 指令支持寄存器方式：先对 Xm 寄存器的值做移位操作，然后与 Xn 寄存器的值进行位清除操作。

```
BIC <Xd>, <Xn>, <Xm>{, <shift>#<amount>}
```

6. 位段操作指令

1）位段插入操作指令

BFI 指令的格式如下。BFI 指令的作用是用 Xn 寄存器中的 Bit[0，width－1]替换 Xd 寄存器中的 Bit[lsb，lsb＋width－1]，Xd 寄存器中的其他位不变。

```
BFI <Xd>, <Xn>, #<lsb>, #<width>
```

BFI 指令常用于设置寄存器的字段。

【例 3-22】 设置某个寄存器 A 的 Bit[7，4]为 0x5。

下面用 C 语言实现这个功能，用变量 val 表示寄存器 A 的值，代码如下。

```
val &=~ (0xf <<4)
val l=((u64)0x5 <<4)
```

用 BFI 指令实现这个功能，代码如下。

```
mov  x0, #0                //寄存器 A 的初始值为 0
mov  x1, #0x5

bfi  x0, x1, #4, #4        //往寄存器 A 的 Bit[7,4]字段设置 0x5
```

BFI 指令把 X1 寄存器中的 Bit[4，0]设置为 X0 寄存器中的 Bit[7，4]，X0 寄存器的值是 0x50。

2）位段插入操作指令

UBFX 指令的格式如下。

```
UBFX <Xd>, <Xn>, #<lsb>, #<width>
```

UBFX 指令的作用是提取 Xn 寄存器中的 Bit[lsb.lsb＋width－1]，然后存储到 Xd 寄存器。UBFX 还有一个变种指令 SBFX，它们之间的区别在于：SBFX 会进行符号扩展，例如如果 Bit[lsb＋width－1]为 1，那么写到 Xd 寄存器之后，所有的高位都必须写 1，以实现符号扩展。

UBFX 和 SBFX 指令常用于读取寄存器中的某些字段。

【例 3-23】 假设需要读取寄存器 A 的 Bit[7,4]字段的值，可以使用 UBFX 指令。寄存器 A 的值为 0x8A，那么下面的示例代码中，X0 寄存器的值是多少？

```
mov x2, #0x8a

ubfx x0, x2, #4, #4
sbfx x1, x2, #4, #4
```

UBFX 指令提取字段之后并不会做符号扩展，最终 X0 寄存器的值是 0x8。

3.3.3 比较与跳转指令

1. 比较指令

A64 指令集中最常见的比较指令是 CMP 指令，除此之外，还有以下 3 种指令。

- CSEL：条件选择指令。
- CSET：条件置位指令。
- CSINC：条件选择并增加指令。

1）CMN 指令

3.3.2 节已经介绍了 CMP 指令，CMP 指令还有另一个变种——CMN。CMN 指令用来对一个数与另一个数的相反数进行比较。CMN 指令的基本格式如下。

```
CMN <XnISP>, #<imm>{, <shift>}
CMN <XnISP>, <Rm>{, <extend>(#<amount>)}
```

CMN 指令的计算过程就是把第一个操作数加上第二个操作数，计算结果会影响 PSTATE 寄存器的 N、Z、C、V 标志位。如果 CMN 后面的跳转指令使用与标志位相关的条件后缀，例如 CS 或者 CC 等，那么可以根据 N、Z、C、V 标志位进行跳转。

【例 3-24】 如下代码使用了 CMN 指令。

```
.global cmn_test
cmn_test:
    mov x1,#2
    mov x2,#-2
label:
    cmn x1,x2
    b.eq label

    ret
```

上述代码中，X1 寄存器的值为 2，X2 寄存器的值为 −2，那么 X2 寄存器中值的相反数为 2，CMN 指令会对 X1 寄存器和 X2 寄存器中值的相反数进行比较。第 7 行的 EQ 会判断成功，并跳转到标签 label 处。

2）CSEL 指令

CSEL 指令的格式如下。

```
CSEL <Xd>, <Xn>, <Xm>, <cond>
```

CSEL 指令的作用是判断 cond 是否为真。如果为真,则返回 Xn;否则返回 Xm,把结果写入 Xd 寄存器。

3) CSET 指令

CSET 指令的格式如下。

```
CSET <Xd>, <cond>
```

CSET 指令的意思是当 cond 条件为真时设置 Xd 寄存器为 1,否则设置为 0。

4) CSINC 指令

CSINC 指令的格式如下。

```
CSINC <Xd>, <Xn>, <Xm>, <cond>
```

CSINC 指令的意思是当 cond 为真时返回 Xn 寄存器的值,否则返回 Xm 寄存器的值加 1。

2. 跳转与返回指令

1) 跳转指令

编写汇编代码常常会使用跳转指令,A64 指令集提供了多种不同功能的跳转指令,如表 3-10 所示。

表 3-10 跳转指令

指　令	描　　述
B	跳转指令。指令的格式如下 B label 该跳转指令可以在当前 PC 偏移量±128 MB 的范围内无条件地跳转到 label 处
B.cond	有条件的跳转指令。指令的格式如下 B.cond label 如 B.EQ,该跳转指令可以在当前 PC 偏移量±1MB 的范围内有条件地跳转到 label 处
BL	带返回地址的跳转指令。指令的格式如下 BL label 和 B 指令类似,不同的是,BL 指令将返回地址设置到 LR (X30 寄存器),保存的值为调用 BL 指令的当前 PC 值加 4
BR	跳转到寄存器指定的地址。指令的格式如下。 BR Xn
BLR	跳转到寄存器指定的地址。指令的格式如下。 BLR Xn BLR Xn 和 BR 指令类似,不同的是,BLR 指令将返回地址设置到 LR(X30 寄存器)

2) 返回指令

A64 指令集提供了两条返回指令。

- RET 指令:通常用于子函数的返回,其返回地址保存在 LR 中。
- ERET 指令:从当前的异常模式返回,它会把 SPSR 的内容恢复到 PSTATE 寄存器中,从 ELR 中获取跳转地址并返回该地址。ERET 指令可以实现处理器模式的切换,如从 EL1 切换到 EL0。

3) 比较并跳转指令

A64 指令集提供了几个比较并跳转指令,如表 3-11 所示。

表 3-11 比较并跳转指令

指 令	描 述
CBZ	比较并跳转指令。指令的格式如下 `CBZ Xt,label` 判断 Xt 寄存器是否为 0,若为 0,则跳转到 label 处,跳转范围是当前 PC 相对偏移量±1MB
CBNZ	比较并跳转指令。指令的格式如下 `CBNZ Xt,label` 判断 Xt 寄存器是否不为 0,若不为 0,则跳转到 label 处,跳转范围是当前 PC 相对偏移量±1MB
TBZ	测试位并跳转指令。指令的格式如下 `TBZ R<t>,#imm,label` 判断 Rt 寄存器中第 imm 位是否为 0,若为 0,则跳转到 label 处,跳转范围是当前 PC 相对偏移量±32KB
TBNZ	测试位并跳转指令。指令的格式如下 `TBNZ R<t>,#imm,label` 判断 Rt 寄存器中第 imm 位是否不为 0,若不为 0,则跳转到 label 处,跳转范围是当前 PC 相对偏移量±32KB

3.3.4 其他重要指令

1. 异常处理指令

A64 指令集支持多个异常处理指令,如表 3-12 所示。

表 3-12 异常处理指令

指 令	描 述
SVC	系统调用指令。指令的格式如下 `SVC #imm` 允许应用程序通过 SVC 指令自陷到操作系统中,通常会陷入 EL1
HVC	虚拟化系统调用指令。指令的格式如下 `HVC #imm` 允许主机操作系统通过 HVC 指令自陷到虚拟机管理程序(hypervisor)中,通常会陷入 EL2
SMC	安全监控系统调用指令。指令的格式如下 `SMC #imm` 允许主机操作系统或者虚拟机管理程序通过 SMC 指令自陷到安全监管程序(secure monitor)中,通常会陷入 EL3

2. 系统寄存器访问指令

在 ARMv7 体系结构中，通过访问 CP15 协处理器访问系统寄存器；而在 ARMv8 体系结构中，访问方式有了大幅改进和优化。MRS 和 MSR 两条指令可用于直接访问系统寄存器，如表 3-13 所示。

表 3-13　系统寄存器访问指令

指　令	描　　述
MRS	读取系统寄存器的值到通用寄存器
MSR	更新系统寄存器的值

ARMv8 体系结构支持如下 7 类系统寄存器：

- 通用系统控制寄存器；
- 调试寄存器；
- 性能监控寄存器；
- 活动监控寄存器；
- 统计扩展寄存器；
- RAS 寄存器；
- 通用定时器寄存器。

【例 3-25】 要访问系统控制寄存器(system control register)，指令如下。

```
mrs x20, sctlr_el1              //读取 SCTLR_EL1
msr sctlr_el1, x20              //设置 SCTLR_EL1
```

SCTLR_EL1 可以用来设置很多系统属性，如系统的大小端等。

除访问系统寄存器之外，MSR 和 MRS 指令还能访问与 PSTATE 寄存器相关的字段。这些字段可以看作特殊的系统寄存器，如表 3-14 所示。

表 3-14　特殊的系统寄存器

特殊的系统寄存器	描　　述
CurrentEL	获取和设置 PSTATE 寄存器中的 EL 字段
DAIF	获取和设置 PSTATE 寄存器中的 D,A,I,F 字段
PAN	获取和设置 PSTATE 寄存器中的 PAN 字段
SPSel	获取和设置 PSTATE 寄存器的 SP 字段
UAO	获取和设置 PSTATE 寄存器中的 UAO 字段

3. 内存屏障指令

ARMv8 体系结构实现了一个弱一致性的内存模型，内存的访问次序可能和程序预期的次序一样。A64 和 A32 指令集提供了内存屏障指令，如表 3-15 所示。

表 3-15　内存屏障指令

指令	描　　述
DMB	数据存储屏障(data memory barrier,DMB)确保在执行新的存储器访问前所有的存储器访问都已经完成
DSB	数据同步屏障(data synchronization barrier,DSB)确保在下一个指令执行前所有的存储器访问都已经完成
ISB	指令同步屏障(instruction synchronization barrier,ISB)清空流水线,确保在执行新的指令前,之前所有的指令都已经完成

除此之外,ARMv8 体系结构还提供了一组新的加载和存储指令,显式包含内存屏障功能,如表 3-16 所示。

表 3-16　新的加载和存储指令

指 令	描　　述
LDAR	加载-获取(load-acquire)指令。LDAR 指令后面的读写内存指令必须在 LDAR 指令之后才能执行
DTLR	存储-释放(store-release)指令。所有的加载和存储指令必须在 STLR 指令之前完成

3.4　ARM64 异常处理

在 ARM64 架构中,中断属于异常的一种。中断是外部设备通知处理器的一种方式,它会打断处理器正在执行的指令流。

3.4.1　异常类型

1. 中断

在 ARM 处理器中,中断请求分为中断请求(interrupt request,IRQ)和快速中断请求(fast interrupt request,FIQ)两种,FIQ 的优先级要高于 IRQ。在芯片内部,分别有连接到处理器内部的 IRQ 和 FIQ 两根中断线。系统级芯片内部通常会有一个中断控制器,众多的外部设备的中断引脚会连接到中断控制器,由中断控制器负责中断优先级调度,然后发送中断信号给 ARM 处理器,中断模型如图 3-9 所示。

外设中发生了重要的事情之后,需要通知处理器,中断发生的时刻和当前正在执行的指令无关,因此中断的发生时间点是异步的。对于处理器来说,这常常是猝不及防的,但是又不得不停止当前执行的代码以处理中断。在 ARMv8 架构中,中断属于异步模式的异常。

2. 中止

中止主要有指令中止(instruction abort)和数据中止(data abort)两种,它们通常是

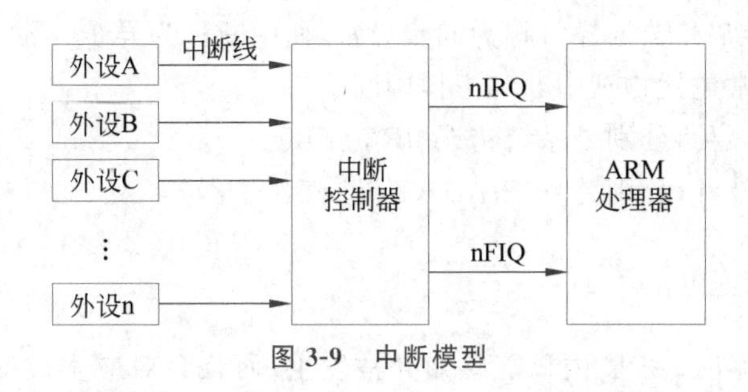

图 3-9 中断模型

指访问外部存储单元时发生了错误，处理器内部的 MMU 捕获到这些错误并报告给处理器。

指令中止是指当处理器尝试执行某条指令时发生的错误。数据终止是指使用加载或者存储指令读写外部存储单元时发生的错误。

3. 复位

复位(reset)操作是优先级最高的一种异常处理。复位操作通常是让 CPU 复位引脚产生复位信号，让 CPU 进入复位状态并重新启动。

4. 软件产生的异常

ARMv8 架构中提供了 3 种软件产生的异常。这些异常通常是指软件想尝试进入更高的异常等级而造成的错误。

- SVC 指令：允许用户模式的程序请求操作系统服务。
- HVC 指令：允许客户机(guest OS)请求主机服务。
- SMC 指令：允许普通世界(normal world)中的程序请求安全监控服务。

3.4.2 同步异常和异步异常

ARMv8 架构把异常分为同步异常和异步异常两种。同步异常是指处理器需要等待异常处理的结果，然后继续执行后面的指令，如数据中止时知道发生数据异常的地址，并且在异常处理函数中修复这个地址。

常见的同步异常如下。

- 尝试访问一个不恰当异常等级的寄存器。
- 尝试执行关闭或者没有定义(undefined)的指令。
- 使用没有对齐的 SP。
- 尝试执行一个 PC 指针没有对齐的指令。
- 软件产生的异常，如执行 SVC、HVC 或 SMC 指令。
- 地址翻译或者权限等原因导致的数据异常。
- 地址翻译或者权限等原因导致的指令异常。
- 调试导致的异常，如断点异常、观察点异常、软件单步异常等。

中断发生时，处理器正在处理的指令和中断是完全没有关系的，它们之间没有依赖关系。因此,指令异常和数据异常称为同步异常,而中断称为异步异常。

常见的异步异常包括物理中断和虚拟中断。

物理中断分为 3 种,分别是系统错误、IRQ、FIQ。

虚拟中断分为 3 种,分别是 vSError、vIRQ、vFIQ。

3.4.3 异常的发生和退出

当一个异常发生时,CPU 内核能感知异常发生,而且会对应生成一个目标异常等级(target exception level)。CPU 会自动做如下事情。

- 把 PSTATE 寄存器的值保存到对应目标异常等级的 SPSR_ELx 寄存器中。
- 把返回地址保存在对应目标异常等级的 ELR 中。
- 把 PSTATE 寄存器里的 DAIF 域都设置为 1,相当于把调试异常、系统错误、IRQ 以及 FIQ 都关闭了。PSTATE 寄存器是 ARMv8 新增的寄存器。
- 对于同步异常,要分析异常的原因,并把具体原因写入 ESR_ELx 寄存器。
- 设置 SP,指向对应目标异常等级中的栈,自动切换 SP 到 SP_ELx 寄存器。
- 从异常发生现场的异常等级切换到对应目标异常等级,然后跳转到异常向量表中执行。

上述是 ARMv8 处理器检测到异常发生后自动做的事情。操作系统需要做的事情是从中断向量表开始,根据异常发生的类型跳转到合适的异常向量表。异常向量表的每个项会保存一个异常处理的跳转函数,然后跳转到恰当的异常处理函数并处理异常。

当操作系统的异常处理完成后,执行一条 eret 指令即可从异常返回,这条指令会自动完成如下工作。

- 从 ELR_ELx 寄存器中恢复 PC 指针。
- 从 SPSR_ELx 寄存器恢复处理器的状态。

读者常常有这样的疑问,中断处理过程是关闭中断进行的,那么中断处理完成后什么时候再把中断打开呢?

当中断发生时,CPU 会把 PSTATE 寄存器的值保存到对应目标异常等级的 SPSR_ELx 寄存器中,并把 PSTATE 寄存器中的 DAIF 域都设置为 1,这相当于把本地 CPU 的中断关闭了。

当中断处理完成后,操作系统调用 eret 指令返回中断现场,会把 SPSR_ELx 寄存器恢复到 PSTATE 寄存器中,这就相当于把中断打开了。

3.4.4 异常向量表

ARMv7 架构的异常向量表比较简单,每个表项占用 4 字节,并且每个表项中存放了一条跳转指令。但是 ARMv8 架构的异常向量表(见表 3-17)发生了变化,每一个表项需要 128 字节,这样可以存放 32 条指令。注意,ARMv8 指令集支持 64 位指令集,但是每一条指令的位宽是 32 位,而不是 64 位。

在表 3-17 中,异常向量表存放的基地址可以通过 VBAR(vector base address

register)进行设置。VBAR是异常向量表的基地址寄存器。

表 3-17 ARMv8 架构的异常向量表

地址(基地址为 VBAR_ELn)	异常类型	描述
+0x000	同步	当前异常等级使用 SP0,表示当前系统运行在 EL0 时使用 EL0 的栈指针,这是一种异常错误类型
+0x080	IRQ/vIRQ	
+0x100	FIQ/vFIQ	
+0x180	SError/vSError	
+x0200	同步	当前异常等级使用 SPx,表示当前系统运行在 ELx 时使用 ELx 的栈指针,这说明系统在内核态发生了异常,这是一种很常见的场景
+0x280	IRQ/vIRQ	
+0x300	FIQ/vFIQ	
+0x380	Serror/vSError	
+0x400	同步	AArch64 下低的异常等级,表示当前系统运行在 EL0 并在执行 ARM64 指令集的程序时发生了异常
+0x480	IRQ/vIRQ	
+0x500	FIQ/vFIQ	
+0x580	SError/vSError	
+0x600	同步	AArch32 下低的异常等级,表示当前系统运行在 EL0 并在执行 ARM32 指令集的程序时发生了异常
+0x680	IRQ/vIRQ	
+0x700	FIQ/vFIQ	
+0x780	SError/vSError	

当前异常等级表示系统中当前等级最高的异常等级(EL)。假设当前系统只运行Linux内核,并且不包含异常虚拟化和安全特性,那么当前系统的最高异常等级就是EL1,运行的是Linux内核的内核态程序,而低一级的EL0下则运行用户态程序。

3.5 ARM64 内存管理

在ARM64架构中,内存管理采用分页机制和多级页表实现虚拟地址到物理地址的映射,通过MMU和TLB提高地址转换的速度和效率,以实现对虚拟地址空间和内存的管理与保护。

3.5.1 页表

程序运行所需的内存往往大于实际物理内存,采用传统的动态分区方法会把整个程序交换到磁盘,这不仅费时费力,而且效率很低。后来出现了分页机制,引入了虚拟存储器的概念。分页机制的核心思想是让程序中一部分不使用的内存可以存放到交换磁盘中,而程序正在使用的内存则继续保留在物理内存中。因此,当一个程序运行在虚拟存储器空间中时，它的寻址范围由处理器的位宽决定，例如32位处理器的位宽是32位，地址范围是0～4GB；64位处理器的虚拟地址位宽是48位，程序员可以访问的有效地址范围是0x0000000000000000～0x0000FFFFFFFFFFFF以及0xFFFF000000000000～0xFFFFFFFFFFFFFFFF。在使用了分页机制的处理器中，通常把处理器能寻址的地址空间称为虚拟地址(vital address)空间。和虚拟存储器对应的是物理存储器(physical memory)，它对应着系统中使用的物理存储设备的地址空间，例如DDR内存颗粒等。在没有使用分页机制的系统中，处理器直接寻址物理地址，把物理地址发送到内存控制器；而在使用了分页机制的系统中，处理器直接寻址虚拟地址，这个地址不直接发给内存控制器，而是先发送给内存管理单元(MMU)。MMU负责虚拟地址到物理地址的转换和翻译工作。在虚拟地址空间里可按照固定大小来分页，典型的页面粒度为4KB，现代处理器都支持大粒度的页面，例如16KB、64KB甚至2MB的巨页。而在物理内存中，空间也分为和虚拟地址空间大小相同的块，称为页帧(page frame)，程序可以在虚拟地址空间里任意分配虚拟内存，但只有当程序需要访问或修改虚拟内存时，操作系统才会为其分配物理页面，这个过程叫作请求调页(demand page)或者缺页异常(page fault)。

虚拟地址VA[31:0]可以分成两部分：一部分是虚拟页面内的偏移量，以4KB页为例，VA[11:0]是虚拟页面偏移量；另一部分用来寻找属于哪个页，称为虚拟页帧号(virtual page frame number，VPN)。物理地址中，PA[11:0]表示物理页的偏移量，剩余部分表示物理页帧号(physical frame number，PFN)。MMU的工作内容就是把虚拟页号转换成物理页帧号。处理器通常使用一张表存储VPN到PFN的映射关系，这张表称为页表(page table，PT)。页表中的每一项称为页表项(page table entry，PTE)。若将整张页表存放在寄存器中，则会占用很多硬件资源，因此通常的做法是把页表放在主内存中，通过页表基地址寄存器指向这种页表的起始地址。如图3-10所示，处理器发出的地址是虚拟地址，通过MMU查询页表，处理器便得到了物理地址，最后把物理地址发送给内存控制器。

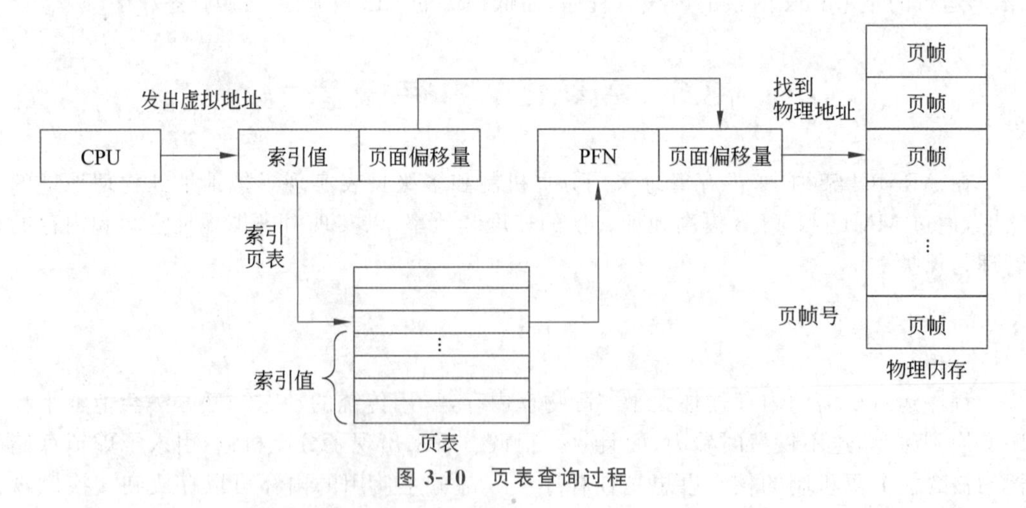

图3-10　页表查询过程

ARM64 处理器内核的 MMU 包括 TLB 和页表遍历单元(table walk unit,TWU)两个部件。TLB 是一个高速级存,用于缓存页表转换的结果,从而缩短页表查询的时间。一个完整的页表翻译和查找的过程叫作页表查询,页表查询的过程由硬件自动完成,但是页表维护需要软件来完成。页表查询是一个较耗时的过程。理想的状态下,TLB 中应有页表的相关信息。当 TLB 未命中时,MMU 才会查询页表,从而得到翻译后的物理地址。页表通常存储在存储内存中。得到物理地址之后,首先需要查询该物理地址的内容是否在高速缓存中有最新的副本;如果没有,则说明高速缓存未命中,需要访问内存。MMU 的工作职责就是把输入的虚拟地址翻译成对应的物理地址,以及相应的页表属性和内存访问权限等信息。另外,如果地址访问失败,那么会触发一个与 MMU 相关的缺页异常,如图 3-11 所示。

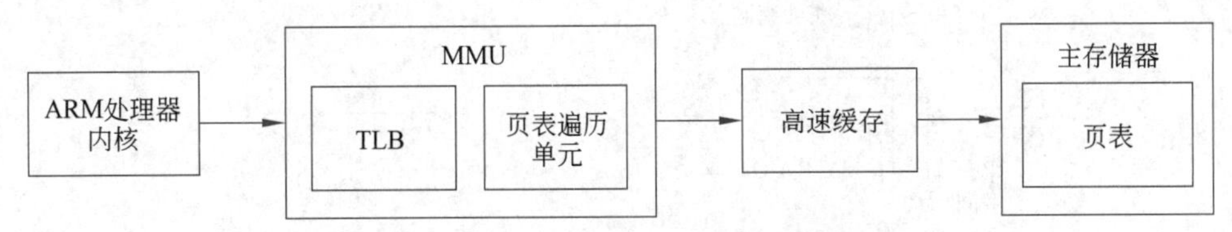

图 3-11 ARM 处理器的内存管理体系结构

对于多任务操作系统,每个进程都拥有独立的进程地址空间。这些进程地址空间在虚拟地址空间内是相互隔离的,但是在物理地址空间可能映射同一个物理页面。这些进程地址空间是如何映射到物理地址空间的呢?这就需要处理器的 MMU 提供页表映射和管理的功能。图 3-12 所示为进程地址空间和物理地址空间的映射关系,左边是进程地址空间视图,右边是物理地址空间视图。进程地址空间又分成内核空间(kernel space)和用户空间(user space)。无论是内核空间还是用户空间,都可以通过处理器提供的页表机制映射到实际的物理地址。

在 SMP(symmetric multi-processor,对称多处理器)系统中,每个处理器内核都内置了 MMU 和 TLB 硬件单元。如图 3-13 所示,CPU0 和 CPU1 共享物理内存,而页表存储在物理内存中。CPU0 和 CPU1 中的 MMU 与 TLB 硬件单元也共享同一份页表。当一个 CPU 修改了页表项时,需要使用 BBM(break-before-make)机制保证其他 CPU 能访问正确和有效的 TLB。

AArch64 执行状态的 MMU 支持单一阶段的页表转换,也支持虚拟化扩展中两阶段的页表转换。单一阶段的页表转换是指把虚拟地址(VA)翻译成物理地址(PA)。两阶段的页表转换包括两个阶段。在阶段 1,把虚拟地址翻译成中间物理地址(intermediate physical address,IPA);在阶段 2,把 IPA 翻译成最终 PA。另外,ARMv8 体系结构支持多种页表格式,具体如下。

- ARMv8 体系结构的长描述符转换页表格式。
- ARMv7 体系结构的长描述符转换页表格式,需要打开大物理地址扩展。
- ARMv7 体系结构的短描述符转换页表格式。

当使用 AArch32 执行状态的处理器时,使用 ARMv7 体系结构的短描述符页表格式或长描述符页表格式运行 32 位的应用程序;当使用 AArch64 处理器时,使用 ARM8 体

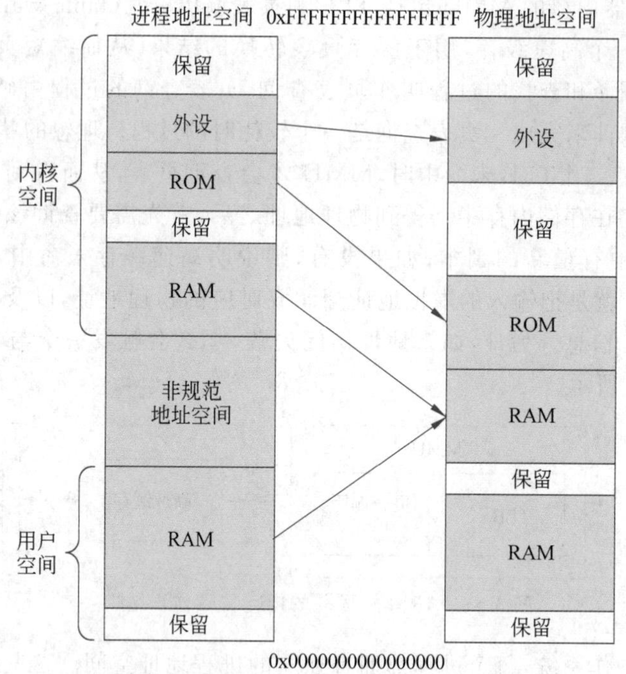

图 3-12 进程地址空间和物理地址空间的映射关系

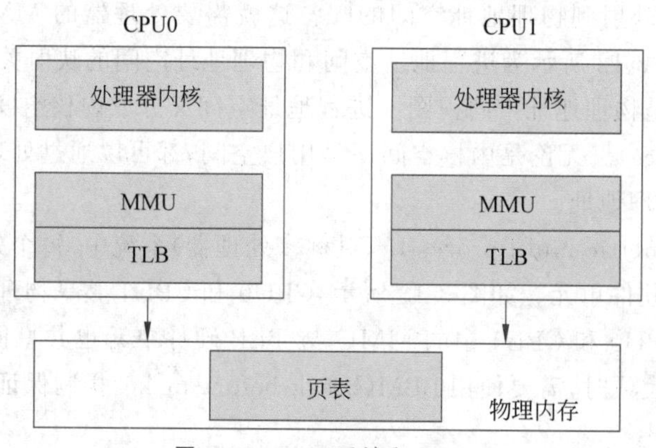

图 3-13 SMP 系统和 MMU

系结构的长描述符页表格式运行 64 位的应用程序。

另外,ARMv8 体系结构还支持 4KB、16KB 或 64KB 这 3 种页面粒度。

3.5.2 页表映射

在 AArch64 体系结构中,因为地址总线位宽最多支持 48 位,所以 VA 被划分为两个空间,每个空间最多支持 256TB。低位的虚拟地址空间位于 0x0000000000000000～0x0000FFFFFFFFFFFF,如果虚拟地址的最高位等于 0,就使用这个虚拟地址空间,并且使用 TTBR0_ELx 存放页表的基地址。高位的虚拟地址空间位于 0xFFFF000000000000～0xFFFFFFFFFFFFFFFF,如果虚地址的最高位等于 1,就使用这个虚拟地址空间,并且使用 TTBR1_ELx 存放页表的基地址。

AArch64 体系结构中的页表支持如下特性。

- 最多可以支持 4 级页表。
- 输入地址的最大有效位宽为 48 位。
- 输出地址的最大有效位宽为 48 位。
- 翻译的页面粒度可以是 4KB、16KB 或 64KB。

图 3-14 是一个三级映射的示意,TTBR 指向第一级页表的基地址。在第一级页表中有许多页表项,页表项通常分成页表类型页表项和块类型页表项。页表类型页表项包含下一级页表基地址,用来指向下一级页表,块类型页表项包含大块物理内存的基地址,例如 1GB、2MB 等大块物理内存。最后一级页表由页表项组成,每个页表项指向一个物理页面,物理页面的大小可以是 4KB、16KB 或者 64KB。

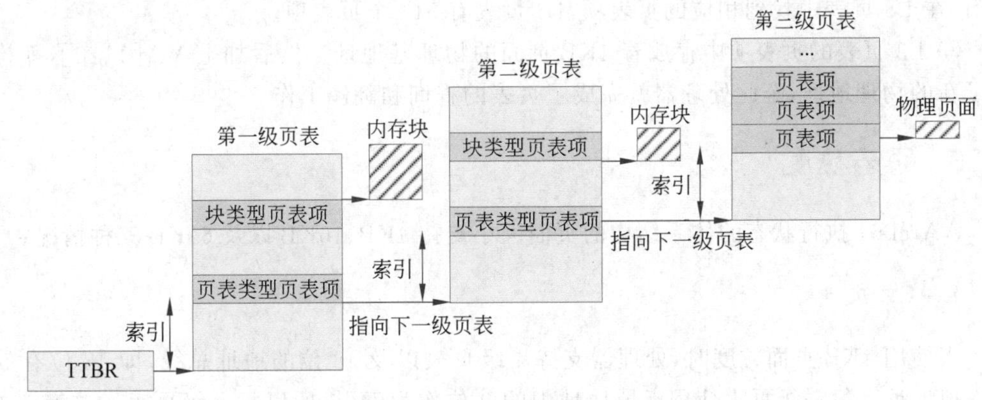

图 3-14 页表三级映射的示意

在 AArch64 执行状态中,根据物理页面大小以及总线地址宽度的不同,页表级数也会不同。以 4KB 大小物理页面以及 48 位地址宽度为例,页表映射的查询过程如图 3-15 所示。

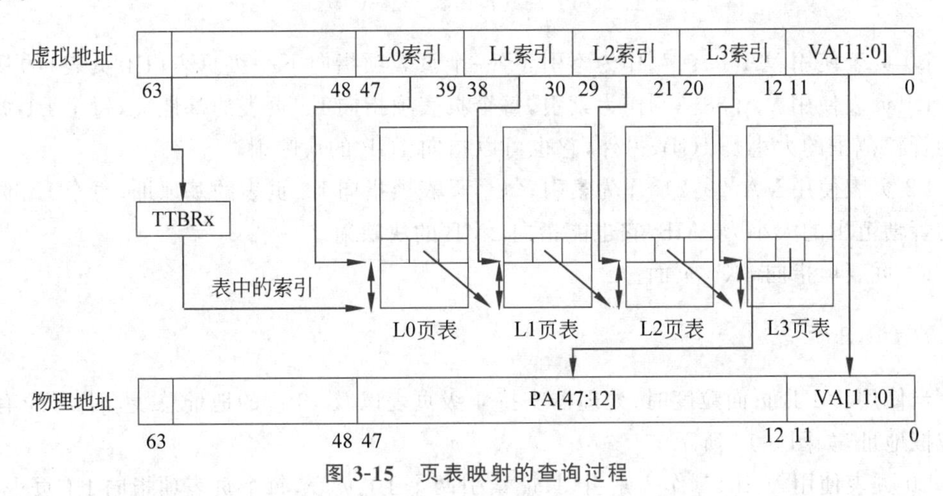

图 3-15 页表映射的查询过程

当TLB未命中时，处理器查询页表的过程如下。

① 处理器根据虚拟地址判断使用TTBR0还是TTBR1。当虚拟地址第63位(简称VA[63])为1时，选择TTBR1；当VA[63]为0时，选择TTBR0。TTBR中存放着L0页表的基地址。

② 处理器以VA[47:39]作为L0索引，在L0页表中找到页表项，L0页表有512个页表项。

③ L0页表的页表项中存放着L1页表的物理基地址。处理器以VA[38:30]作为L1索引，在L1页表中找到相应的页表项，L1页表有512个页表项。

④ L1页表的页表项中存放着L2页表的物理基地址。处理器以VA[29:21]作为L2索引，在L2页表中找到相应的页表项，L2页表有512个页表项。

⑤ L2页表的页表项中存放着L3页表的物理基地址。处理器以VA[20:12]作为L3索引，在L3页表中找到相应的页表项，L3页表有512个页表项。

⑥ L3页表的页表项中存放着4KB页面的物理基地址。然后加上VA[11:0]，就构成了新的物理地址，至此处理器就完成了页表的查询和翻译工作。

3.5.3 页表粒度

AArch64执行状态的体系结构的页面大小支持4KB、16KB以及64KB三种情况。

1. 4KB页面

当使用4KB页面粒度时，处理器支持4级页表以及48位的地址总线，即48位有效的虚拟地址。每一级页表使用虚拟地址中的9位作为索引，所以每一级页表一共有512个页表项，如图3-16所示。

47 ～ 39	38 ～ 30	29 ～ 21	20 ～ 12	11 ～ 0
L0页表索引	L1页表索引	L2页表索引	L3页表索引	页表偏移量

图3-16 4KB页面粒度索引情况

L0页表使用VA[39:47]作为索引，每一个页表项指向下一级页表(L1页表)的基地址。L1页表使用VA[38:30]作为索引，每个页表项指向L2页表的基地址，每个L1页表项的管辖范围的大小是1GB，另外，它也可以指向1GB的块映射。

L2页表使用VA[29:21]作为索引，每个页表项指向L3页表的基地址，每个L2页表项的管辖范围的大小为2MB，它也能指向2MB的块映射。

L3页表项指向4KB页面。

2. 16KB页面

当使用16KB页面粒度时，处理器支持4级页表以及48位的地址总线，即48位有效的虚拟地址，如图3-17所示。

L0页表使用VA[47]作为索引，只能索引两个L1页表，每个页表项指向L1页表。

L1页表使用VA[46:36]作为索引，可以索引2048个页表项，每个页表项指向L2页

图 3-17 16KB 页面粒度索引情况

表的基地址。

L2 页表使用 VA[35:25]作为索引,可以索引 2048 个页表项,每个页表项指向 L3 页表的基地址,每个 L2 页表项的映射范围大小为 32MB。另外,它也可以指向 32MB 大小的块映射。

L3 页表项指向 16KB 页面。

3. 64KB 页面

当使用 64KB 页面粒度时,处理器支持 3 级页表以及 48 位的地址总线,即 48 位有效的虚拟地址,如图 3-18 所示。

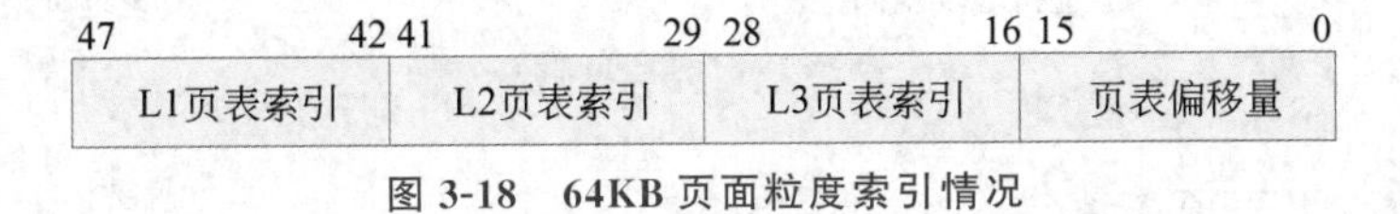

图 3-18 64KB 页面粒度索引情况

L1 页表使用 VA[47:42]作为索引,只能索引 64 个 L2 页表,每个页表项指向 L2 页表的基地址。

L2 页表使用 VA[41:29]作为索引,每个页表项指向 L3 页表的基地址。另外,每个页表项也可以直接指向 512MB 的块映射。

L3 页表使用 VA[28:16]作为索引,每个页表项指向 64KB 页面。

3.5.4 两套页表

与 x86_64 体系结构的一套页表设计不同,AArch64 执行状态的体系结构采用分离的两套页表设计。如图 3-19 所示,整个虚拟地址空间分成 3 部分,下面是用户空间,中间是非规范区域,上面是内核空间。当 CPU 要访问用户空间的地址时,MMU 会自动选择 TTBR0 指向的页表。当 CPU 要访问内核空间时,MMU 会自动选择 TTBR1 这个寄存器指向的页表,这是硬件自动做的。

当 CPU 访问内核空间地址(虚拟地址的高 16 位为 1)时,MMU 自动选择 TTBR1_EL1 指向的页表。

当 CPU 访问用户空间地址(虚拟地址的高 16 位为 0)时,MMU 自动选择 TTBR1_EL0 指向的页表。

3.5.5 两套描述符

在 AArch64 执行状态的体系结构中,页表分成 4 级,每一级页表都有页表项,它们被称为页表项描述符,每个页表项描述符占 8 字节。这些页表项描述符的格式和内容不完全一样。

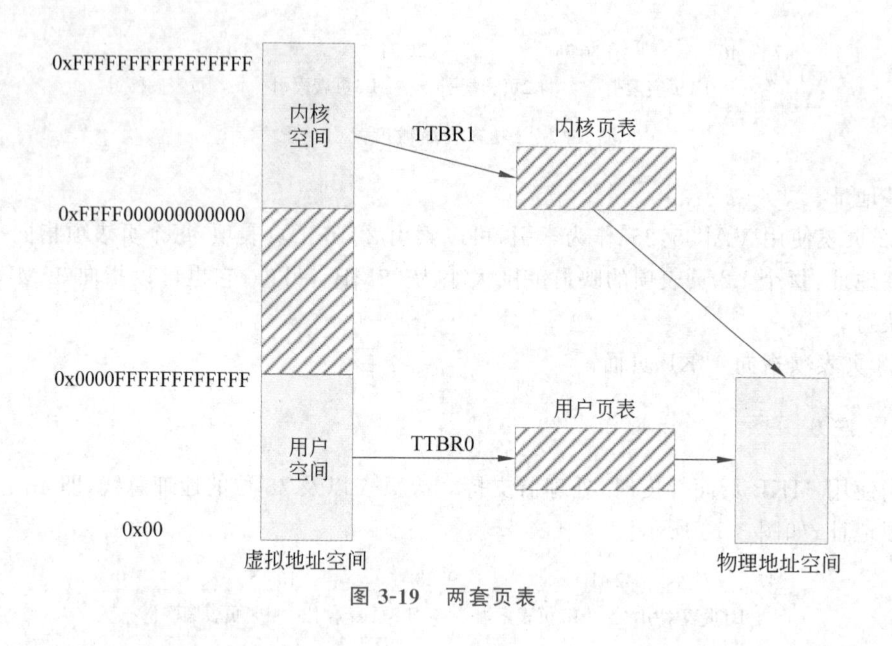

图 3-19 两套页表

1. L0～L2 页表项描述符

AArch64 状态的体系结构中 L0～L3 页表项描述符的格式不完全一样。其中，L0～L2 页表项描述符的内容比较类似，如图 3-20 所示。

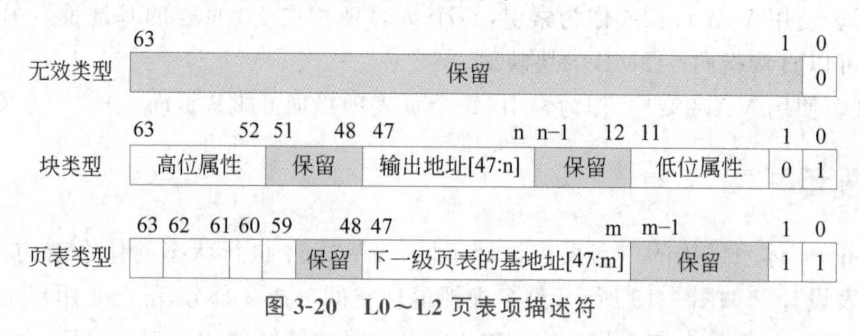

图 3-20 L0～L2 页表项描述符

L0～L2 页表项根据内容可以分成 3 类：一是无效的页表项；二是块(block)类型的页表项；三是页表(table)类型的页表项。当页表项描述符的 Bit[0]为 1 时，表示有效的描述符；当 Bit[0]为 0 时，表示无效的描述符。

页表项描述符的 Bit[1]用来表示类型。当 Bit[1]为 1 时，表示该描述符包含指向下一级页表的基地址，是一个页表类型的页表项。当 Bit[1]为 0 时，表示一个大内存块(memory block)的页表项，其中包含最终的物理地址。大内存块通常用来描述大的、连续的物理内存，如 2MB 或者 1GB 的物理内存。

在块类型的页表项中，Bit[47:n]表示最终输出的物理地址。若页面粒度是 4KB，则在 L1 页表项描述符中，n 为 30，表示 1GB 的连续物理内存。在 L2 页表项描述符中，n 为 21，表示 2MB 的连续物理内存。若页面粒度为 16KB，则在 L2 页表项描述符中，n 为 25，表示 32MB 的连续物理内存。

在块类型的页表项中，Bit[11:2]是低位属性(lower attribute)，Bit[63:52]是高位属

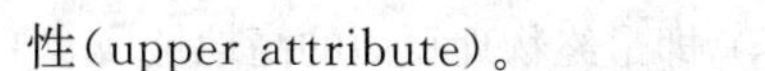

性(upper attribute)。

在页表类型的页表项描述符中,Bit[47:m]用来指向下一级页表的基地址。

- 当页面粒度为4KB时,m为12。
- 当页面粒度为16KB时,m为14。
- 当页面粒度为64KB时,m为16。

2. L3页表项描述符

如图3-21所示,L3页表项描述符包含5种页表项,分别是无效的页表项、保留的页表项、4KB粒度的页表项、16KB粒度的页表项、64KB粒度的页表项。

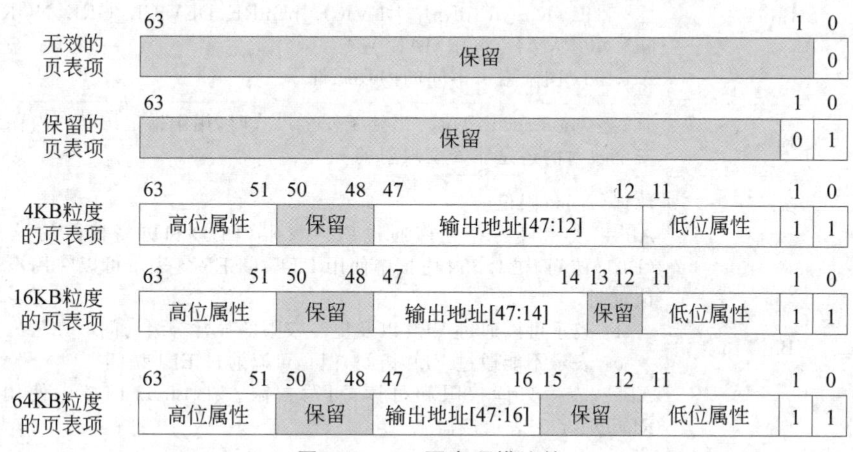

图3-21 L3页表项描述符

L3页表项描述符的格式如下。

① 当页表项描述符的Bit[0]为1时,表示有效的描述符;为0时,表示无效的描述符。

② 当页表项描述符的Bit[1]为0时,表示保留页表项;为1时,表示页表类型的页表项。

③ 页表描述符的Bit[11:2]是低位属性,Bit[63:51]是高位属性,如图3-22所示。

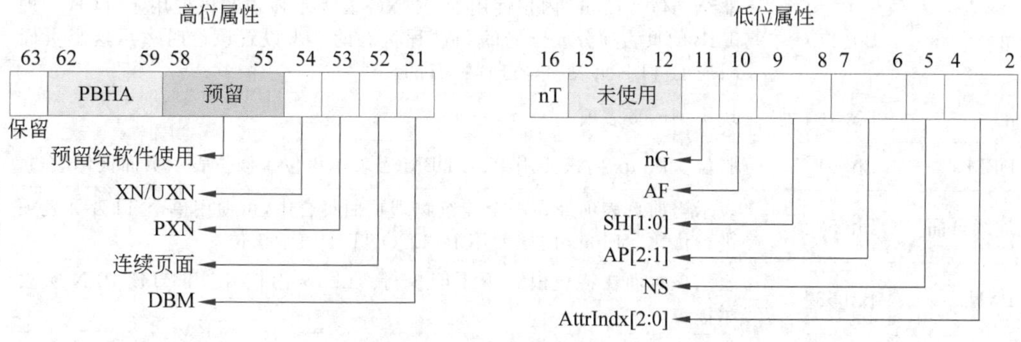

图3-22 L3页表项描述符

④ 页表描述符中间的位域包含输出地址(output address),即最终物理页面的高地址段。

- 当页面粒度为4KB时,输出地址对应Bit[47:12]。
- 当页面粒度为16KB时,输出地址对应Bit[47:14]。
- 当页面粒度为64KB时,输出地址对应Bit[47:16]。

L3页表项描述符包含低位属性和高位属性。这些属性对应的位和描述如表3-18所示。

表3-18 页表属性对应的位和描述

名称	位	描述
AttrIndx[2:0]	Bit[4:2]	MAIR_ELn寄存器用来表示内存的属性,如设备内存(device memory)、普通内存等。对于子软件可以设置8个不同的内存属性。常见的内存属性有DEVICE_nGnRnE、DEVICE_nGnRE、DEVICE_GRE、NORMAL_NC、NORMAL、NORMAL_WT AttrIndx用来索引不同的内存属性
NS	Bit[5]	非安全(non-secure)位。当处于安全模式时,用于指定访问的内存地址是安全映射的还是非安全映射的
AP[2:1]	Bit[7:6]	数据访问权限位 AP[1]表示该内存允许通过用户权限(EL0)和更高权限的异常等级(EL1)访问,在Linux内核中使用PTE_USER宏表示可以在用户态访问该页面 • 1:表示可以通过EL0以及更高权限的异常等级访问 • 0:表示不能通过EL0访问,但是可以通过EL1访问 AP[2]表示只读权限和可读、可写权限。在Linux内核中使用PTE_RDONLY宏表示该位 • 1:表示只读 • 0:表示可读、可写
SH[1:0]	Bit[9:8]	内存共享属性。在Linux内核中使用PTE SHARED宏表示该位 • 00:没有共享 • 00:保留 • 10:外部可共享 • 11:内部可共享
AF	Bit[10]	访问位。Linux内核使用PTEAF宏表示该位。当第一次访问页面时,硬件会自动设置这个访问位
nG	Bit[11]	非全局位。Linux内核使用PTE_NG宏表示该位。该位用于TLB管理TLB的页表项分成全局的和进程特有的。当设置该位时表示这个页面对应的TLB页表项是进程特有的
nT	Bit[16]	块类型的页表项
DBM	Bit[51]	脏位。Linux内核使用PTE DBM宏表示该位。该位表示页面被修改过
连续页面	Bit[52]	表示当前页表项处在一个连续物理页面集合中,可使用单个TLB页表项进行优化。Linux内核使用PTECONT宏表示该位
PXN	Bit[53]	表示该页面在特权模式下不能执行。Linux内核,使用PTE_PXN宏表示该位
XN/UXN	Bit[54]	XN表示该页面在任何模式下都不能执行。UXN表示该页面在用户模式下不能执行Linux内核,使用PTEUXN宏表示该位

续表

名称	位	描述
预留	Bit[58:55]	预留给软件使用，软件可以利用这些预留的位实现某些特殊功能，例如，Linux 内核使用这些位实现了 PTE_DIRTY、PTE_SPECIAL 以及 PTE_PROT_NONE
PBHA	Bit[62:59]	与页面相关的硬件属性

3.5.6 页表属性

本节介绍页表项中常见的属性。

1. 共享性与缓存性

缓存性(cacheability)是指页面是否使能了高速缓存以及高速缓存的范围。通常只有普通内存可以使能高速缓存，通过页表项 AttrIndx[2:0]设置页面的内存属性。另外，还能指定高速缓存是内部共享属性还是外部共享属性。通常处理器内核集成的高速缓存属于内部共享高速缓存，而通过系统总线集成的高速缓存属于外部共享的高速缓存。

共享性是指在多核处理器系统中某一个内存区域的高速缓存可以被哪些观察者观察到。没有共享性是指只有本地 CPU 能观察到，内部共享性只能被具有内部共享属性的高速缓存 CPU 观察到，外部共享性通常能被外部共享的观察者(例如系统中所有的 CPU、GPU 以及 DMA 等主接口控制器)观察到。

页表项属性中使用 SH[1:0]字段表示页面的共享性与缓存性，如表 3-19 所示。

表 3-19 共享性与缓存性

SH[1:0]字段	说明
00	没有共享性
01	保留
10	外部共享
11	内部共享

对于使用了高速缓存的普通内存，可以通过 SH[1:0]字段设置共享属性。但是，对于设备内存和关闭高速缓存的普通内存，处理器会把它们当成外部共享属性看待，尽管页表项中为 SH[1:0]字段设置了共享属性，但 SH[1:0]字段不起作用。

2. 访问权限

页表项属性通过 AP 字段控制 CPU 对页面的访问，例如指定页面是否具有可读、可写权限，不同的异常等级对这个页面的访问权限等。AP 字段有两位。

AP[1]用来控制不同异常等级下 CPU 的访问权限。若 AP[1]为 1，则表示在非特权模式下可以访问；若 AP[1]为 0，则表示在非特权模式下不能访问。

AP[2]用来控制是否具有可读、可写权限。若 AP[2]为 1,则表示只读权限：若 AP[2]为 0,则表示可读、可写权限。

AP[2]与 AP[1]可以组合在一起使用,对应的访问权限如表 3-20 所示。

表 3-20 AP[2]与 AP[1]组合使用表示的访问权限

AP[2:1]字段	非特权模式(EL0)	特权模式(EL1、EL2 以及 EL3)
00	不可读/不可写	可读/可写
01	可读/可写	可读/可写
10	不可读/不可写	只读
11	只读	只读

从表 3-20 可知,当 AP[1]为 1 时,表示非特权模式和特权模式具有相同的访问权限,这样的设计会导致一个问题：特权模式下的内核态可以任意访问用户态的内存。攻击者可以在内核态任意访问用户态的恶意代码。为了修复这个漏洞,在 ARMv8.1 架构中新增了 PAN(特权禁止访问)特性,在 PSTATE 寄存器中新增一位以表示 PAN。内核态访问用户态内存时会触发一个访问权限异常,从而限制在内核态恶意访问用户态内存。

3. 执行权限

页表项属性通过 PXN 字段以及 XN/UXN 字段设置 CPU 是否对这个页面具有执行权限。当系统中使用两套页表时,UXN(unprivileged execute-never)用来设置非特权模式下的页表(通常指用户空间页表)是否具有可执行权限。若 UXN 为 1,则表示不具有可执行权限,若为 0,则表示具有可执行权限。当系统只使用一套页表时,使用 XN(execute-never)字段。

当系统中使用两套页表时,PXN(privileged execute-never)用来设置特权模式下的页表(通常指内核空间页表)是否具有可执行权限。若 PXN 为 1,则表示不具有可执行权限;若为 0,则表示具有可执行权限。

除此之外,为了提高系统的安全性,SCTRL_EL 寄存器中还用 WXN 字段全局控制执行权限。当 WXN 字段为 1 时,在 EL0 中具有可写权限的内存区域不可执行,包括特权模式(EL1)和非特权模式(EL0);在 EL1 中具有可写权限的内存区域相当于设置 PXN 为 1,即在特权模式下不可执行。

访问权限(AP)、执行权限(UXN/XN 以及 WXN)可以结合起来使用,如表 3-21 所示。

4. 访问标志位

页表项属性中有一个访问字段 AF(access flag),用来指示页面是否被访问过。

- AF 为 1 表示页面已经被 CPU 访问过。
- AF 为 0 表示页面还没有被 CPU 访问过。

表 3-21 组合使用访问权限与执行权限

UXN	PXN	AP	WXN	特权模式	非特权模式
0	0	00	0	可读、可写、可执行	可执行
		00	1	可读、可写、不可执行	可执行
		01	0	可读、可写、不可执行	可读、可写、可执行
		01	1	可读、可写、不可执行	可读、可写、不可执行
		10	X	可读、可执行	可执行
		11	X	可读、可执行	可读、可执行
0	1	00	X	可读、可写、不可执行	可执行
		01	0	可读、可写、不可执行	可读、可写、可执行
		01	1	可读、可写、不可执行	可读、可写、不可执行
		10	X	可读、不可执行	可执行
		11	X	可读、不可执行	只读、可执行
1	0	00	0	可读、可写、可执行	不可执行
		00	1	可读、可写、不可执行	不可执行
		01	X	可读、可写、不可执行	可读、可写、不可执行
		10	X	只读、可执行	不可执行
		11	X	只读、可执行	只读、不可执行
1	1	00	X	可读、可写、不可执行	不可执行
		01	X	可读、可写、不可执行	可读、可写、不可执行
		10	X	只读,不可执行	不可执行
		11	X	只读,不可执行	只读,不可执行

在 ARMv8.0 体系结构中需要软件以维护访问位。当 CPU 第一次尝试访问页面时会触发访问标志位异常(access flag fault),然后软件就可以设置访问标志位为 1。

操作系统使用访问标志位有如下好处。

- 用来判断某个已经分配的页面是否被操作系统访问过。如果访问标志位为 0,则说明这个页面没有被处理器访问过。
- 用于操作系统中的页面回收机制。

5. 全局和进程特有 TLB

页表项属性中有一个 nG 字段(non-Globa)用来设置对应 TLB 的类。TLB 的表项分为全局的和进程特有的。当设置 nG 为 1 时,表示这个页面对应的 TLB 表项是进程特有的;当为 0 时,表示这个 TLB 表项是全局的。

3.5.7 连续块表项

AArch64 状态的体系结构在页表设计方面考虑了 TLB 的优化，即利用一个 TLB 表项完成多个连续的虚拟地址到物理地址的映射，这个就是 PTE 中的连续块页表项位。

使用连续块页表项位的条件如下。

- 页面对应的虚拟地址必须是连续的。
- 对于 4KB 的页面，有 16 个连续的页面。
- 对于 16KB 的页面，有 32 个或者 128 个连续的页面。
- 对于 64KB 的页面，有 32 个连续的页面。
- 连续的页面必须有相同的内存属性。
- 起始地址必须以页面对齐。

3.6 课后习题

1. ARMv8 架构同此前的架构相比有何特点？
2. 常见的基于 ARMv8 架构的处理器有哪些？
3. ARMv8 架构有哪两种执行状态？请比较这两种执行状态。
4. ARMv8 支持的指令集有哪些？
5. ARMv8 支持哪几种数据宽度？
6. AArch64 有多少个通用寄存器？AArch32 有多少个通用寄存器？
7. 请举例 ARMv8 架构支持的特殊寄存器，并描述功能。
8. ARMv8 架构支持哪些系统寄存器？
9. A64 指令集的编码宽度是多少位？
10. 简述 LDR 指令和 STR 指令的功能。
11. 分析以下算术指令代码的结果。

```
add x1, x2, x3
add x1, x2, #8
add x1, x2, x3, LSL 3
sub x1, x2, x3
sub x1, x2, #8, LSL 2
```

12. 分析以下移位指令代码的结果。

```
ldr w1, 0x8000002
asr w2, wl, 2
lsr w3, wl, 2
```

13. 使用比较指令实现 x1 和 x2 寄存器值的比较。
14. 用汇编语言编程实现 100＋101＋102＋…＋200，其和存于 x0。
15. 用汇编语言编程实现 128 位整数减法。
16. 用汇编语言编程实现：从存储器中起始地址 M1 处的 20 字节数据中找出一个最

小数并存放在 x0 中。

17. 用汇编语言的移位指令实现 $A \leftarrow 9A - \frac{B}{2^C}$（变量 A、B、C 分别存放在寄存器 x1、x2、x3 中）。

18. 请将下面的 C 语言代码转换成汇编语言（变量 a、b、c、d、e、f、g 分别存放在寄存器 x0～x6 中）。

```
(1) if (a ==0||b==1)
        C = d + e;
(2) if ((a == b)&&(c == d))&&(e == f)
        g++;
```

19. 用汇编语言编程实现快速中断的使能和禁止。

20. ARM64 架构中异常的类型有哪些？请简单描述。

21. 请描述同步异常和异步异常的区别。

22. 请简单描述 ARMv8 异常处理的主要操作流程。

23. 64 位处理器能访问的虚拟地址空间的范围是多少？

24. AArch64 体系结构中，页表支持哪些特性？

25. AArch64 体系结构中，页表支持哪些页表粒度？

第4章 chapter 4

Linux 嵌入式操作系统

当前，嵌入式硬件广泛采用操作系统，其中应用最广泛的就是开源的 Linux 系统。嵌入式 Linux 提供了一个强大而灵活的操作系统平台，能够满足各类嵌入式系统的需求。本书的主题是嵌入式应用开发，在深入具体开发之前，了解嵌入式 Linux 系统的相关知识是必要的。

本章主要介绍 Linux 系统的发展历程、Linux 文件系统、常用 Linux 命令和常用 Linux 开发工具，这些内容将帮助读者全面了解嵌入式 Linux 系统。

4.1 Linux 系统发展

Linux 操作系统是一种计算机操作系统。Linux 操作系统自发布之后，经过众多世界顶尖软件工程师的不断修改和完善，在全球普及开来，在服务器等领域得到了越来越多的应用，在嵌入式开发方面更是具有其他操作系统无可比拟的优势，并以每年 100%的用户递增数量显示出强大的力量。

4.1.1 Linux 的起源

Linux 是最知名和最常用的开源操作系统。作为一个操作系统，Linux 是一个软件，位于计算机上的所有其他软件的下面，从这些程序接收请求，并将这些请求转发到计算机硬件。许多包含计算机的设备都运行 Linux 操作系统，包括手机、视频游戏设备、笔记本计算机、个人计算机、网络服务器和超级计算机，以及路由器等专用设备。

Linux 系统是一个免费的操作系统，最初运行在 X86 体系结构，目前已经被移植到数十种处理器上。Linux 最初由芬兰的一位计算机爱好者 Linus Torvalds 设计开发，经过十余年的发展，现在该系统已经是一个非常庞大、功能完善的操作系统。Linux 系统的开发和维护是由分布在全球各地的数百名程序员完成的，这得益于它的源代码开放特性。与商业系统相比，Linux 系统在功能上一点都不差，甚至在许多方面要超过一些著名的商业操作系统。Linux 不仅支持丰富的硬件设备、文件系统，更主要的是它提供了完整的源代码和开发工具。对于嵌入式开发来说，使用 Linux 系统可以帮助用户从底层了解嵌入式开发的全过程，以及一个操作系统的内部是如何运作的。学习 Linux 系统开发对初学者有很大的帮助。

4.1.2 Linux 的特点

Linux 操作系统具有以下特点。

(1) 开源。Linux 是开源的,用户不仅可以免费得到其源代码,而且可以任意修改,这是其他商业软件无法做到的。正是由于 Linux 系统的这一特征,才吸引了广大的计算机爱好者对其进行不断的修改、完善和补充,使 Linux 系统得到了不断的发展,使得 Linux 具有高度的灵活性和定制性,用户可以根据自己的需求自定义和优化操作系统。

(2) 多用户、多任务。Linux 支持多用户和多任务,允许多个用户同时登录并在同一台机器上运行多个应用程序,从而支持多用户的并发操作。多用户是指系统资源可以同时被不同的用户使用,每个用户对自己的资源有特定的权限,互不影响。多任务是现代化计算机的主要特点,指的是计算机能同时运行多个程序,且程序之间彼此独立,Linux 内核负责调度每个进程,使之平等地访问处理器。由于 CPU 的处理速度极快,故从用户的角度来看,所有的进程都好像在并行运行。

(3) 稳定性和安全性。Linux 操作系统在稳定性和安全性方面表现出色。Linux 采取了许多安全技术措施,包括对读、写控制、带保护的子系统、审计跟踪、核心授权等,这为网络多用户环境中的用户提供了必要的安全保障。由于开源的特性,有大量的开发者和社区不断对其进行维护和改进,及时修复漏洞和安全问题。实际上,有很多运行 Linux 的服务器可以持续运行数年而无须重启,依然可以性能良好地提供服务,其安全稳定性已经在各个领域得到了广泛的证实。

(4) 可定制性。Linux 操作系统提供了丰富的配置选项和自定义能力,允许用户根据自己的需求进行定制,包括选择不同的桌面环境、安装不同的软件包、配置不同的服务等。

(5) 良好的可移植性。指将操作系统从一个平台,转移到另一个平台,使它仍然能按其自身的方式运行的能力。Linux 是一种可移植的操作系统,能够在从微型计算机到大型计算机的任何环境中和任何平台上运行。

4.1.3 Linux 的发展历史

Linux 的发展历史可以分为以下几个阶段。

1. Linux 的诞生和早期发展

1983 年,理查德·斯托曼(Richard Stallman)在 MIT 人工智能实验室创立了 GNU 计划,目标是创建一个完全自由的 UNIX 类操作系统。在这个计划中,斯托曼和其他志愿者开发了 GNU 工具链(GCC、GDB、GNU Make 等),但操作系统内核一直没有完成。

1991 年,赫尔辛基大学的学生林纳斯·托瓦兹开始编写一个新的操作系统内核,这个内核最初被称为 Freax,他最初的目标只是想学习操作系统内核的开发,并为自己的个人计算机编写一个操作系统。他将这个内核发布在 Internet 上,并开放源代码。随着全球各地的程序员参与开发，内核变得更加完善和稳定，这个内核最终被命名为Linux。

2. Linux社区的形成和壮大

Linux内核发布后，很多人开始参与到Linux的开发中来，形成了一个社区。这个社区的特点是开放、自由和协作，任何人都可以自由获取Linux的源代码、修改代码和重新发布。社区成员通过互联网交流、分享代码和经验，并建立了很多网站和邮件列表，如Linux Kernel Mailing List(LKML)和Linux Weekly News(LWN)等。

1992年，Finux(Finland Unix)用户组成立，这是Linux用户组织的最早形式。同年，Linux的第一个发行版Slackware发布，这是由帕特里克·沃尔夫(Patrick Volkerding)创建的。Slackware被认为是最早、最稳定的Linux发行版，直到今天仍然有很多忠实用户。

1993年，Linux的第一个商业公司——Softlanding Linux System(SLS)成立，它们发布了一个基于Slackware的商业发行版。同年，Debian GNU/Linux项目开始，它是第一个完全由志愿者开发的Linux发行版，至今仍在活跃维护。

3. Linux的快速发展和进入移动领域

2000年年初，Linux快速发展，特别是在服务器领域。越来越多的公司采用Linux作为服务器操作系统，因为它具有高度的安全性、稳定性和可靠性。

2007年，Google发布了Android操作系统，这是基于Linux内核的移动操作系统，成为移动领域的重要操作系统之一。此外，其他的Linux发行版也开始在移动领域崭露头角，如Ubuntu Touch、Firefox OS等。

随着云计算和人工智能的兴起，Linux在这些领域也得到了广泛的应用。许多云计算平台，如Amazon Web Services、Microsoft Azure、Google Cloud Platform等都基于Linux，它们为企业和个人提供了高效、稳定、安全的云计算服务。

在人工智能领域，Linux也是主要的操作系统之一，因为它具有高度的可定制性、可扩展性和可靠性，可以满足人工智能应用对于高性能计算和数据处理的需求。许多人工智能框架，如TensorFlow、PyTorch、Caffe等都支持Linux操作系统。

4.1.4 Linux的发行版本

由于Linux系统的开放性，任何人都可以建立自己的操作系统，所以有很多的供应商和个人都发行了自己的操作系统。据统计，目前有300多个Linux版本，并且还会有越来越多的版本。本节将介绍几种国内常见的Linux发行版。

1. Ubuntu

Ubuntu是一个以桌面应用为主的Linux操作系统，为开发易于使用和免费的桌面操作系统做出了巨大贡献，该操作系统已成为市场上专有桌面操作系统有力的竞争者。

Ubuntu基于Debian发行版和GNOME桌面环境，与Debian的不同在于，它每6个月会发布一个新版本。Ubuntu的目标在于为一般用户提供一个最新的、相当稳定的、主要由自由软件构建而成的操作系统。Ubuntu 具有庞大的社区力量,用户可以方便地从社区获得帮助。随着云计算的流行,Ubuntu 推出了一个云计算环境搭建的解决方案,可以在其官方网站找到相关信息。

2. Red Hat

Red Hat 起源于 1994 年,可能是全世界最著名的 Linux 版本了,Red Hat Linux 已经创造了自己的品牌,许多重要的服务器都在运行 Red Hat Linux。Red Hat Linux 是公共环境中表现上佳的服务器版本,用户可以免费使用,但付费后能够享受一套完整的服务,使得它特别适合在公共网络中使用。这个版本的 Linux 也使用最新的内核,还拥有大多数人都需要使用的主体软件包。

Red Hat Linux 的安装过程也十分简单明了,它的图形安装过程提供简易设置服务器的全部信息。磁盘分区过程可以自动完成,还可以选择 GUI 工具完成,即使对于 Linux 新手来说,这些都非常简单。选择软件包的过程也与其他版本类似,用户可以选择软件包的种类或特殊的软件包。系统运行后,用户可以从 Web 站点和官方得到充分的技术支持。

Red Hat 是一个符合大众需求的最优版本。在服务器和桌面系统中,它都工作得很好。Red Hat 的唯一缺陷是带有一些不标准的内核补丁,这使得它难以按用户的需求进行定制。

3. CentOS

CentOS 是一个基于 Red Hat Enterprise Linux 的开放源代码开发的社区版服务器操作系统,它的最大亮点在于完全免费、性能稳定,它和 Rad Hat 的最大区别在于 CentOS 并不包含闭源代码软件。典型的 CentOS 用户包括不需要专门的商业支持即可成功开展业务的组织和个人。CentOS 适合那些需要企业级操作系统稳定性,但又不想承担认证和支付成本的人。

每个 CentOS 版本均获得了长达 10 年的维护。新版本的 CentOS 大约每两年发行一次,而每个版本的 CentOS 更会定期(大概每 6 个月)更新一次,以便支持新的硬件,构建安全、低维护、稳定、高预测性、高重复性的 Linux 环境。

4. SuSE

SuSE Linux 以 Slackware Linux 为基础,最初是德国的 SuSE Linux AG 公司发布的 Linux 版本,1994 年发行了第一版,早期只有商业版本,2004 年被 Novell 公司收购后,成立了 OpenSUSE 社区,推出了自己的社区版本 OpenSUSE。SuSE Linux 在欧洲较为流行,在我国也有较多应用。值得一提的是,它吸取了 Red Hat Linux 的很多特质。

在 SuSE 操作系统下可以非常方便地访问 Windows 磁盘,这使得两种平台之间的切换,以及使用双系统启动变得更容易。SuSE 的硬件检测功能非常优秀,该版本在服务器和工作站上都表现出色。SuSE 拥有界面友好的安装过程,还有图形管理工具,可以方便地访问 Windows 磁盘,对于终端用户和管理员来说十分方便,这使得它成为一个强大的服务器平台。

4.1.5 Linux 的应用领域

Linux 最常用的应用领域就是服务器。Linux 是免费开源的计算机操作系统，Windows 是家用系统，服务器系统讲究的是长时间待机的稳定性，而 Windows 系统本身的定位就不是这么强，微软也有 Windows server 的服务器系统，但是微软的系统需要收费，而使用 Linux 系统作为服务器系统则成为不少公司的选择。

Linux 也可以应用于嵌入式设备领域，如安卓系统就是基于 Linux 开发的，并且现在的人工智能设备基本上也都是基于 Linux 系统的。Linux 运行稳定，成本低，对网络具有良好的支持性，可以根据需要进行软件裁剪，内核最小可以达到几百 kb，近些年来，其在嵌入式领域的应用范围愈加广阔。

4.1.6 Linux 虚拟机安装

本书配套资源提供了一个 Ubuntu18.04-server 的 VMware 虚拟机映像，该虚拟机上安装了本书涉及的所有源代码、工具链和开发工具，读者无须再安装和配置任何环境，具体运行方法如下。

(1) 安装 VMware 虚拟机。在 Windows 主机上安装 VMware 虚拟机。

(2) 获取虚拟机镜像。安装主机需要提前准备 30GB 的存储空间，解压缩 Zjut_Ubuntu18.04.zip 文件夹。

(3) 启动虚拟机。运行第 1 步安装的 VMware 虚拟机，选择"文件-打开"选项，路径选择第 2 步中获取的 Zjut_Ubuntu18.04 文件夹，如图 4-1 所示。

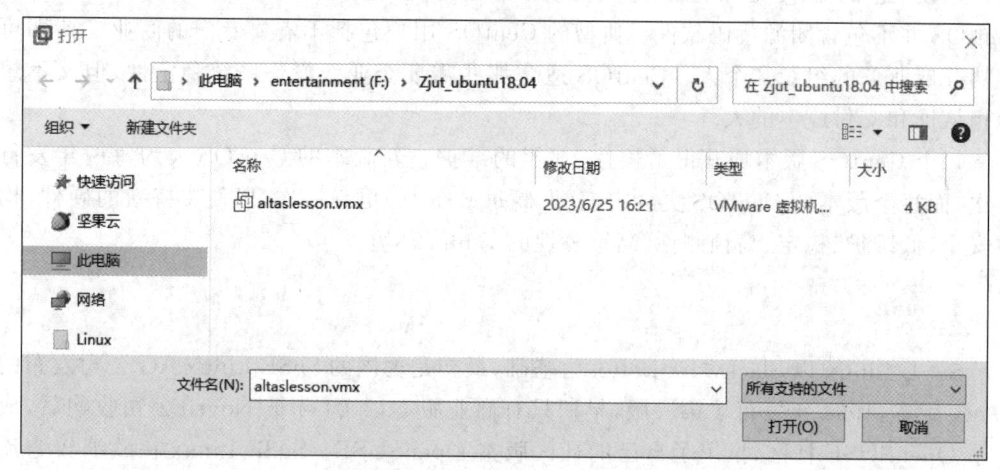

图 4-1　打开虚拟机文件

选中 altaslesson.vmx 文件，单击"打开"按钮，打开如图 4-2 所示的虚拟机面板。

单击"开启此虚拟机"按钮，启动虚拟机镜像，虚拟机账号为 root，密码为 123456，如图 4-3 所示。

虚拟机默认配置一张网卡，其 IP 是 192.168.78.139。读者可以通过此 IP 进行 SSH

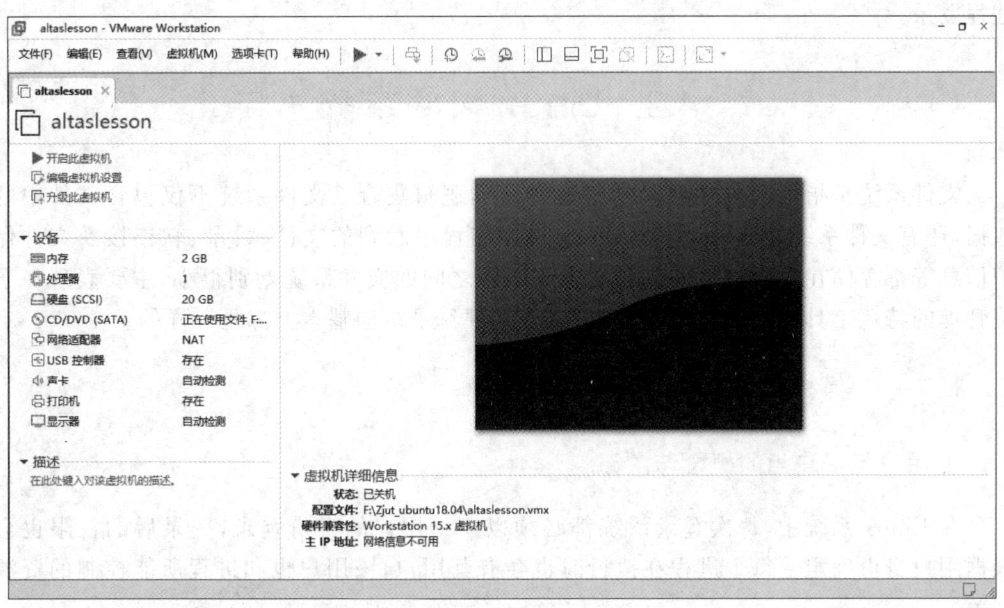

图 4-2 虚拟机面板

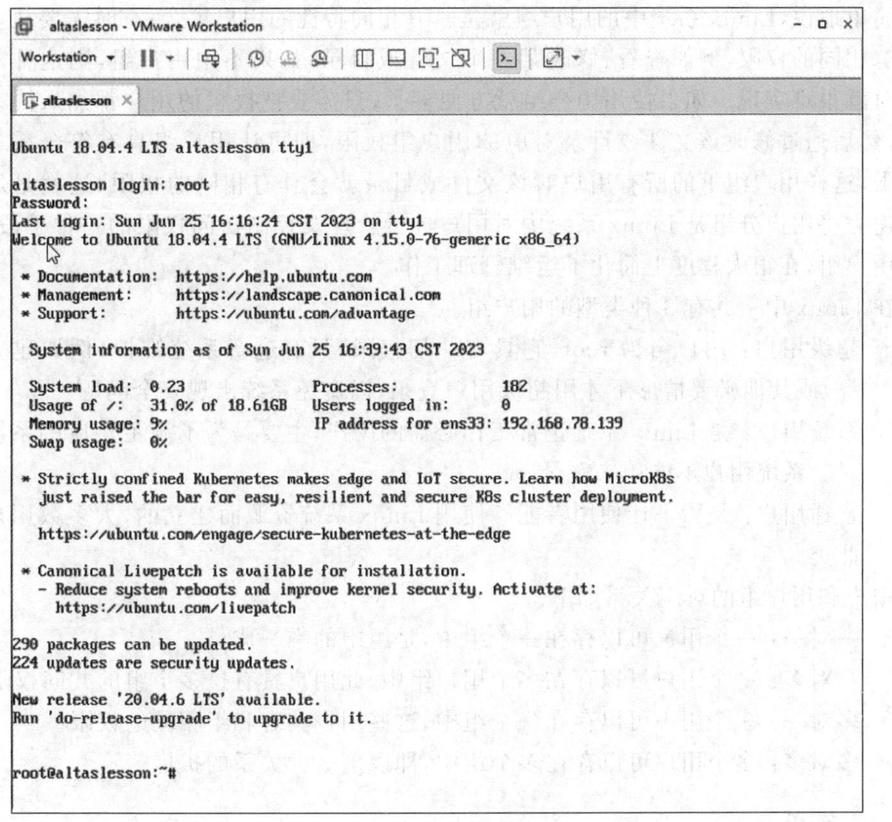

图 4-3 虚拟机登录界面

远程登录。

4.2 Linux 文件系统

文件系统是指分区或磁盘上的所有文件的逻辑集合。文件系统不仅包含文件中的数据，还有文件系统的结构，所有 Linux 用户和程序看到的文件、目录、软连接及文件保护信息等都存储在其中。不同 Linux 发行版本之间的文件系统差别很小，主要表现在系统管理的特色工具以及软件包管理方式上，文件目录结构基本上都是一样的。

4.2.1 用户与用户组

1. 用户与用户组的概念与关系

在 Linux 系统中，每次登录系统都必须以一个用户的身份登录，登录后的权限也会根据用户身份确定。每个进程在执行时也会有其用户，该用户也和进程所能控制的资源有关。

Linux 系统下的每个目录、文件都会有其属于的用户和用户组，其被称为属主和属组。简单地说，Linux 系统中的用户组就是具有相同特性的用户集合；有时需要让多个用户具有相同的权限，例如查看、修改某一个文件或目录，如果不用用户组，则这种需求在授权时就很难实现。如果使用用户组就方便多了，只需要把授权的用户都加入同一个用户组，然后通过修改该文件或目录对应的用户组权限，即可让用户组具有符合需求的操作权限，这样用户组下的所有用户对该文件或目录就会具有相同的权限，这就是用户组的用途。将用户分组是 Linux 系统中对用户进行管理及控制访问权限的一种手段，通过定义用户组，在很大程度上简化了运维管理工作。

在 Linux 中一共有 3 种类型的用户组。

- 超级用户：用户名为 root，它具有一切权限，只有进行系统维护（例如建立用户等）或其他必要情形下才用超级用户登录，以避免系统出现安全问题。
- 系统用户：是 Linux 系统正常工作必需的用户，主要是为了满足相应的系统进程对。系统用户不能用来登录。
- 普通用户：是为了让使用者能够使用 Linux 系统资源而建立的，大多数用户属于此类。

用户和用户组的对应关系如下。

- 一对一：一个用户可以存在一个组中，是组中的唯一成员。
- 一对多：一个用户可以存在多个用户组中，此用户具有这多个组的共同权限。
- 多对一：多个用户可以存在一个组中，这些用户具有和组相同的权限。
- 多对多：多个用户可以存在多个组中，即以上 3 种关系的扩展。

2. 系统用户账号的管理

用户账号的管理工作主要涉及用户账号的添加、修改和删除。

1）useradd：添加用户账号

添加用户账号就是在系统中创建一个新账号，然后为新账号分配用户号、用户组、主目录和登录 Shell 等资源。添加新的用户账号使用 useradd 命令，其语法如下：

```
useradd [选项] 用户名
```

常用选项如下。

- -d 目录：指定用户主目录，如果此目录不存在，则同时使用-m 选项，可以创建主目录。
- -g 用户组：指定用户所属的用户组。
- -G 附加组：指定用户所属的附加组。
- -s Shell 文件：指定用户的登录 Shell。
- -u 用户号：指定用户的用户号

【例 4-1】 新建一个用户 gem，该用户的登录 Shell 是/bin/sh，它属于 group 用户组，同时属于 adm 和 root 用户组，其中 group 用户组是其主组。

```
useradd -s /bin/sh -g group -G adm,root gem
```

2）userdel：删除用户账号

如果一个用户的账号不再使用，则可以将其从系统中删除。删除用户账号就是要将/etc/passwd 等系统文件中的该用户记录删除，必要时还要删除用户的主目录。删除一个已有的用户账号使用 userdel 命令，其格式如下：

```
userdel [选项] 用户名
```

常用的选项是-r，它的作用是把用户的主目录一起删除。

【例 4-2】 删除用户 sam 在系统文件中的记录，同时删除用户的主目录。

```
userdel -r sam
```

3）usermod：修改用户账号

修改用户账号就是根据实际情况更改用户的有关属性，如用户号、主目录、用户组、登录 Shell 等。修改已有用户的信息使用 usermod 命令，其格式如下：

```
usermod [选项] 用户名
```

常用的选项包括-d，-g，-G，-s，-u 等，这些选项的意义与 useradd 命令中的选项一样，可以为用户指定新的资源值。另外，有些系统可以使用选项-l 为新用户名指定一个新的账号，即将原来的用户名改为新的用户名。

【例 4-3】 将用户 sam 的登录 Shell 修改为 ksh，主目录改为/home/z，用户组改为 developer。

```
usermod -s /bin/ksh -d /home/z -g developer sam
```

4）passwd：修改用户账号密码

用户管理的一项重要内容是用户账号密码。用户账号刚创建时没有密码，但是被系统锁定,无法使用,必须为其指定密码后才可以使用,即使是指定空密码。指定和修改用户密码的 Shell 命令是 passwd。超级用户可以为自己和其他用户指定密码,普通用户只能用它修改自己的密码。命令的格式如下:

```
passwd [选项] 用户名
```

常用选项如下。

- -l:锁定密码,即禁用账号。
- -u:密码解锁。
- -d:使账号无密码。
- -f:强迫用户下次登录时修改密码。

【例 4-4】 用命令修改该用户的密码。

```
$passwd
Old password: ******
New password: *******
Re-enter new password: *******
```

【例 4-5】 如果是超级用户,则指定任何用户的密码。

```
$passwd sam
New password: *******
Re-enter new password: *******
```

普通用户修改自己的密码时,passwd 命令会先询问原密码,验证后再要求用户输入两遍新密码,如果两次输入的密码一致,则将这个密码指定给用户;而超级用户为用户指定密码时不需要知道原密码。

3. 系统用户组的管理

每个用户都有一个用户组,系统可以对一个用户组中的所有用户进行集中管理。用户组的管理涉及用户组的添加、删除和修改。组的增加、删除和修改实际上就是对/etc/group 文件的更新。

1) groupadd:增加一个用户组

增加一个新的用户组使用 groupadd 命令,其格式如下:

```
groupadd [选项] 用户组
```

常用选项如下。

- -g GID:指定新用户组的组标识号(GID)。
- -o:一般与-g 选项同时使用,表示新用户组的 GID 可以与系统已有用户组的 GID 相同。

【例 4-6】 向系统中增加一个新组 group1,新组的组标识号是在当前已有的最大组标识号的基础上加 1。

```
groupadd group1
```

【例 4-7】 向系统中增加一个新组 group2，同时指定新组的组标识号是 101。

```
groupadd -g 101 group2
```

2）groupdel：删除一个用户组

如果要删除一个已有的用户组，则使用 groupdel 命令，其格式如下：

```
groupdel 用户组
```

【例 4-8】 从系统中删除组 group1。

```
groupdel group1
```

3）groupmod：修改用户组属性

修改用户组的属性使用 groupmod 命令，其语法如下：

```
groupmod [选项] 用户组
```

常用选项如下。

- -g GID：为用户组指定新的组标识号。
- -o：与-g 选项同时使用，用户组的新 GID 可以与系统已有用户组的 GID 相同。
- -n 新用户组：将用户组的名字改为新名字。

【例 4-9】 将组 group2 的标识号改为 10000，组名修改为 group3。

```
groupmod -g 10000 -n group3 group2
```

4）newgrp：切换用户组

如果一个用户同时属于多个用户组，那么用户可以在用户组之间切换，以便具有其他用户组的权限。用户可以在登录后使用命令 newgrp 切换到其他用户组，这个命令的参数就是目的用户组。

【例 4-10】 将当前用户切换到 root 用户组。

```
newgrp root
```

使用这条命令的前提条件是 root 用户组确实是该用户的主组或附加组。类似于用户账号的管理，用户组的管理也可以通过集成的系统管理工具完成。

4.2.2 文件和目录的权限

Linux 是一个多人多任务的操作系统，同时可以有多个用户登录同一服务器工作，所以权限管理就显得尤为重要。用户对一个文件或目录具有访问权限，这些访问权限决定了谁能访问，以及如何访问这些文件和目录。

1. 文件和目录的属性

Linux 系统中的每个文件都有自己的属性，命令 ls 可以查看文件的属性。执行 ls -al 后会看到图 4-4 所示的内容。

```
[root@study~]# ls -al
total 48
dr-xr-x---.    5   root   root   4096   May   29   16:08  .
Dr-xr-xr-x.   17   root   root   4096   May    4   17:56  ..
-rw-------.    1   root   root   1816   May    4   17:56  Anaconda-ks.cfg
-rw-------.    1   root   root    927   Jun    2   11:27  .bash-history
-rw-r--r--.    1   root   root     18   Dec   29    2013  .bash_logout
-rw-r--r--.    1   root   root    176   Dec   29    2013  .bash_profile
-rw-r--r--.    1   root   root    176   Dec   29    2013  .bashrc
drwxr-xr-x.    3   root   root     17   May    6   00:14  .config
drwx------.    3   root   root     24   May    4   17:59  .dbus
-rw-r—r--.     1   root   root   1864   May    4   18:01  Initial-setup-ks.cfg
   [1]        [  2  ][  3  ][  4  ]  [5]        [6]        [7]
[  权限   ][连结][拥有者][群组][文件容量][修改如期][文件名]
```

图 4-4　ls 命令实例

每列代表不同的文件属性,文件属性示意图如图 4-5 所示。

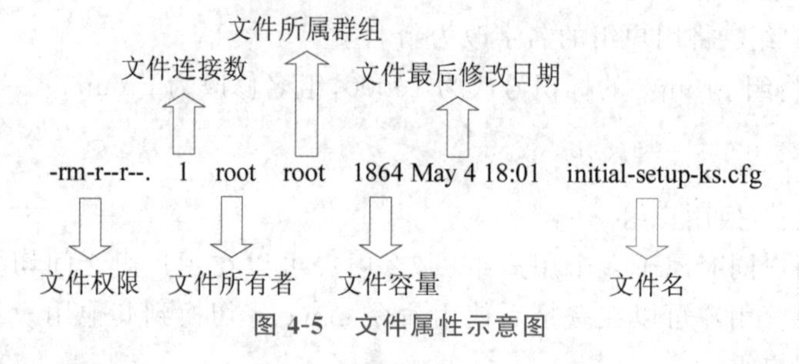

图 4-5　文件属性示意图

图 4-4 的第一列代表这个文件的类型与权限。一共有 10 个字符,其中第一个字符代表这个文件的类型,具体对应关系如下。

- d:文件夹。
- -:普通文件。
- l:软连接(类似 Windows 的快捷方式)。
- b:块设备文件(例如硬盘、光驱等)。
- p:管道文件。
- c:字符设备文件(例如屏幕等串口设备)。
- s:套接口文件。

接下来的 9 个字符每 3 个为一组,表示文件的权限。通过设置权限可以限制或允许以下 3 种用户访问。

- 文件的用户所有者(属主)。
- 文件的组群所有者(用户所在组的同组用户)。
- 系统中的其他用户。

Linux 文件常用权限分为 4 种。

(1) 可读性权限。用 r 表示；对于文件而言，该用户具有读取文件内容的权限；对于目录来说，该用户具有浏览目录的权限。

(2) 可写性权限。用 w 表示；对于文件而言，该用户具有新增、修改文件内容的权限；对于目录来说，该用户具有删除、移动目录内文件的权限。

(3) 可执行性权限。用 x 表示；对于文件而言，该用户具有执行文件的权限；对于目录来说，其他用户具有进入目录的权限，如果目录没有可执行权限，则其他用户不能进入此目录。

(4) 无权限。用“-”表示，表示没有该权限。

如图 4-6 所示，第 2、3、4 个字符表示拥有者的权限，第 5、6、7 个字符表示同用户组用户权限，第 8、9、10 个字符表示其他用户权限。其中，文件权限值的表示方法如表 4-1 所示。

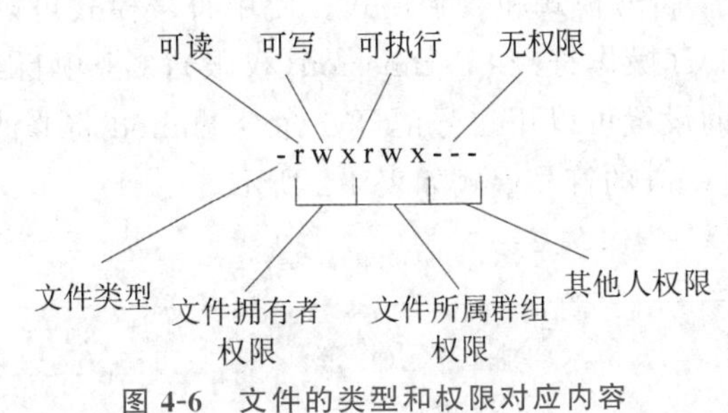

图 4-6 文件的类型和权限对应内容

表 4-1 文件权限值的表示方法

Linux 表示	说　　明	Linux 表示	说　　明
-r-	只读	-w-	只写
--x	只执行	rw-	可读可写
r-x	可读可执行	-wx	可写可执行
rwx	可读可写可执行	---	无权限

图 4-4 的第二列表示有多少文件名连接到此节点。第三列表示这个文件(或目录)的所有者。第四列表示这个文件的所属用户组。第五列为这个文件的容量大小，单位为 B。第六列为这个文件创建日期或者最近的修改日期。最后一列是文件名。

2. 改变文件属性与权限

(1) chown：改变文件所有者，语法格式如下：

```
chown [选项] 新用户名 文件名
```

常用选项有-R，表示处理指定目录以及其子目录下的所有文件。

【例 4-11】 把/home/text.txt 的所有者设置为 root。

```
chown root /home/text.txt
```

【例 4-12】 将当前目录下的所有文件与子目录的拥有者皆设为 root。

```
chown -R root *
```

(2) chgrp：改变文件所属用户组，语法格式如下：

```
chgrp [选项] 新用户组名 文件名
```

【例 4-13】 把 test.txt 的所属群组设置为 root。

```
chgrp root test.txt
```

(3) chmod：改变文件的权限，语法格式如下：

```
chmod [选项] 权限 文件名
```

该命令有两种模式：符号模式和数字模式。使用符号模式可以设置多个项目，包括 who(用户类型)、operator(操作符)和 permission(权限)，3 个项目组合构成对文件权限的修改命令，每个项目的设置可以用逗号隔开。命令 chmod 将修改 who 指定的用户类型对文件的访问权限。who 的符号模式如表 4-2 所示。

表 4-2 who 的符号模式

who	说　明	Linux 表示
u	user	文件所有者
g	group	文件所有者所在组
o	others	所有其他用户
a	all	所有用户

operator 的符号模式如表 4-3 所示。

表 4-3 operator 的符号模式

Operator	说　明
+	为指定的用户类型增加权限
−	去除指定用户类型的权限
=	设置指定用户权限的设置，即将用户类型的所有权限重新设置

permission 的符号模式如表 4-4 所示。

表 4-4 permission 的符号模式

模式	名　字	说　明
r	读	设置为可读权限
w	写	设置为可写权限
x	执行权限	设置为可执行权限

续表

模式	名 字	说 明
X	特殊执行权限	只要当前文件为目录文件，或者其他类型的用户有可执行权限时，才将文件权限设置可执行
s	setuid/setgid	当文件执行时，根据 who 参数指定的用户类型设置文件的 setuid 或者 setgid
t	粘贴位	设置粘贴位。只有超级用户可以设置该位，只有文件所有者 u 可以使用该位

数字模式使用八进制数指定对应用户的权限。文件或目录的权限位由 9 个权限位控制，每 3 位为一组，它们分别是文件所有者(user)的读、写、执行，用户组(group)的读、写、执行以及其他用户(other)的读、写、执行。不同权限对应的八进制数如表 4-5 所示。

表 4-5 不同权限对应的八进制数

#	权 限	rwx	二进制
7	读+写+执行	rwx	111
6	读+写	rw-	110
5	读+执行	r-x	101
4	只读	r--	100
3	写和执行	-wx	011
2	只写	-w-	010
1	只执行	--x	001
0	无	---	000

例如，765 可以这样解释：

所有者的权限是 rwx，也就是 4+2+1，结果是 7；

用户组的权限是 rw-，也就是 4+2+0，结果是 6；

其他用户的权限是 r-x，也就是 4+0+1，结果是 5。

【例 4-14】 将文件 file1.txt 设为所有人皆可读取。

```
chmod ugo+r file1.txt
或 chmod a+r file1.txt
```

【例 4-15】 对目录 docs 和其子目录层次结构中的所有文件的用户增加读权限，而对用户组和其他用户删除读权限。

```
chmod -R u+r,go-r docs
```

【例 4-16】 对 file 的所有者和用户组设置读写权限，为其他用户设置读权限。

```
chmod 664 file
```

4.2.3 文件系统的目录结构

计算机的文件系统是一种存储和组织计算机数据的方法,它使得用户对其的访问和查找变得容易。文件系统使用文件和树形目录的抽象逻辑概念,用户使用文件系统保存数据,不必关心数据实际保存在硬盘中地址为多少的数据块上,只需要记住这个文件的所属目录和文件名即可。

在 Linux 系统中,所有内容都是以文件的形式保存和管理的,即一切皆文件。普通文件是文件,目录是文件,硬件设备(键盘、监视器、硬盘、打印机)是文件,就连套接字(socket)、网络通信等资源也都是文件。

Linux 只有一个根目录,而且文件和目录被组织成一个单根倒置树结构,Linux 的主要目录结构如图 4-7 所示。

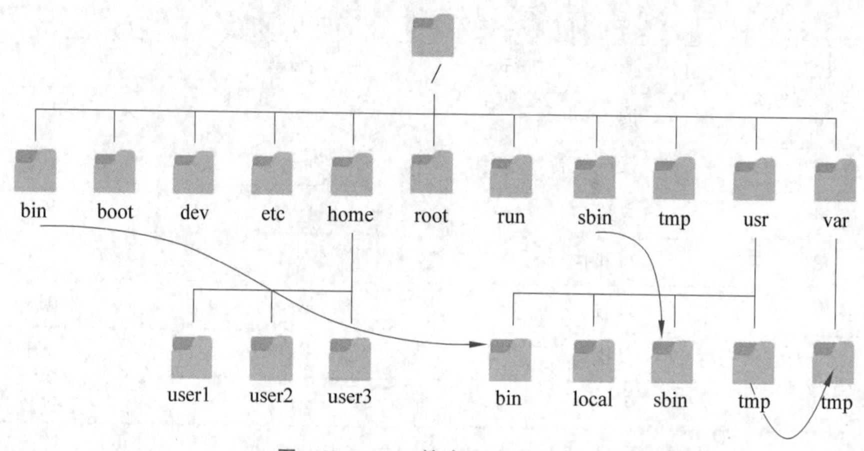

图 4-7 Linux 的主要目录结构

此结构最上层是根目录,用“/”表示。以下是对这些目录的解释。

(1) bin。是 binaries (二进制文件)的缩写,这个目录存放着经常使用的命令,例如 ls、mv、mkdir、chmod、chown 等,/usr 下面的 bin 也是一些可执行文件。

(2) boot。这里存放的是启动 Linux 时使用的一些核心文件,包括一些连接文件以及镜像文件。

(3) dev。是 device(设备)的缩写,该目录下存放的是 Linux 的外部设备,在 Linux 中访问设备的方式和访问文件的方式是相同的。

(4) etc。用来存放所有的系统管理所需的配置文件和子目录。

(5) home。用户的主目录,在 Linux 中,每个用户都有一个自己的目录,一般该目录名是以用户的账号命名的,如图 4-7 中的 user1、user2 和 user3。

(6) root。该目录为系统管理员,也称作超级权限者的用户主目录。

(7) run。是一个临时文件系统,存储系统启动以来的信息。当系统重启时,这个目录下的文件应该被删除。如果系统上有/var/run 目录,则应该让它指向 run。

(8) sbin。是 superuser binaries(超级用户的二进制文件)的缩写,这里存放的是系统管理员使用的系统管理程序。

(9) tmp。是 temporary(临时)的缩写,用来存放一些临时文件。

(10) usr。是 unix shared resources(共享资源)的缩写,这是一个非常重要的目录,用户的很多应用程序和文件都存放在这个目录下,是安装软件的默认目录,类似于 Windows 下的 program files 目录。

(11) var。是 variable(变量)的缩写,这个目录中存放着在不断扩充的东西,习惯将那些经常修改的目录放在这个目录下,包括各种日志文件。

路径是 Linux 中基本的概念之一,这是每个 Linux 用户都必须知道的。在 Linux 中,路径是指文件和目录的引用方式,它给出了文件或目录在 Linux 目录结构中的位置,由名称和斜杠组成。一个文件的路径指的就是该文件存放的位置。例如,/home/cat 表示 cat 文件存放的位置。只要告诉 Linux 系统某个文件存放的准确位置,那么它就可以找到这个文件。作为一个系统用户,当用户想要访问某个文件或目录,或者必须为命令或脚本指定文件或目录的位置时,就会使用路径。

根据文档名写法的不同,也可以将所谓的路径定义为绝对路径与相对路径。在 Linux 中,绝对路径是指从根目录"/"开始写起的文件路径,相对路径是指从当前所在的工作目录开始写起的文件路径。绝对路径是相对于根路径"/"的,只要文件不移动位置,那么它的绝对路径就是固定不变的;而相对路径是相对于当前所在目录而言的,随着程序的执行,当前所在目录可能会改变,因此文件的相对路径不是固定不变的。

4.2.4 常见的 Linux 文件系统

Linux 操作系统支持多种类型的文件系统,下面简要介绍几种常见的 Linux 文件系统。

1. ext2 文件系统

第二代扩展文件系统(second extended filesystem,ext2)是 Linux 内核所用的文件系统,它由 Rémy Card 设计,用来代替 ext,于 1993 年 1 月加入 Linux 核心支持之中。ext2 的经典实现为 Linux 内核中的 ext2fs 文件系统驱动,最大可支持 2TB 的文件系统。截至 Linux 核心 2.6 版时,扩展到可支持 32TB。其他的实现包括 GNU Hurd、mac OS X(第 3 方)、Darwin(第 3 方)、BSD。ext2 为多个 Linux 发行版的默认文件系统,如 Debian、Red Hat Linux 等。

2. ext3 文件系统

ext3 是在 ext2 的基础上发展起来的文件系统,完全兼容 ext2 文件系统,ext3 是一个日志文件系统,支持大文件。ext3 是很多 Linux 发行版的默认文件系统。Stephen Tweedie 在 1999 年 2 月的内核邮件列表中,最早显示了他使用了扩展的 ext2,该文件系统从 Linux 2.4.15 版本的内核开始合并到内核主线中。

3. ext4 文件系统

ext4 是 Linux 系统中使用广泛的文件系统之一。ext4 相比 ext3 提供了更佳的性能和可靠性，并且功能更丰富，ext4 向下兼容 ext3 和 ext2，因此可以将 ext2 和 ext3 挂载为 ext4。ext4 是 Linux 系统下的日志文件系统，是 ext3 文件系统的后继版本。ext4 是由 ext3 的维护者 Theodore Tso 领导的开发团队实现的，并引入 Linux 2.6.19 内核中。

4. JFS2

JFS2（又称 enhanced journaled file system）是早期的日志文件系统，在植入 Linux 之前已被应用于 IBM AIX 操作系统多年，它是 64 位的文件系统，虽然它是在原来的 JFS 的基础上开发的，但却较之有所改进，即 JFS2 具有更优的扩展性能，而且支持多处理器架构。

JFS2 支持预定的日志记录方式，可以提高性能，并实现亚秒级文件系统恢复。JFS2 同时为提高性能提供了基于分区的文件分配。基于分区的分配是指对一组连续的块而非单一的块进行分配。由于这些块在磁盘上是连续的，故其读取和写入的性能就会更好。这种分配的另一个优势就是可以将元数据管理最小化。按块分配磁盘空间就意味着要逐块更新元数据，而使用分区，元数据则仅需按照分区（可以代表多个块）更新。

5. XFS

XFS 是一种高性能的日志文件系统，是针对高性能文件服务器环境的文件系统，它的设计优化了大文件的处理，提供了高性能和扩展性，最早于 1993 年由 Silicon Graphics 为 IRIX 操作系统而开发，是 IRIX 5.3 版的默认文件系统。2000 年 5 月，Silicon Graphics 以 GNU 通用公共许可证发布了这套系统的源代码，之后被移植到 Linux 内核上。XFS 特别擅长处理大文件，同时提供平滑的数据传输。

4.3 Linux 指令

Linux 指令是指对 Linux 系统进行管理的命令。对于 Linux 系统来说，无论是中央处理器、内存、磁盘驱动器、键盘、鼠标还是用户等都是文件，Linux 系统管理的指令是其正常运行的核心，因此读者非常有必要掌握常见的 Linux 指令的使用方法。

4.3.1 文件管理

1. cat

cat 指令用于连接文件并打印到标准输出设备上，语法格式如下：

```
cat [option] fileName
```

参数说明如下。

- -n：由 1 开始对所有输出的行数编号。
- -b：和-n 相似，只不过对于空白行不编号。
- -s：当遇到有连续两行以上的空白行，就替换为一行的空白行。

【例 4-17】 把 textfile1 的文档内容加上行号后输入 textfile2 文档。

```
cat -n textfile1 >textfile2
```

【例 4-18】 将把 etc/test.txt 的文档内容清空。

```
cat /dev/null >/etc/test.txt
```

2. more

类似 cat 指令，more 指令会以一页一页的形式显示，更方便使用者逐页阅读，语法格式如下：

```
more [option] fileName
```

参数说明如下。

- -num：一次显示的行数。
- -p：不以卷动的方式显示每一页，而是先清除屏幕后再显示内容。
- -s：当遇到有连续两行以上的空白行时，就替换为一行的空白行。
- ＋/pattern：每个文档显示前搜寻该字串(pattern)，然后从该字串之后开始显示。
- ＋num：从第 num 行开始显示。

【例 4-19】 逐页显示 testfile 文档的内容，如果有连续两行以上空白行，则以一行空白行显示。

```
more -s testfile
```

【例 4-20】 从第 20 行开始显示 testfile 文档的内容。

```
more +20 testfile
```

3. find

find 指令用于在指定目录下查找文件和目录，语法格式如下：

```
find [path] [expression]
```

参数说明如下。

- path 是要查找的目录路径，可以是一个目录或文件名，也可以是多个路径，多个路径之间用空格分隔，如果未指定路径，则默认为当前目录。
- expression 是可选参数，用于指定查找的条件，可以是文件名、文件类型、文件大小等。expression 中可使用的选项有二三十个之多，以下列出常用的选项。
  - -name name：按文件名查找，支持使用通配符“*”和“?”。
  - -type type：按文件类型查找，可以是 f(普通文件)、d(目录)、l(符号链接)等。

➢ -size [+-]size[单位]：按文件大小查找，支持使用"+"或"-"表示大于或小于指定大小，单位可以是 c(字节)、w(字数)、b(块数)、K(KB)、M(MB)或 G(GB)。
➢ -user username：按文件所有者查找。
➢ -group groupname：按文件所属组查找。

【例 4-21】 将当前目录及其子目录下的所有文件中后缀为 c 的文件列出。

```
find . -name "*.c"
```

【例 4-22】 将当前目录及其子目录中的所有文件列出。

```
find . -type f
```

4. cp

cp 指令用于复制文件或目录，语法格式如下：

```
cp [options] source dest
```

参数说明如下。

- -a：此选项通常在复制目录时使用，它保留链接、文件属性，并复制目录下的所有内容。
- -d：复制时保留链接。这里所说的链接相当于 Windows 系统中的快捷方式。
- -f：覆盖已经存在的目标文件而不给出提示。
- -i：与-f 选项相反，在覆盖目标文件之前给出提示，要求用户确认是否覆盖，回答 y 时目标文件将被覆盖。
- -p：除复制文件的内容外，还把修改时间和访问权限也复制到新文件中。
- -r：若给出的源文件是一个目录文件，则复制该目录下所有的子目录和文件。
- -l：不复制文件，只生成链接文件。

【例 4-23】 将当前目录 test 下的所有文件复制到新目录 newtest。

```
cp -r test/ newtest
```

🕮注意：用户使用该指令复制目录时，必须使用参数-r 或者-R。

5. rm

rm 指令用于删除一个文件或者目录，语法格式如下：

```
rm [options] fileName
```

参数说明如下。

- -i：删除前逐一询问确认。
- -f：即使原档案属性设为只读，亦直接删除，无须逐一确认。
- -r：将目录及以下的档案也逐一删除。

【例 4-24】 删除文件可以直接使用 rm 命令，若删除目录，则必须配合选项-r。

```
$rm test.txt
rm: 是否删除 一般文件 "test.txt"? y
$rm homework
rm: 无法删除目录"homework": 是一个目录
$rm -r homework
rm: 是否删除 目录 "homework"? y
```

【例 4-25】 删除当前目录下的所有文件及目录。

```
rm -r *
```

文件一旦通过 rm 命令删除，则无法恢复，所以必须格外小心地使用该命令。

6. tar

tar 指令用于备份文件，语法格式如下：

```
tar [option] 备份文件 [文件或目录名]
```

参数说明如下。

- -c：建立新的备份文件。
- -f<备份文件>或--file=<备份文件>：指定备份文件。
- -k：解开备份文件时，不覆盖已有的文件。
- -m：还原文件时，不变更文件的更改时间。
- -p：用原来的文件权限还原文件。
- -r：新增文件到已存在的备份文件的结尾部分。
- -s：还原文件的顺序和备份文件内的存放顺序相同。
- -t 或-list：列出备份文件的内容。
- -u：仅置换较备份文件内的文件更新的文件。
- -v：显示指令执行过程。
- -x：从备份文件中还原文件。
- -z：通过 gzip 指令处理备份文件。

【例 4-26】 压缩 a.cpp 文件为 test.tar.gz。

```
tar -czvf test.tar.gz a.cpp
```

【例 4-27】 列出压缩文件的内容。

```
$tar -tzvf test.tar.gz
-rw-r--r--root/root 0 2010-05-24 16:51:59 a.cpp
```

【例 4-28】 解压缩文件 test.tar.gz。

```
tar -xzvf test.tar.gz
```

7. zip

zip 指令使用压缩文件，语法格式如下：

```
zip [option] 压缩文件 [filename]
```

参数说明如下。

- -b<工作目录>：指定暂时存放文件的目录。
- -d：从压缩文件内删除指定的文件。
- -g：将文件压缩后附加在既有的压缩文件之后，而非另行建立新的压缩文件。
- -m：将文件压缩并加入压缩文件后，删除原始文件，即把文件移到压缩文件中。
- -q：不显示指令执行过程。
- -r：递归处理，将指定目录下的所有文件和子目录一并处理。
- -v：显示指令执行过程或显示版本信息。

【例 4-29】 将/home/text 目录下的所有文件和文件夹打包为当前目录下的 text.zip。

```
zip -q -r text.zip /home/text
```

【例 4-30】 从压缩文件 text.zip 中删除文件 a.cpp。

```
zip -dv text.zip a.cpp
```

4.3.2 文档编辑

1. grep

grep 指令用于查找内容包含指定范本样式的文件，语法格式如下：

```
grep [options] pattern [fileName]
```

参数说明如下。

- -i：忽略大小写进行匹配。
- -v：反向查找，只打印不匹配的行。
- -n：显示匹配行的行号。
- -r：递归查找子目录中的文件。
- -l：只打印匹配的文件名。
- -c：只打印匹配的行数。
- pattern：表示要查找的字符串或正则表达式。
- fileName：表示要查找的文件名，可以同时查找多个文件，如果省略 fileName 参数，则默认从标准输入中读取数据。

【例 4-31】 在文件 file.txt 中查找字符串"hello"，并打印匹配的行。

```
grep hello file.txt
```

【例 4-32】 在文件夹 dir 中递归查找所有文件中匹配正则表达式"pattern"的行，并打印匹配行所在的文件名和行号。

```
grep -r -n pattern dir/
```

2. sort

sort 指令用于将文本文件内容加以排序，语法格式如下：

```
sort [options] fileName
```

参数说明如下。

- -b：忽略每行前面的空格字符。
- -d：排序时，处理英文字母、数字及空格字符外，忽略其他字符。
- -f：排序时，将小写字母视为大写字母。
- -m：将几个排序好的文件进行合并。
- -r：以相反的顺序排序。
- -o<输出文件>：将排序后的结果存入指定的文件。
- -t<分隔字符>：指定排序时所用的栏位分隔字符。

【例 4-33】 使用 cat 指令显示 testfile 文件，可知其原有的排序。

```
$cat testfile                #testfile 文件原有排序
test 30
Hello 95
Linux 85
```

【例 4-34】 使用 sort 指令重排。

```
$sort testfile               #重排结果
Hello 95
Linux 85
test 30
```

3. join

join 指令用于将两个文件中指定栏位内容相同的行连接起来，语法格式如下：

```
join [options] fileName1 fileName2
```

参数说明如下。

- -a<1 或 2>：除了显示原来的输出内容之外，还显示指令文件中没有相同栏位的行。
- -e<字符串>：若在 fileName1 与 fileName2 中找不到指定的栏位，则在输出中填入选项中的字符串。
- -i：比较栏位内容时，忽略大小写的差异。
- -t<字符>：使用栏位的分隔字符。

【例 4-35】 查看 testfile_1、testfile_2 中的文件内容。

```
$cat testfile_1          #testfile_1 文件中的内容
Hello 95                 #例如,本例中第一列为姓名,第二列为数额
Linux 85
```

```
test 30
$cat testfile_2                         #testfile_2 文件中的内容
Hello 2005                              #例如,本例中第一列为姓名,第二列为年份
Linux 2009
test 2006
```

【例 4-36】 使用 join 指令,将 testfile_1、testfile_2 两个文件连接。

```
$join testfile_1 testfile_2             #连接 testfile_1、testfile_2 中的内容
Hello 95 2005                           #连接后显示的内容
Linux 85 2009
test 30 2006
```

4. tr

tr 指令用于转换或删除文件中的字符,语法格式如下:

```
tr [option] [第一字符集][第二字符集]
```

【例 4-37】 将文件 testfile 中的小写字母全部转换成大写字母。

```
cat testfile |tr a-z A-Z
```

4.3.3 文件传输

1. tftp

tftp 指令用于传输文件,语法格式如下:

```
tftp [主机名称或 IP 地址]
```

操作说明如下。

- connect:连接到远程 tftp 服务器。
- mode:文件传输模式。
- put:上传文件。
- get:下载文件。
- quit:退出。
- verbose:显示详细的处理信息。
- trace:显示包路径。
- status:显示当前状态信息。
- binary:二进制传输模式。
- ascii:ascii 传送模式。
- rexmt:设置包传输的超时时间。
- timeout:设置重传的超时时间。

【例 4-38】 连接远程服务器 218.28.188.288,然后使用 put 指令下载其中根目录下的文件 README。

```
tftp 218.28.188.288          #连接远程服务器
```

连接服务器之后即可进行相应的操作。

```
$tftp 218.28.188.228              #连接远程服务器
tftp>get README                   #远程下载 README 文件
getting from 218.28.188.288 to /home/cmd
Received 168236 bytes in 1.5 seconds[112157 bit/s]
tftp>quit                         #离开 tftp
```

2. ftpshut

ftpshut 指令用于在指定的时间关闭 FTP 服务器，语法格式如下：

```
ftpshut [-d<分钟>][-l<分钟>][关闭时间]["警告信息"]
```

参数说明如下。

- -d＜分钟＞：切断所有 FTP 连线的时间。
- -l＜分钟＞：停止接收 FTP 登录的时间。

【例 4-39】 在晚上 11:00 关闭 FTP 服务器，并在关闭前 5 分钟拒绝新的 FTP 登录，前 3 分钟关闭所有 FTP 连接，并给出警告信息。

```
ftpshut-d 3 -l 5 1100 "Server will be shutdown at 23:00:00"
```

4.3.4 磁盘管理

1. cd

cd 指令用于切换当前工作目录，语法格式如下：

```
cd dirName
```

【例 4-40】 跳转到/usr/bin 路径。

```
cd /usr/bin
```

【例 4-41】 跳转到自己的 home 目录。

```
cd ~
```

2. mkdir

mkdir 指令用于创建目录，语法格式如下：

```
mkdir [option] dirName
```

参数说明如下。

- -p 确保目录名称存在，若不存在则新建一个。

【例 4-42】 在工作目录下建立一个名为 runoob 的子目录。

```
mkdir runoob
```

3. rmdir

rmdir 指令用于删除空的目录，语法格式如下：

```
rmdir [option] dirName
```

参数说明如下。

- -p 是若子目录被删除后使它也成为空目录，则一并删除。

【例 4-43】 在工作目录下删除名为 AAA 的子目录。

```
rmdir AAA
```

4. pwd

pwd 指令用于显示工作目录。

【例 4-44】 查看当前所在目录。

```
$pwd
/root/test              #输出结果
```

5. ls

ls 指令用于显示指定工作目录下的内容(列出目前工作目录所含的文件及子目录)，语法格式如下：

```
ls [option] [dirName]
```

参数说明如下。

- -a：显示所有文件及目录(开头的隐藏文件也会列出)。
- -d：只列出目录(不递归列出目录内的文件)。
- -l：以长格式显示文件和目录信息，包括权限、所有者、大小、创建时间等。
- -r：倒序显示文件和目录。
- -t：按照修改时间排序，最新的文件排在最前面。
- -F：在列出的文件名称后加一符号；例如可执行的加"*"，目录加"/"。
- -R：递归显示目录中的所有文件和子目录。

【例 4-45】 列出根目录下的所有目录。

```
$ls /
bin                  dev   lib               media   net   root    srv   upload
  www
boot                 etc   lib64             misc    opt   sbin    sys   usr
home   lost+found    mnt   proc   selinux tmp var
```

6. du

du 指令用于显示目录或文件的大小。

【例 4-46】 显示目录或者文件所占的空间。

```
$du
608   ./test6
308   ./test4
4     ./scf/lib
4     ./scf/service/deploy/product
4     ./scf/service/deploy/info
12    ./scf/service/deploy
16    ./scf/service
4     ./scf/doc
4     ./scf/bin
32    ./scf
8     ./test3
1288 .
```

7. fdisk

fdisk 指令用于检查磁盘分区,语法格式如下:

```
fdisk [option]
```

参数说明如下。

- -l:列出所有分区表。
- -u:与-l 搭配使用,显示分区数目。

【例 4-47】 显示当前分区情况。

```
$fdisk -l

Disk /dev/sda: 10.7 GB, 10737418240 bytes
255 heads, 63 sectors/track, 1305 cylinders
Units =cylinders of 16065 * 512 =8225280 bytes

  Device    Boot   Start  End  Blocks      Id      System
/dev/sda1     *    1      13   104391      83      Linux
/dev/sda2          14     1305 10377990    8e      Linux  LVM

Disk /dev/sdb: 5368 MB, 5368709120 bytes
255 heads, 63 sectors/track, 652 cylinders
Units =cylinders of 16065 * 512 =8225280 bytes

Disk /dev/sdb doesn't contain a valid partition table
```

8. df

df 指令用于检查文件系统的磁盘空间占用情况。

【例 4-48】 显示文件系统的磁盘使用情况统计。

```
$df
Filesystem  1K-blocks     Used  Available  Use%   Mounted on
 /dev/sda6   29640780  4320704  23814388    16%   /
    udev      1536756        4  1536752      1%   /dev
   tmpfs       617620      888  616732       1%   /run
    none         5120        0  5120         0%   /run/lock
    none      1544044      156  1543888      1%   /run/shm
```

4.3.5 网络通信

1. ifconfig

ifconfig 指令用于显示或设置网络设备。

【例 4-49】 显示网络设备信息。

```
$ifconfig
eth0  Link encap:Ethernet HWaddr 00:50:56:0A:0B:0C
    inet addr:192.168.0.3 Bcast:192.168.0.255 Mask:255.255.255.0
    inet6 addr: fe80::250:56ff:fe0a:b0c/64 Scope:Link
    UP BROADCAST RUNNING MULTICAST MTU:1500 Metric:1
    RX packets:172220 errors:0 dropped:0 overruns:0 frame:0
    TX packets:132379 errors:0 dropped:0 overruns:0 carrier:0
    collisions:0 txqueuelen:1000
    RX bytes:87101880 (83.0 MiB) TX bytes:41576123 (39.6 MiB)
    Interrupt:185 Base address:0x2024

lo    Link encap:Local Loopback
    inet addr:127.0.0.1 Mask:255.0.0.0
    inet6 addr: ::1/128 Scope:Host
    UP LOOPBACK RUNNING MTU:16436 Metric:1
    RX packets:2022 errors:0 dropped:0 overruns:0 frame:0
    TX packets:2022 errors:0 dropped:0 overruns:0 carrier:0
    collisions:0 txqueuelen:0
    RX bytes:2459063 (2.3 MiB) TX bytes:2459063 (2.3 MiB)
```

2. ping

ping 指令用于检测主机。使用 ICMP 传输协议，发出要求回应的信息，语法格式如下：

```
ping [option] [主机名称或 IP 地址]
```

参数说明如下。

- -d：使用 socket 的 SO_DEBUG 功能。
- -c ＜完成次数＞：设置完成要求回应的次数。
- -i＜间隔秒数＞：指定收发信息的间隔时间。
- -n：只输出数值。
- -R：记录路由过程。

- -s<数据包大小>：设置数据包的大小。
- -t<存活数值>：设置存活数值 TTL 的大小。
- -w <deadline>：在 deadline 秒后退出。
- -W <timeout>：在等待 timeout 秒后开始执行。

【例 4-50】 检测是否与主机连通。

```
$ping www.runoob.com          //ping主机
PING aries.m.alikunlun.com (114.80.174.110) 56(84) bytes of data.
64 bytes from 114.80.174.110: icmp_seq=1 ttl=64 time=0.025 ms
64 bytes from 114.80.174.110: icmp_seq=2 ttl=64 time=0.036 ms
64 bytes from 114.80.174.110: icmp_seq=3 ttl=64 time=0.034 ms
64 bytes from 114.80.174.110: icmp_seq=4 ttl=64 time=0.034 ms
---aries.m.alikunlun.com ping statistics ---
10 packets transmitted, 30 received, 0% packet loss, time 29246ms
rtt min/avg/max/mdev =0.021/0.035/0.078/0.011 ms
//需要手动终止Ctrl+C
```

3. telnet

telnet 指令用于远端登入。

【例 4-51】 登录远程主机，主机 IP 为 192.168.0.5。

```
telnet 192.168.0.5
```

4. httpd

httpd 是 Apache HTTP 服务器程序，直接执行程序即可启动服务器的服务。

【例 4-52】 启动 httpd。

```
$httpd
httpd: Could not determine the server's fully qualified domain name, using 127.0.0.1
for ServerName
```

5. netstat

netstat 指令用于显示网络状态，语法格式如下：

```
netstat [option]
```

参数说明如下。

- -a：显示所有连线中的 socket。
- -c：持续列出网络状态。
- -C：显示路由器配置的快取信息。
- -F：显示路由缓存。

【例 4-53】 显示详细的网络状况。

```
netstat -a
```

4.3.6 系统管理

1. clear

clear 指令用于清除屏幕。

2. su

su 指令用于变更使用者的身份，语法格式如下：

```
su [option] username
```

参数说明如下。

- -m -p：执行 su 时不改变环境变数。
- -c command 或--command＝command：变更账号为 USER 的使用者并执行指令(command)后再变回原来的使用者。
- -s shell 或--shell＝shell：指定要执行的 shell(bash csh tcsh 等)，预设值为/etc/passwd 内的该使用者 shell。

【例 4-54】 变更账号为 root，并在执行 ls 指令后退出变回原使用者。

```
su -c ls root
```

3. free

free 指令用于显示内存状态，语法格式如下：

```
free [option]
```

参数说明如下。

- -b：以 Byte 为单位显示内存使用情况。
- -k：以 KB 为单位显示内存使用情况。
- -m：以 MB 为单位显示内存使用情况。
- -h：以合适的单位显示内存使用情况，最大为 3 位数，自动计算对应的单位值。
- -o：不显示缓冲区调节列。
- -s＜间隔秒数＞：持续观察内存使用状况。
- -t：显示内存总和列。

【例 4-55】 以总和的形式显示内存的使用信息。

```
$free -t              //以总和的形式查询内存的使用信息
total used free shared buffers cachedMem: 254772 184868 69904 0 5936 89908-/+
buffers/cache: 89024 165748Swap: 524280 65116 459164Total: 779052 249984 529068
```

【例 4-56】 周期性地查询内存的使用信息。

```
$free -s 10           //每 10s 执行一次命令
total used free shared buffers cachedMem: 254772 187628 67144 0 6140 89964-/+
buffers/cache: 91524 163248Swap: 524280 65116 459164
```

```
total used free shared buffers cachedMem: 254772 187748 67024 0 6164 89940-/+
buffers/cache: 91644 163128Swap: 524280 65116 459164
```

4. reboot

reboot 指令用于重启计算机,语法格式如下:

```
reboot [option]
```

参数说明如下。

- -n:在重启前不做将记忆体资料写回硬盘的操作。
- -w:并不会真的重启,只是把记录写到/var/log/wtmp 档案中。
- -f:强迫重启,不呼叫 shutdown 这个指令。
- -i:在重启之前先把所有网络相关的装置停止。

5. ps

ps 指令用于显示当前进程的状态,语法格式如下:

```
ps [options]
```

参数说明如下。

- -A:列出所有的进程。
- -au:显示较详细的资讯。
- -aux:显示所有包含其他使用者的进程。

au(x)的输出格式如下。

```
USER PID %CPU %MEM VSZ RSS TTY STAT START TIME COMMAND
```

➢ USER:行程拥有者。
➢ PID:进程的 ID。
➢ %CPU:CPU 使用率。
➢ %MEM:记忆体使用率。
➢ VSZ:占用的虚拟记忆体大小。
➢ RSS:占用的记忆体大小。
➢ TTY:终端的次要装置号码。
➢ STAT:该行程的状态。
  ✧ D:无法中断的休眠状态。
  ✧ R:正在执行中。
  ✧ S:静止状态。
  ✧ T:暂停执行。
  ✧ Z:不存在但暂时无法消除。
  ✧ W:没有足够的记忆体分页可分配。
  ✧ <:高优先序的行程。

✧ N：低优先序的行程。

✧ L：有记忆体分页分配并锁在记忆体内。

➤ START：行程开始时间。

➤ TIME：执行的时间。

➤ COMMAND：执行的指令。

【例 4-57】 显示 php 的进程信息。

```
$ps -ef | grep php
root       794    1  0  2020 ?      00:00:52 php-fpm: master process (/etc/php/
7.3/fpm/php-fpm.conf)
www-data   951  794  0  2020 ?      00:24:15 php-fpm: pool www
www-data   953  794  0  2020 ?      00:24:14 php-fpm: pool www
www-data   954  794  0  2020 ?      00:24:29 php-fpm: pool www
```

6. kill

kill 指令用于删除执行中的程序或工作，语法格式如下：

```
kill [-s <信息名称或编号>][程序]
```

参数说明如下。

- -s <信息名称或编号>：指定要发送的信息。
- [程序]：可以是程序的 PID 或 PGID，也可以是工作编号。

【例 4-58】 删除进程 12345。

```
kill 12345
```

4.4 Linux 常用工具

Linux 和 Windows 系统有很大的不同，在 Linux 平台上进行开发和使用往往更加复杂，因此掌握一些 Linux 常用工具非常有必要。Vi 和 Vim 是 Linux 平台上功能丰富的文本编辑器，利用 Vim 进行代码编辑和查看非常高效。Shell 脚本是一种脚本编程语言，可以实现自动化、批处理和系统管理等功能，可以提高工作效率。FTP 工具可以在不同主机或者不同平台之间传输文件。项目管理工具 git 在全球范围内广泛应用，因此读者非常有必要了解 git 的使用方法。

4.4.1 Vi 和 Vim

1. Vi 和 Vim 简介

在 Linux 的世界中，绝大部分的配置文件都以 ASCII 的纯文本形态存在，因此利用简单的文字编辑软件就能够修改设定了。Vi 工具是文本编辑器，几乎所有的 UNIX Like 系统都内置了 Vi 工具，Linux 中的指令都默认使用 Vi 作为数据编辑的接口，因此非常有必要掌握 Vi 工具的使用方法。

Vim 是类似于 Vi 的、功能强大且可以高度定制的文件编辑工具,它在 Vi 的基础上改进并增加了很多特性,例如支持正规表示法的搜索架构、多文本编辑、区块复制等。Vim 的设计理念是整个文本编辑器都用键盘操作,而不需要使用鼠标。键盘上的几乎每一个按键都有固定的用法,用户可以在普通模式下完成大部分的编辑工作。

2. Vim 的使用

Vi/Vim 基本上分为 3 种模式,分别是命令模式(command mode)、输入模式(insert mode)和底行模式(last line mode),这三种模式的作用分别如下。

(1) 命令模式。用户刚刚启动 Vi/Vim 便进入了命令模式。此状态下敲击键盘动作会被 Vim 识别为命令,而非输入字符。例如此时按下 I 键,并不会输入一个字符,i 被当作了一个命令。用户可以输入命令以控制屏幕光标的移动、文本的删除或者某区域的复制等,也可以进入底行模式或者输入模式。

(2) 输入模式。在命令模式下输入 i 命令就可以进入输入模式,按 Esc 键可以退出输入模式到命令模式。要在文本中输入字符,必须处在输入模式下。

(3) 底行模式。在命令模式下按":"键就会进入底行模式。在底行模式下可以输入单个或者多个字符的命令。例如,输入 q 表示退出程序、输入:wq 表示保存修改并退出程序。

在 Linux 终端输入 Vim 可以打开 Vim 编辑器,自动载入所要编辑的文件,例如"vim memory.c"表示打开 Vim 编辑器时自动打开 memory.c 文件。

要退出 Vim 编辑器,可以在底行模式下输入":q",这时会不保存文件并离开,输入":wq"表示存档并离开。

从命令模式和底行模式转为输入模式是最常见的操作,因此使用频率最高的一个命令就是"i",它表示从光标所在位置开始插入字符。另一个使用频率比较高的命令是"o",它表示在光标所在行新增一行,并进入输入模式。常见的插入命令如表 4-6 所示。

表 4-6 常见的插入命令

功 能	命 令	描 述	使用频率
插入字符	i	进入插入模式,并从光标所在处输入字符	常用
	I	进入插入模式,并从光标所在行的第一个非空格符处开始输入	不常用
	a	进入插入模式,并在光标所在的下一个字符处开始输入	不常用
	A	进入插入模式,并从光标所在行的最后一个字符处开始输入	不常用
插入一行	o	进入插入模式,并从光标所在行的下一行新增一行	常用
	O	进入插入模式,并从光标所在行的上一行新增一行	不常用

在输入上述插入命令之后,在 Vim 编辑器的左下角会出现 INSERT 的字样,表示已经进入插入模式。

Vim 编辑器已放弃使用键盘上的方向键,而是使用 h、j、k、l 命令实现左、下、上、右方向键的功能，这样就不用频繁地在方向键和字母键之间来回移动，从而节省时间。常见的光标移动命令如表 4-7 所示，常见的删除、复制和粘贴命令如表 4-8 所示，常见的查找和替换命令如表 4-9 所示，常见的存储和离开命令如表 4-10 所示。

表 4-7 常见的光标移动命令

命令	描述
w	正向移动到下一个单词的开头
b	反向移动到下一个单词的开头
f{char}	正向移动到下一个{char}字符所在之处
Ctrl+f	屏幕向下移动一页，相当于 Page Down 键
Ctrl+b	屏幕向上移动一页，相当于 Page Up 键
Ctrl+d	屏幕向下移动半页
Ctrl+u	屏幕向上移动半页
+	光标移动到非空格符的下一行
-	光标移动到非空格符的上一行
0	移动到光标所在行的最前面的字符
$	移动到光标所在行的最后面的字符
H	移动到屏幕最上方那一行的第一个字符
L	移动到屏幕最下方那一行的第一个字符
G	移动到文件的最后一行
nG	n 为数字，表示移动到文件的第 n 行
gg	移动文件的第一行
nEnter	n 为数字，光标向下移动 n 行

表 4-8 常见的删除、复制和粘贴命令

命令	描述
x	删除光标所在的字符(相当于 Del 键)
X	删除光标所在的前一个字符(相当于 Backspace 键)
dd	删除光标所在的行
ndd	删除光标所在行的向下 n 行
yy	复制光标所在的那一行
nyy	n 为数字，复制光标所在的向下 n 行
P	把已经复制的数据粘贴到光标的下一行
u	撤销前一个命令

表 4-9 常见的查找和替换命令

命 令	描 述
/word	向光标之上寻找 word 字符串
? word	向光标之下寻找 word 字符串
:{作用范围}s/{目标}/{替换}/{替换}	例如：%s/figo/ben/g 会在全局范围(%)查找 figo 并替换为 ben,所有出现的地方都会被替换(g)

表 4-10 常见的存储和离开命令

命 令	描 述
:q	退出 Vim
:q!	强制退出 Vim,修改过的文件不会被保存
:w	保存修改过的文件
:w!	强制保存修改过的文件
:wq	保存文件后退出 Vim
:wq!	强制保存文件后退出 Vim

4.4.2 shell

1. shell 简介

shell 是用 C 语言编写的应用程序,它是用户使用 Linux 的桥梁。shell 既是一种命令语言,又是一种程序设计语言,用 shell 编写的脚本程序称为 shell 脚本。

【例 4-59】 用 date 命令显示当前日期和时间。

```
$date
Thu Jun 25 08:30:19 MST 2009
```

在 UNIX 系统下有两种主要类型的 shell。

- Bourne shell：如果使用的是 Bourne 类型的 shell,则默认提示符为 $ 。
- C shell：如果使用的是 C 型的 shell,则默认提示符为%。

各种 Bourne shell 的子类别列示如下。

- Bourne shell (sh)
- Korn shell (ksh)
- Bourne Again shell (bash)
- POSIX shell (sh)

不同的 C 型 shell 如下。

- C shell (csh)
- TENEX/TOPS C shell (tcsh)

2. shell 变量

shell 变量是一个字符串,可以分配一个值。分配的值可以是一个数字、文本、文件名、设备或任何其他类型的数据。变量是没有超过实际数据的指针。shell 可以创建、分配和删除变量。

1) 变量名

变量的名称可以包含字母(a～z 或者 A～Z)、数字(0～9)或者下画线。下面是有效变量名的例子:

```
ALI
TOKEN_A
VAR_1 VAR_2
VAR_1 VAR_2
```

以下是无效变量名的例子:

```
2 ALI
-VARIABLE
VAR1-VAR2
VAR_A!
```

📖不能使用其他字符,如!、* 或 - ,这些字符有特殊含义。

2) 定义变量

变量定义如下:

```
variable_name=variable_value
```

【例 4-60】 定义变量名和分配值 Zara Ali。

```
NAME="Zara Ali"
```

上面的例子中,定义了变量名和分配值 Zara Ali。这种类型的变量称为标量变量,标量变量的值不能被修改。

shell 可以存储任何一个变量的值。例如:

```
AR1="Zara Ali"
VAR2=100
```

3) 访问值

使用一个定义过的变量,只要在变量名前面加 $ 即可。

【例 4-61】 下面的脚本将访问 NAME 变量,并将它打印在标准输出:

```
#!/bin/sh
NAME="Zara Ali"
echo $NAME
```

这将产生以下值:

```
Zara Ali
```

4）只读变量

shell 中使用 readonly 命令可以将变量定义为只读变量，只读变量的值不能被改变。

【例 4-62】 下面的脚本试图改变 NAME 的值，将产生错误。

```
#!/bin/sh
NAME="Zara Ali"
readonly NAME
NAME="Qadiri"
Zara Ali
```

结果如下：

```
/bin/sh: NAME: This variable is read only.
```

5）取消设置变量

注销或删除变量，一旦取消设置变量，用户就不可以访问存储的变量值了。以下是使用 unset 命令定义一个变量的语法：

```
unset variable_name
```

上面的命令将取消设置定义的变量值。

【例 4-63】 下面是一个取消设置变量的简单例子。

```
#!/bin/sh

NAME="Zara Ali"
unset NAME
echo $NAME
```

上面的例子不会打印出任何内容。unset 命令不能删除只读变量。

6）变量类型

当一个 shell 运行时，存在 3 种主要类型的变量。

- 局部变量：局部变量在脚本或命令中定义，仅在当前 shell 实例中有效，其他 shell 启动的程序不能访问局部变量。
- 环境变量：所有的程序，包括 shell 启动的程序，都能访问环境变量，有些程序需要环境变量保证其正常运行。必要的时候，shell 脚本也可以定义环境变量。
- shell 变量：shell 变量是由 shell 程序设置的特殊变量。shell 变量中有一部分是环境变量，另一部分是局部变量，这些变量可以保证 shell 的正常运行。

7）命令行参数

执行 shell 脚本时，可以向脚本传递参数，脚本内获得参数的格式为 $n。n 代表一个数，1 代表执行脚本的第 1 个参数，2 代表执行脚本的第 2 个参数，以此类推。

【例 4-64】 使用命令行相关的各种特殊变量。

```
#!/bin/sh
echo "File Name: $0"
echo "First Parameter : $1"
echo "First Parameter : $2"
echo "Quoted Values: $@ "
echo "Quoted Values: $*"
echo "Total Number of Parameters : $#"
```

运行上面的脚本，将产生如下结果。

```
$./test.sh Zara Ali
File Name : ./test.sh
First Parameter : Zara
Second Parameter : Ali
Quoted Values: Zara Ali
Quoted Values: Zara Ali
Total Number of Parameters : 2
```

8）特殊参数“$ *”和“$@”

“$ *”通过一个单字符串显示所有向脚本传递的参数。如"$ *"用“"”引起来的情况，它以"$1 $2 … $n"的形式输出所有参数。“$@”与“$ *”相同，但是使用时要加引号，并在引号中返回每个参数。

【例 4-65】 编写脚本以处理数目不详的参数。

```
#!/bin/sh
for TOKEN in $*
do
echo $TOKEN
done
```

运行上面的脚本，结果如下。

```
$./test.sh Zara Ali 10 Years Old
Zara
Ali
10
Years
Old
for TOKEN in $*
do
echo $TOKEN
done
```

9）退出状态

“$?”变量表示前一个命令的退出状态。0表示没有错误，其他任何值均表示有错误。

【例 4-66】 获取脚本执行的退出状态。

```
$./test.sh Zara Ali
File Name : ./test.sh
First Parameter : Zara
Second Parameter : Ali
Quoted Values: Zara Ali
Quoted Values: Zara Ali
Total Number of Parameters : 2
$echo $?
0
$
```

3. shell 运算符

shell 支持各种不同的运算符。本书默认使用 Bourne shell。

以下运算符将会被讨论：

- 算术运算符；
- 关系运算符；
- 布尔运算符；
- 字符串运算符；
- 文件测试操作。

【例 4-67】 编写 shell 脚本，实现两个数的相加。

```
#!/bin/sh
'val='expr 2 + 2'
echo "Total value : $val"
```

运行结果如下。

```
Total value : 4
```

- 运算符和表达式之间必须有空格，例如“2+2”是不正确的，应该写成“2 + 2”。
- “”称为倒逗号，其间应包含完整的表达。

1) 算术运算符

表 4-11 列出了 Bourne shell 支持的算术运算符。

表 4-11 算术运算符

运算符	描　述	示　例
+	将运算符两边的值相加	执行 $a + $b 会得到 30
−	运算符左边操作数减去右边操作数	执行 $a − $b 会得到 −10
*	将运算符两边的值相乘	执行 $a * $b 会得到 200
/	运算符左边操作数除以右边操作数	执行 $b / $a 会得到 2
%	左边操作数除以右边操作数并返回余数	执行 $b % $a 会得到 0
=	将右操作数赋值给左操作数	a= $b 将会把 b 的值赋给 a

续表

运算符	描　　述	示　　例
==	比较两个数字，如果它们相等，则返回 true	[$a == $b]会返回 true
!=	比较两个数字，如果它们不相等，则返回 true	[$a != $b]会返回 true

【例 4-68】 编写脚本计算 a+b 的结果，假设变量 a=10，变量 b=20。

```
#!/bin/sh
a=10
b=20
val=`expr $a +$b`
echo "a +b : $val"
```

运行结果如下。

```
a +b : 30
```

2）关系运算符

Bourne shell 支持关系运算符运算。关系运算符只支持数字，不支持字符串，除非字符串的数值是数字。表 4-12 列出了常用的关系运算符。

表 4-12　关系运算符

运算符	描　　述	例　　子
-eq	检查两个操作数的值是否相等，如果相等，则条件为 true	[$a -eq $b]返回 false
-ne	检查两个操作数的值是否相等，如果不相等，则条件为 true	[$a -ne $b]返回 true
-gt	检查左操作数的值是否大于右操作数的值，如果大于，则条件为 true	[$a -gt $b]返回 false
-lt	检查左操作数的值是否小于右操作数的值，如果小于，则条件为 true	[$a -lt $b]返回 true
-ge	检查左操作数的值是否大于或等于右操作数的值，如果大于或等于，则条件为 true	[$a -ge $b]返回 false
-le	检查左操作数的值是否小于或等于右操作数的值，如果小于，则条件为 true	[$a -le $b]返回 true

【例 4-69】 编写脚本，利用关系运算符计算 a 和 b 是否相等，假设变量 a=10，变量 b=20。

```
#!/bin/sh
a=10
b=20
if [ $a -eq $b ]
then
    echo "$a -eq $b : a is equal to b"
else
    echo "$a -eq $b: a is not equal to b"
fi
```

运行结果如下。

```
10 -eq 20: a is not equal to b
```

这里需要注意,所有的条件式将放在方括号内,它们周围有一个空格,这是非常重要的,例如[$a <= $b]是正确的,[$a <= $b]是不正确的。

3) 布尔运算符

表 4-13 列举了 Bourne shell 支持的布尔运算符。

表 4-13 布尔运算符

运算符	描 述	例 子
!	这是逻辑否定。这会将 true 条件转换为 false 条件,反之亦然	[! false]返回 true
-o	这是逻辑或。如果有一个操作数为 true,则条件为 true	[$a -lt 20 -o $b -gt 100] 返回 true
-a	这是逻辑和。如果两个操作数都为 true,则条件为 true,否则为 false	[$a -lt 20 -a $b -gt 100] 返回 false

【例 4-70】 编写脚本,利用布尔运算符计算 a 和 b 是否相等,假设变量 a=10,变量 b=20。

```
#!/bin/sh
a=10
b=20
if[ $a !=$b ]
then
   echo "$a !=$b : a is not equal to b"
else
   echo "$a !=$b: a is equal to b"
fi
```

运行结果如下。

```
10 !=20 : a is not equal to b
```

4) 字符串运算符

表 4-14 列举了 Bourne shell 支持的字符串运算符。

表 4-14 字符串运算符

运算符	描 述	例 子
=	检查两个操作数的值是否相等,如果相等,则条件为 true	[$a = $b]返回 false
!=	检查两个操作数的值是否相等,如果不相等,则条件为 true	[$a != $b]返回 true
-z	检查给定的字符串操作数大小是否为 0。如果长度为 0,则返回 true	[-z $a]返回 false
-n	检查给定的字符串操作数大小是否非 0。如果长度非 0,则返回 true	[-z $a]返回 true
str	检查 str 是否不是空字符串。如果为空,则返回 false	[$a] 返回 true

【例 4-71】 编写 shell 脚本,判断两个字符串变量是否相等,假设变量 a="abc",b="efg"。

```
#!/bin/sh
a="abc"
b="efg"
if [ $a =$b ]
then
    echo "$a =$b : a is equal to b"
else
    echo "$a =$b: a is not equal to b"
fi
```

运行结果如下。

```
abc =efg: a is not equal to b
```

5) 文件测试操作

表 4-15 列出了 Bourne shell 支持的 UNIX 文件测试运算符。

表 4-15 UNIX 文件测试运算符

运算符	描 述	例 子
-b file	检查 file 是否为块特殊文件,如果是,则条件为真	[-b $file]返回 false
-c file	检查文件是否是一个字符特殊文件,如果是,则条件为真	[-b $file]返回 false
-d file	检查文件是否是目录,如果是,则条件为真	[-d $file]返回 false
-f file	检查文件是否是普通文件,而不是目录或特殊文件。如果是,则条件为真	[-f $file]返回 true
-g file	检查文件是否设置了 ID (SGID)位,如果是,则条件为真	[-g $file]返回 false
-k file	检查文件是否设置了粘着位,如果是,则条件为真	[-k $file] is false
-p file	检查文件是否为命名管道。如果是,则条件为真	[-p $file] is false
-t file	检查文件描述符是否打开并与终端关联。如果是,则条件为真	[-t $file] is false
-u file	检查文件是否设置了用户 ID (SUID)位,如果设置了,则条件为真	[-u $file] is false
-r file	检查文件是否可读,如果是,则条件为真	[-r $file]返回 true
-w file	检查文件是否可写,如果是,则条件为真	[-w $file]返回 true
-x file	检查文件是否执行,如果是,则条件为真	[-x$file] 返回 true
-s file	检查文件大小是否大于 0,如果大于 0,则条件为真	[-s $file]返回 true
-e file	检查文件是否存在。为 true 时,即使文件是一个目录也存在	[-e $file]返回 true

【例 4-72】 假设一个变量文件保存现有文件名 test.sh,其大小为 100 字节,有读、写和执行权限,编写脚本,判断该文件是否有读权限。

```
#!/bin/sh
```

```
file="/var/www/yiibai/unix/test.sh"
if [ -r $file ]
then
echo "File has read access"
else
echo "File does not have read access"
fi
```

运行结果如下。

```
File has read access
```

4. shell 条件语句

在编写 shell 脚本时，如果用户需要进行条件判断，则需要利用条件语句让程序做出正确的决策和执行正确的动作。

shell 支持条件语句，从而根据不同的条件执行不同的操作。下面将解释以下两个决策语句：

- if...else 语句；
- case...esac 条件语句。

1）if...else 语句

if...else 语句是常用的决策语句，可以用来从一个给定的选项中选择一个选项。shell 支持以下形式的 if...else 语句：

- if...fi 语句；
- if...else...fi 语句；
- if...elif...else...fi 语句。

【例 4-73】 下面是一个使用 if...fi 语句的例子。

```
#!/bin/sh
a=10
b=20
if [ $a == $b ]
then
    echo "a is equal to b"
fi
if [ $a != $b ]
then
    echo "a is not equal to b"
fi
```

运行结果如下。

```
a is not equal to b
```

【例 4-74】 下面是一个使用 if...else...fi 语句的例子。

```
#!/bin/sh
a=10
```

```
b=20
if [ $a ==$b ]
then
    echo "a is equal to b"
else
    echo "a is not equal to b"
fi
```

运行结果如下。

```
a is not equal to b。
```

【例 4-75】 下面是一个使用 if...elif...else...fi 语句的例子。

```
#!/bin/sh
a=10
b=20
if [ $a ==$b ]
then
    echo "a is equal to b"
elif [ $a -gt $b ]
then
    echo "a is greater than b"
elif [ $a -lt $b ]
then
    echo "a is less than b"
else
    echo "None of the condition met"
fi
```

运行结果如下。

```
a is less than b
```

2）case...esac 语句

if...elif 语句可以使用多个 elif 语句执行多分支。然而，这并不总是最佳的解决方案，尤其是当所有的分支依赖于一个单一的变量的值时。

shell 支持 case...esac 语句处理这个情况，它这样做比 if...elif 语句更有效。

【例 4-76】 下面的代码使用 case...esac 语句显示只有一种形式的情况。

```
#!/bin/sh
FRUIT="kiwi"
case "$FRUIT" in
    "apple") echo "Apple pie is quite tasty."
    ;;
    "banana") echo "I like banana nut bread."
    ;;
    "kiwi") echo "New Zealand is famous for kiwi."
    ;;
esac
```

运行结果如下。

```
New Zealand is famous for kiwi.
```

UNIX shell 的 case...esac 语句比较像其他编程语言中的 switch...case 语句，如 C 或 C++ 和 Perl 等。

5. shell 循环语句

循环是一个强大的编程工具，能够重复执行一组命令。

1）while 循环

【例 4-77】 以下代码显示了 while 语句的使用。

```
#!/bin/sh
a=0
while [ $a -lt 4 ]
do
    echo $a
    a=`expr $a +1`
done
```

2）for 循环

【例 4-78】 以下代码显示了 for 语句的使用。

```
#!/bin/sh
for var in 0 1 2 3
do
    echo $var
done
```

3）until 循环

【例 4-79】 以下代码显示了 until 语句的使用。

```
#!/bin/sh
a=0
until [ ! $a -lt 4 ]
do
    echo $a
    a=`expr $a +1`
done
```

4）select 循环

【例 4-80】 以下代码显示了 select 语句的使用。

```
#!/bin/ksh
select DRINK in tea cofee water juice appe all none
do
    case $DRINK in
        tea|cofee|water|all)
            echo "Go to canteen"
            ;;
        juice|appe)
```

```
            echo "Available at home"
        ;;
        none)
            break
        ;;
        *) echo "ERROR: Invalid selection"
        ;;
    esac
done
```

select 循环的菜单看起来像下面这样：

```
$./test.sh
1) tea
2) cofee
3) water
4) juice
5) appe
6) all
7) none
#? juice
Available at home
#? none
$
```

可以根据不同情况使用不同的循环，例如用 while 循环执行命令，直到给定的条件下是 true，循环会一直执行到给定的条件为 false。

5）嵌套循环

shell 支持嵌套循环，这意味着可以在一个循环内嵌套其他类似或不同的循环。

【例 4-81】 添加另一个倒计时循环内的循环，直到数到 9。

```
#!/bin/sh
a=0
while [ "$a" -lt 10 ] #this is loop1
do
    b="$a"
    while [ "$b" -ge 0 ] #this is loop2
    do
        echo -n "$b "
        b=`expr $b -1`
    done
    echo
    a=`expr $a +1`
done
```

运行结果如下。要注意 echo -n 是如何工作的。这里使用了 echo 的-n 选项，可以避免打印一个新行字符。

```
0
1 0
2 1 0
```

```
3 2 1 0
4 3 2 1 0
5 4 3 2 1 0
6 5 4 3 2 1 0
7 6 5 4 3 2 1 0
8 7 6 5 4 3 2 1 0
9 8 7 6 5 4 3 2 1 0
```

6. shell 输入输出重定向

大多数 UNIX 系统命令从用户的终端接收输入，并将产生的输出发送回用户的终端。一个命令通常从一个叫作标准输入的地方读取输入，默认情况下为用户的终端。同样一个命令，通常将其输出写入标准输出，默认情况下为用户的终端。

1）输出重定向

重定向一般通过在命令之间插入特定的符号实现，这些符号的语法如下所示。

```
command >file
```

上面的命令执行了 command，然后将输出的内容保存到 file。注意：任何 file 内的已经存在的内容都将被新内容替代。

检查 who 命令，命令完整地输出重定向在用户文件 users 中。

```
$who >users
```

若终端中没有出现输出，是因为输出已被重定向到默认的标准输出设备。如果想检查用户的文件，可以使用 cat 命令查看 users 中的内容。

```
$cat users
oko      tty01   Sep 12 07:30
ai       tty15   Sep 12 13:32
ruth     tty21   Sep 12 10:10
pat      tty24   Sep 12 13:07
steve    tty25   Sep 12 13:03
$
```

【例 4-82】 输出重定向到一个文件，该文件已经包含一些数据，这些数据将会丢失。

```
$echo line 1 >users
$cat users
line 1
$
```

【例 4-83】 使用“＞＞”运算符将输出附加到现有的文件中。

```
$echo line 2 >>users
$cat users
line 1
line 2
$
```

2）输入重定向

正如一个命令的输出可以被重定向到一个文件中，一个命令的输入也可以从文件中重定向。大于字符“>”用于输出重定向，小于字符“<”用于输入重定向。例如，上述文件中用户数量计算的行，也可以通过如下命令实现。

```
$wc -l users
2 users
$
```

也可以将输入重定向到 users 文件。

```
$wc -l <users
2
$
```

两种形式的 wc 命令产生的输出是有区别的。在第一种情况下，wc 从文件读取输入，显示文件名；在第二种情况下，只知道它从标准输入读取输入，不显示文件名。

3）here 文档

here 文档用来输入重定向到一个交互式 shell 脚本或程序。在一个 shell 脚本中，可以运行一个交互式程序，无须用户操作，可以通过提供互动程序或交互式 shell 脚本所需的输入实现。here 文件的一般形式是

```
command <<delimiter
document
delimiter
```

它的作用是将两个 delimiter 之间的内容（document）作为输入传递给 command。结尾的 delimiter 一定要顶格写，前面不能有任何字符，后面也不能有任何字符，包括空格和缩进。一开始的 delimiter 前后的空格会被忽略。

【例 4-84】 以下是输入命令 wc －l 计算行的总数的示例。

```
$wc -l <<EOF
        This is a simple lookup program
        for good (and bad) restaurants
        in Cape Town.
EOF
3
$
```

可以在 here 文档中打印多行，代码如下。

```
#!/bin/sh
cat <<EOF
This is a simple lookup program
for good (and bad) restaurants
in Cape Town.
EOF
```

运行结果如下。

```
...o program
...taurants
```

...可以运行一个会话,在 VI 文本编辑器中输入和保存文件

```
...ommands
...tomatically from
```

...以下输出。

```
...t from a terminal
```

...添加到文件 test.txt 中。

```
...matically from
```

...将其显示在屏幕上。在这种情况下,可以丢弃输出重

这里的 command 是要执行的命令的名字。文件/dev/null 是一个特殊的文件,它会自动放弃其所有的输入。

同时要放弃一个命令的输出和错误输出,使用标准的重定向实现从 STDOUT 到 STDERR 的重定向。

```
$command >/dev/null 2>&1
```

这里的 2 代表 STDERR,1 代表 STDOUT。实现一条消息从 STDOUT 到 STDERR 的重定向的标准输入如下。

```
$echo message 1>&2
```

5) 重定向命令

表 4-16 列出了常用的重定向命令。

表 4-16　重定向命令

命　令	描　述
pgm > file	pgm 的输出被重定向到 file
pgm < file	程序 pgm 从文件中读取输入
pgm >> file	pgm 的输出被追加到文件中
n > file	带有描述符 n 的流输出重定向到文件
n >> file	将描述符 n 附加到文件的流输出
n >& m	合并流 n 和流 m 的输出
n <& m	合并流 n 和流 m 的输入
<< tag	标准输入从这里开始，直到行首的下一个标签
|	从一个程序或进程获取输出，并将其发送给另一个程序或进程

需要注意的是，文件描述符 0 是正常标准输入(STDIN)，1 是标准输出(STDOUT)。

7. shell 函数

shell 函数类似于其他编程语言中的子程序、过程和函数。

1) 创建函数

声明一个函数，只需要使用以下语法。

```
[ function ] function_name [ () ]
{
    list of commands
    [ return int;]
}
```

可以带 function 定义，也可以直接 function_name ()定义而不带任何参数。参数返回可以显示加 return 返回；如果不加，则将以最后一条命令运行结果作为返回值。

【例 4-86】 以下是使用函数的例子。

```
#!/bin/sh
#Define your function here
Hello () {
    echo "Hello World"
}
#Invoke your function
Hello
```

运行结果如下。

```
$./test.sh
Hello World
$
```

2）参数传递给函数

在 shell 中调用函数时，可以向其传递参数。在函数内部，使用“$n”的形式获取传输的值。例如，$1 表示第一个参数，$2 表示第二个参数，以此类推。

【例 4-87】 传递两个参数 Zara 和 Ali，然后捕获和打印这些参数。

```
#!/bin/sh
#Define your function here
Hello () {
    echo "Hello World $1 $2"
}
#Invoke your function
Hello Zara Ali
```

运行结果如下。

```
$./test.sh
Hello World Zara Ali
```

3）函数的返回值

根据实际情况，可以使用返回命令从函数返回任何值，其语法如下。

```
return code
```

【例 4-88】 以下函数的返回值为 10。

```
#!/bin/sh
#Define your function here
Hello () {
    echo "Hello World $1 $2"
    return 10
}
#Invoke your function
Hello Zara Ali
#Capture value returnd by last command
ret=$?
echo "Return value is $ret"
```

运行结果如下。

```
$./test.sh
Hello World Zara Ali
Return value is 10
$
```

4）嵌套函数

函数的另一个功能是可以调用其自身和其他函数。

【例 4-89】 嵌套函数的例子。

```
#!/bin/sh
#Calling one function from another
number_one () {
    echo "This is the first function speaking..."
```

```
    number_two
}
number_two () {
    echo "This is now the second function speaking..."
}
#Calling function one.
number_one
```

运行结果如下。

```
This is the first function speaking...
This is now the second function speaking...
```

4.4.3 SSH

1. SSH 简介

SSH(Secure Shell,安全外壳)是一种网络安全协议,通过加密和认证机制实现安全的访问和文件传输等业务,主要用来实现字符界面的远程登录、远程复制等功能。SSH协议对通信双方的数据传输进行了加密处理,包括用户登录时输入的用户口令。因此,SSH 协议具有很好的安全性。

常见的 SSH 远程登录工具有 Xshell、SecureCRT、WinSCP、PuTTY、MobaXterm、FinalShell。

2. SSH 远程登录

本书以 MobaXterm 工具为例,介绍其安装和使用方法。

1) MobaXterm 官方网站下载

从 MobaXterm 官方网站(https://mobaxterm.mobatek.net/download-home-edition.html)下载 MobaXterm 安装包,MobaXterm 分为免安装版和安装版,推荐使用左边的免安装版,如图 4-8 所示。

2) 安装 MobaXterm

双击运行 MobaXterm_Personal_22.1.exe(双击打开)软件,软件打开后的主界面如图 4-9 所示。

3) 创建 SSH session 连接虚拟机

Remote host 必须设置为虚拟机 IP 地址,Specify username 必须设置为虚拟机目录下的用户名,否则 SSH 连接时会失败,如图 4-10 所示。

直接输入虚拟机密码登录,SSH 创建成功后,输入虚拟机密码,按 Enter 键,若提示输入安全密码,则重新输入虚拟机的登录密码即可,如图 4-11 所示。

4) SSH 登录和使用

勾选 Follow terminal folder 复选框即可保证两边的工作路径一致。

左侧星号是一个标签栏,所有创建过的 session 会话都会标记在这里,下次使用时直接双击打开即可,如图 4-12 所示。

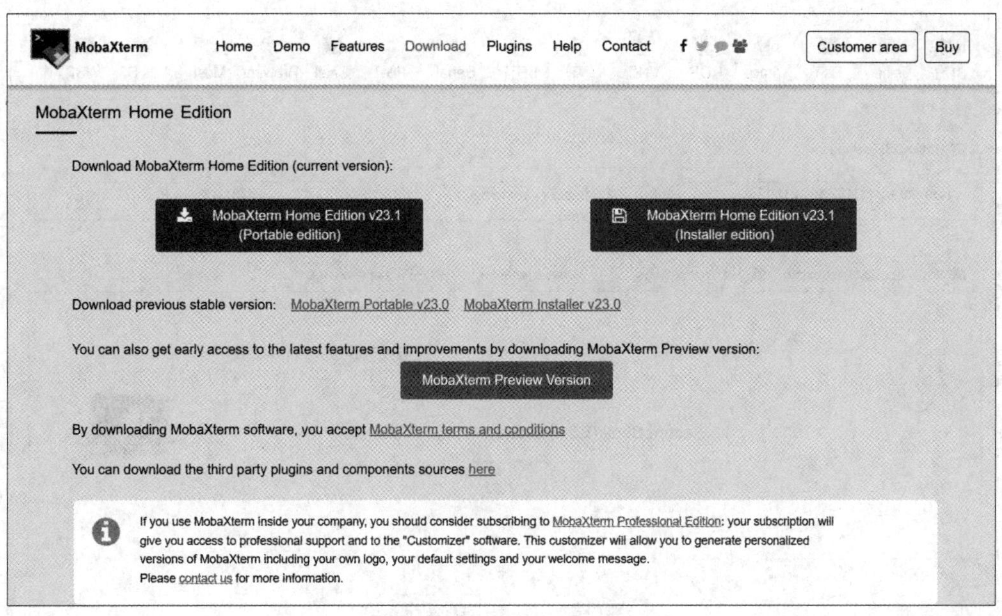

图 4-8 MobaXterm 官网

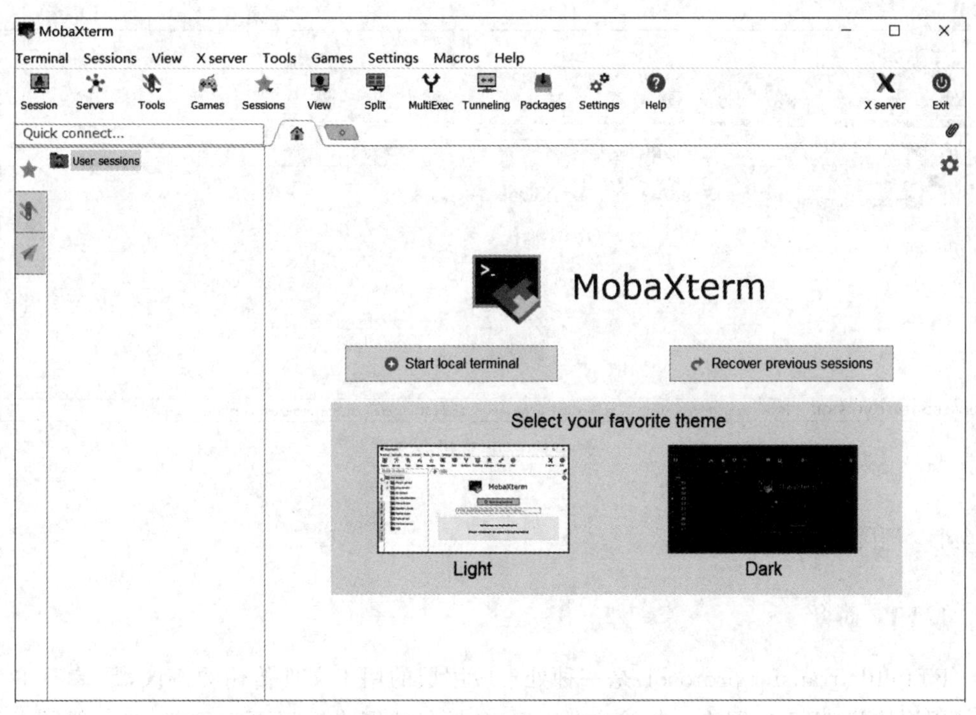

图 4-9 MobaXterm 主界面

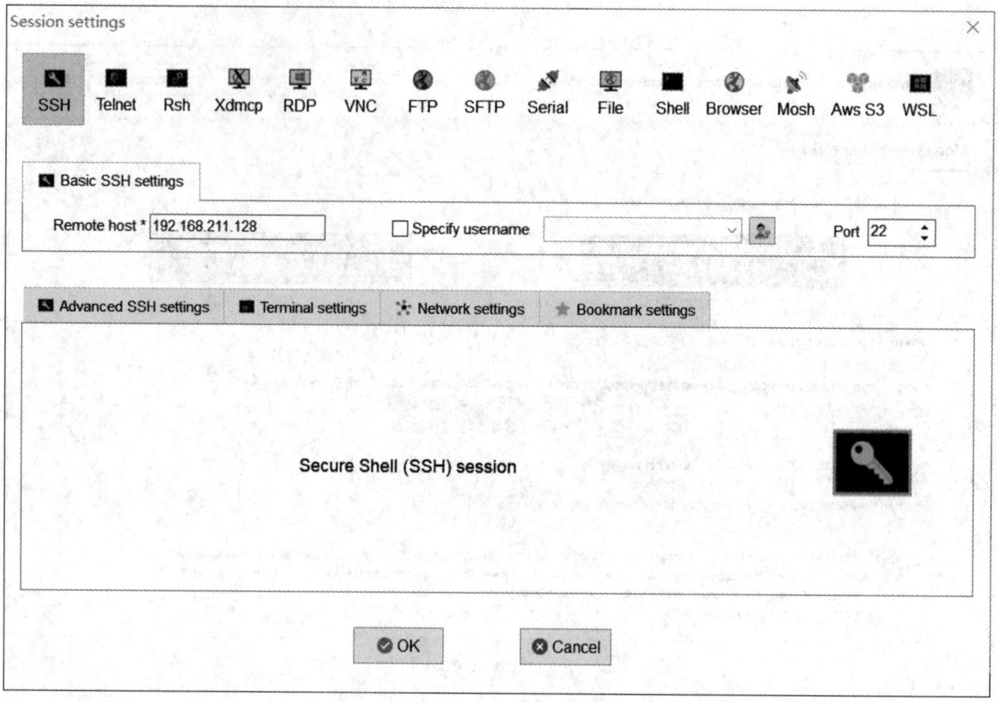

图 4-10 连接虚拟机

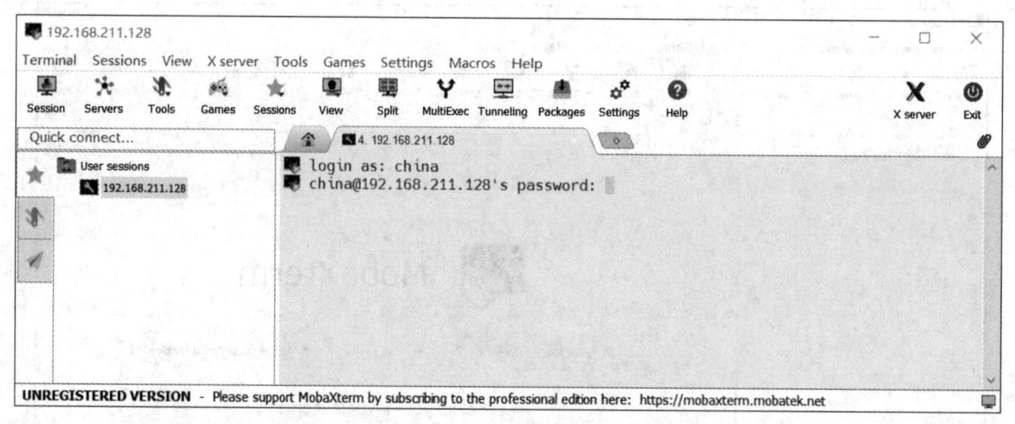

图 4-11 虚拟机登录

4.4.4 FTP

1. FTP 简介

FTP(file transfer protocol)是一种处于应用层的用于文件传输的协议,是基于 TCP 的应用层协议,用于在网络上传输文件。FTP 较其他网络协议更为复杂,与一般的 C/S 应用的不同在于:一般的 C/S 应用程序只会建立一个 socket 连接,这个连接同时处理服务器端和客户端的连接命令和数据传输;FTP 会将命令与数据分开传送,这种方法无疑

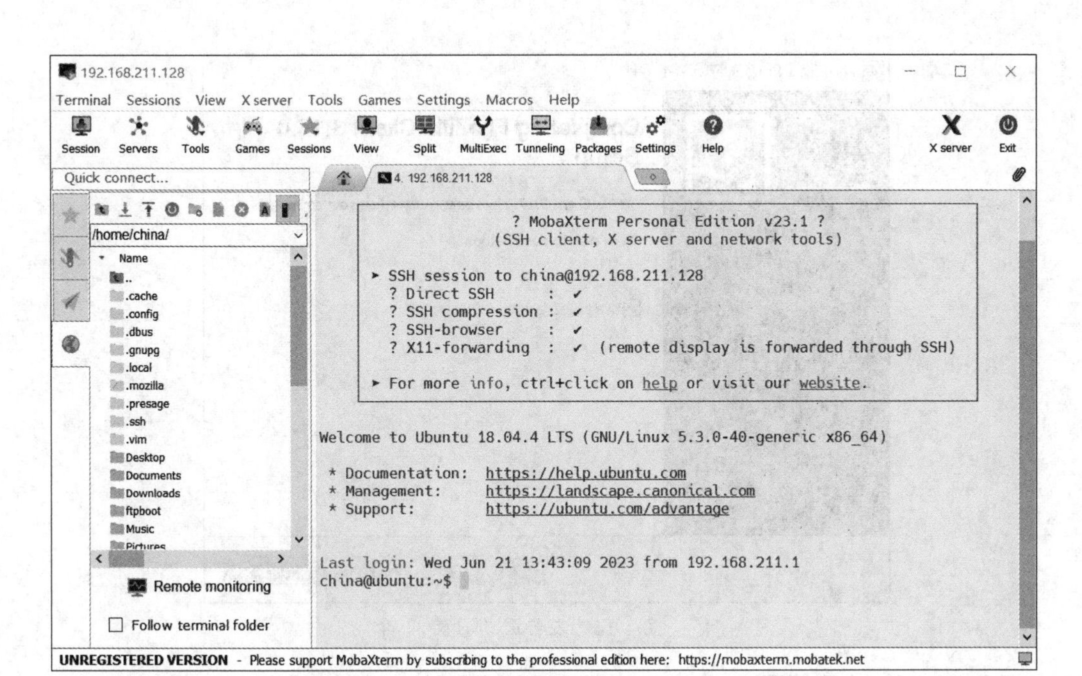

图 4-12 登录成功界面

提高了传输效率。

常见的 FTP 工具有 WinSCP、FileZilla、FlashFXP、TortoiseSVN、Yummy FTP。

下面以 FileZilla 工具为例介绍 FTP 的安装和使用。

2. FTP 工具安装和使用

1）下载和安装 FileZilla

从 FileZilla 官方网站(https://filezilla-project.org/index.php)下载 FileZilla 软件的安装包到本地。打开安装程序,按默认配置安装即可,如图 4-13 和图 4-14 所示。

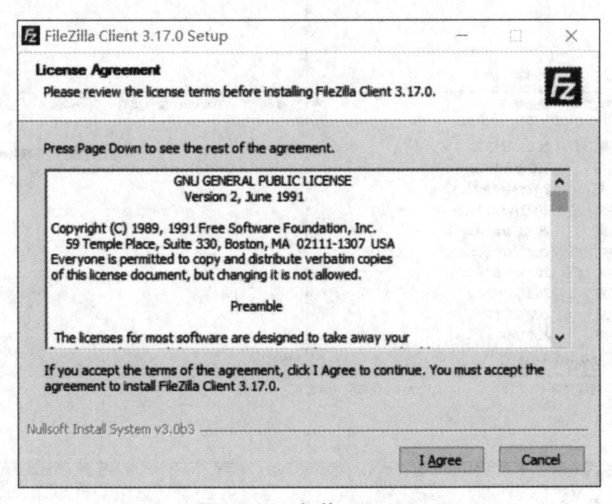

图 4-13 安装 FileZilla

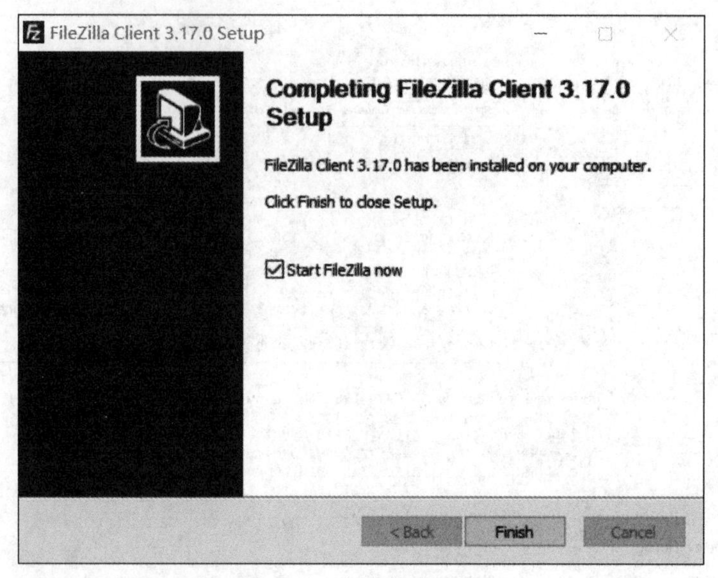

图 4-14　安装成功界面

2）FileZilla 快速使用

打开 FileZilla，软件打开后的主界面如图 4-15 所示。

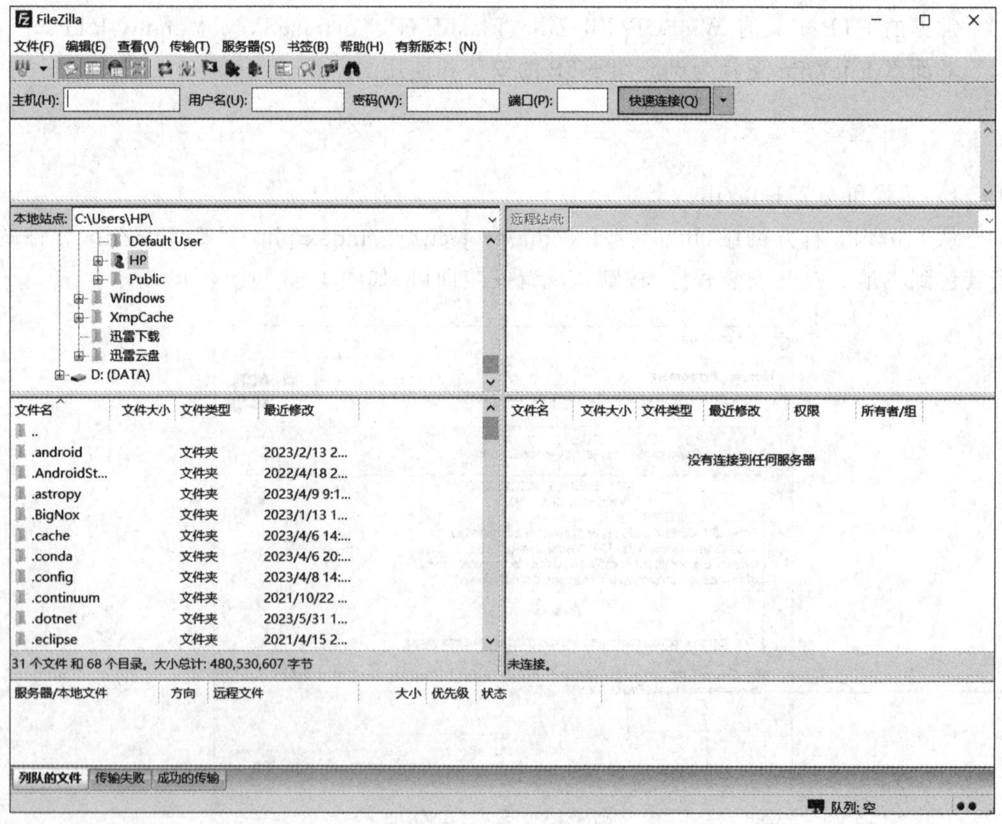

图 4-15　FileZilla 主界面

选择站点管理器,选择"文件"-"站点管理器"选项。在弹出的窗口中单击"新站点"按钮,输入相关信息。主机号为虚拟机的IP地址,在虚拟机终端输入ifconfig命令可以查看该地址;端口号默认为22;协议选择FTP;用户密码为虚拟机的用户密码,如图4-16所示。

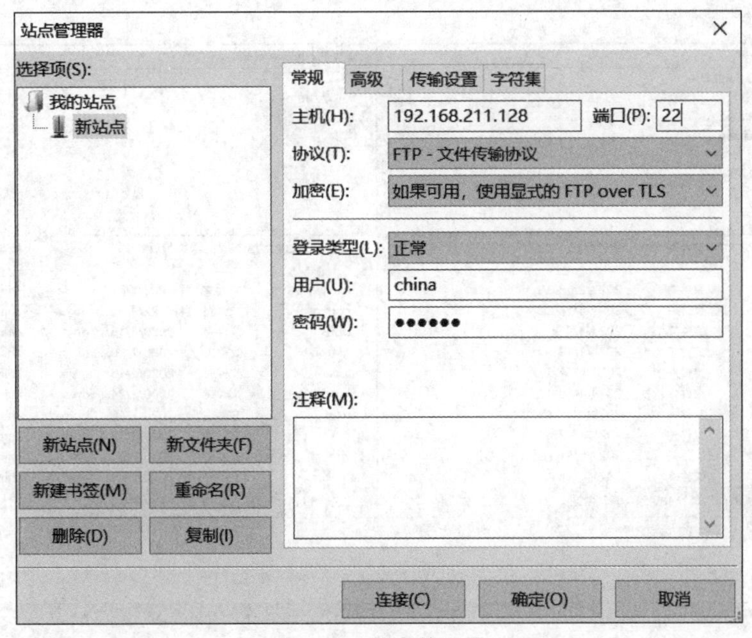

图4-16 站点管理器

如果连接成功,则将出现图4-17所示的界面,左上方显示"列出"/home/china"的目录成功"的字样。

用户可以通过拖曳鼠标在两个主机之间实现文件的快速传输。

4.4.5 git项目管理工具

1. 版本控制和git简介

许多人习惯用复制整个项目目录的方式保存不同的版本,或许还会加上备份时间以示区别。这么做的唯一好处就是简单,但是特别容易出错,如有时会混淆所在的工作目录,一不小心就会写错文件或者覆盖意想之外的文件。

为了解决这个问题,很久以前就开发出了多种本地版本控制系统,大多都是采用某种简单的数据库来记录文件的历次更新差异。其中最流行的一种叫作RCS,现今许多计算机系统上都还看得到它的身影。

接下来人们又遇到一个问题,那就是如何让不同系统上的开发者协同工作。于是,集中化的版本控制系统(centralized version control systems,CVCS)应运而生。这类系统,诸如CVS、Subversion(SVN)以及Perforce等,都有一个单一的、集中管理的服务器,保存着所有文件的修订版本,而协同工作的人们都通过客户端连接到这台服务器取出最

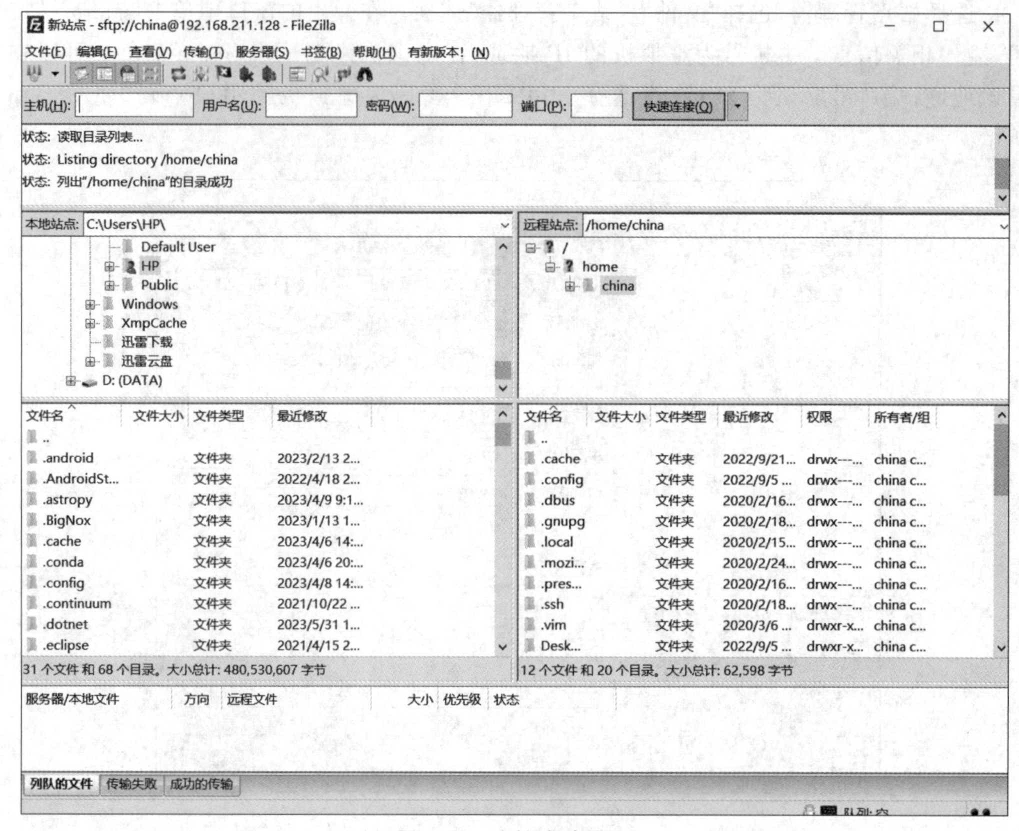

图 4-17 连接成功界面

新的文件或者提交更新。多年以来,这已成为版本控制系统的标准做法。这种做法带来了许多好处,特别是相较于老式的本地 VCS 来说。现在,每个人都可以在一定程度上看到项目中的其他人正在做些什么,管理员也可以轻松掌控每个开发者的权限,并且管理一个 CVCS 要远比在各个客户端上维护本地数据库轻松容易。但是,集中式化的版本控制系统也有不足,显而易见的是中央服务器的单点故障。

于是,分布式版本控制系统(distributed version control system,DVCS)面世了。在这类系统中,有 BitKeeper、Mercurial、Bazaar 以及 Darcs 等,客户端并不只提取最新版本的文件快照,而是把代码仓库完整地镜像下来。这么一来,任何一处协同工作用的服务器发生故障,事后都可以用任何一个镜像出来的本地仓库恢复,每一次的克隆操作实际上都是一次对代码仓库的完整备份。更进一步,许多这类系统都可以指定和若干不同的远端代码仓库进行交互。借此,可以在同一个项目中分别和不同工作小组的人相互协作,可以根据需要设定不同的协作流程,例如层次模型式的工作流,而这在以前的集中式系统中是无法实现的。

Git 是由 Linus Torvalds 设计完成的。早年,Linus Torvalds 选择使用商业版本的代码控制系统 BitKeeper 管理 Linux 内核代码。BitKeeper 是由 BitMover 公司开发的,授权 Linux 社区免费使用。2005 年,Linux 社区中有人试图破解 BitKeeper 协议的行为被 BitMover 公司发现,因此 BitMover 公司收回了 BitKeeper 的使用授权,于是 Linus

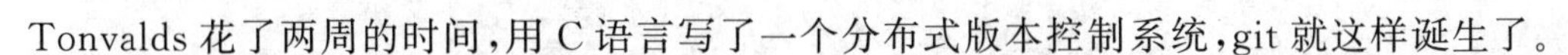

Tonvalds 花了两周的时间，用 C 语言写了一个分布式版本控制系统，git 就这样诞生了。

使用 git 进行开源工作的流程一般如下：

① 复制项目的 git 库到本地工作目录；

② 在本地工作目录中添加或修改文件；

③ 在提交修改之前检查补丁格式等；

④ 提交修改；

⑤ 生成补丁并发给评审，等待评审意见；

⑥ 评审发送修改意见，再次修改并提交；

⑦ 直到评审同意补丁且合并到主干分支。

2. git 安装和使用

下面介绍在 Linux 平台上安装 git 的方法。

在 Ubuntu Linux 中可以使用 apt-get 工具安装 git。

```
$sudo apt-get install git
```

在 Fedora Linux 中可以使用 yum 工具安装 git。

```
$sudo yum install git
```

安装完成后，查看当前安装的 git 的版本信息。

```
$git -version
git version 2.7.4
```

在使用 git 之前，需要配置用户信息，例如用户名和邮箱信息。

```
$git config --global user.name "xxx"
$git config --global user.email xxx@xxx.com
```

可以设置 git 默认使用的文本编辑器，一般使用 VI 或者 VIM。

```
$git config -global core.editor vim
```

查看已经配置的信息。

```
$git config -list
diff.astextplain.textconv=astextplain
filter.lfs.clean=git-lfs clean --%f
filter.lfs.smudge=git-lfs smudge --%f
filter.lfs.process=git-lfs filter-process
filter.lfs.required=true
http.sslbackend=openssl
core.autocrlf=true
core.fscache=true
core.symlinks=false
pull.rebase=false
credential.helper=manager-core
credential.https://dev.azure.com.usehttppath=true
```

```
init.defaultbranch=master
credential.https://gitee.com.provider=generic
```

下载git仓库。Git仓库中的所有文件都由git负责管理，文件的修改、删除都可以被git跟踪，并且可以追踪提交的历史和详细信息，还可以还原到历史的某个提交节点，以便做回归测试。

在使用仓库之前，首先创建仓库，创建仓库有多种方法，常见的方法有如下两种：

- 自己搭建一个git服务器，安装如gitLab的git版本管理系统；
- 使用第三方托管平台，如国内的https://gitee.com/和国外的http://github.com/。

为了节省时间，这里使用第三方托管平台进行讲解，以https://gitee.com/为例，大概需要通过以下几个步骤完成仓库的创建。

创建网站账号，进入https://gitee.com/网站进行注册，如图4-18所示。

图4-18 注册gitee网站账号

注册成功后，登录并进入用户界面，如图4-19所示，单击右下角的"+"符号即可创建仓库。

填入必要的信息，如图4-20所示，这样就可以创建一个新的仓库，但此时创建的是一个私有仓库，为了便于后面的操作，可以把仓库设置成开源，即对所有人可见。在仓库的面板上选择"管理"选项，在此界面底部选择"开源"选项并保存，如图4-21所示。

有两种取得git项目仓库的方法。第一种是从一个服务器克隆一个现有的git仓库；第二种是在现有项目或目录下导入所有文件到git中。下面以第一种方式为例进行介绍，首先获取仓库的地址，可以在仓库代码界面的"克隆/下载"选项处查看，如图4-22所示，图中显示了4种地址，分别是4种不同的协议地址，此处使用HTTPS的地址，此方式无须密钥即可复制。

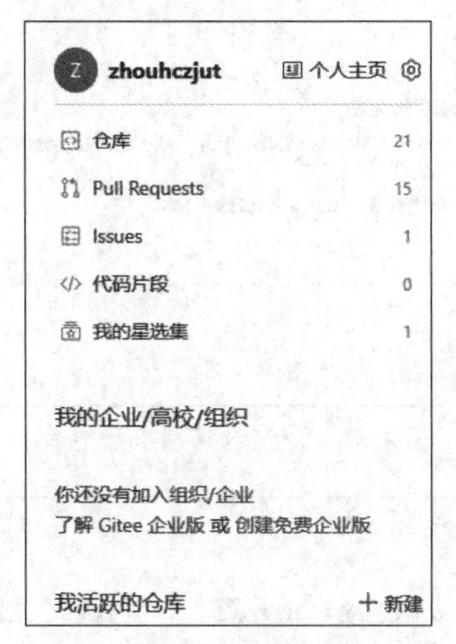

图 4-19 gitee 用户面板界面

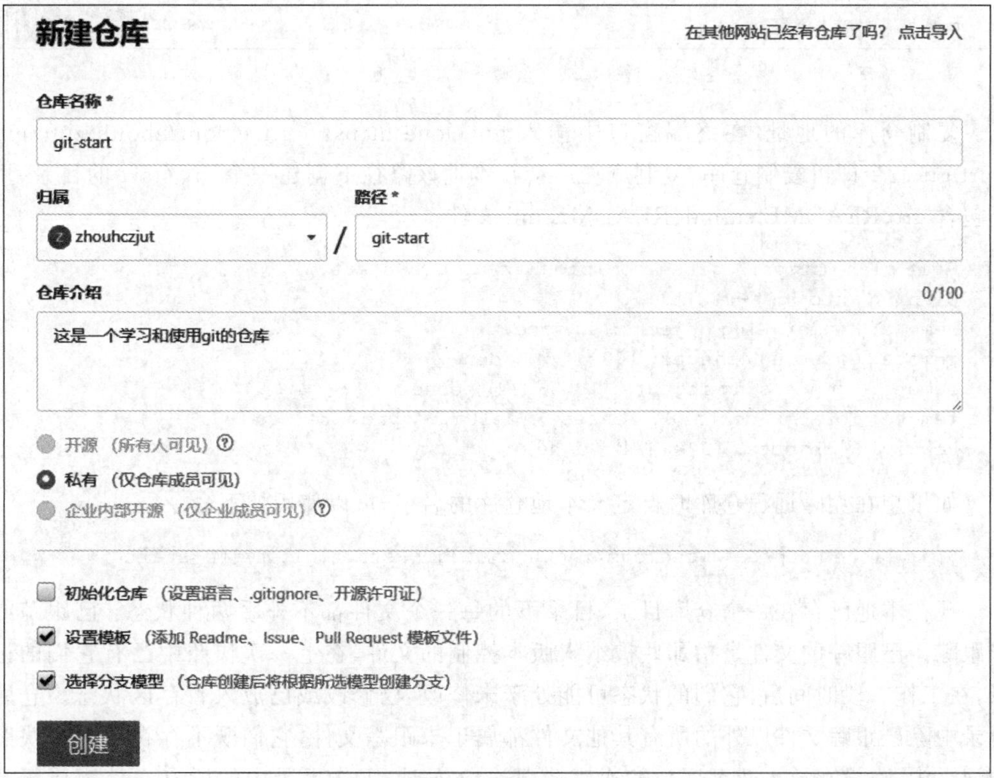

新建仓库　　在其他网站已经有仓库了吗？ 点击导入

仓库名称 *

git-start

归属　　路径 *

zhouhczjut / git-start

仓库介绍　　0/100

这是一个学习和使用git的仓库

开源（所有人可见）

私有（仅仓库成员可见）

企业内部开源（仅企业成员可见）

初始化仓库（设置语言、.gitignore、开源许可证）

设置模板（添加 Readme、Issue、Pull Request 模板文件）

选择分支模型（仓库创建后将根据所选模型创建分支）

创建

图 4-20 创建一个仓库

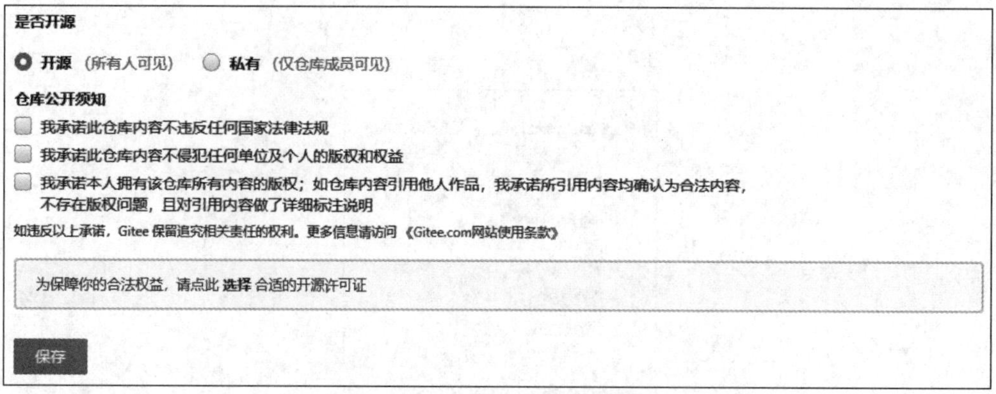

是否开源
开源（所有人可见）
私有（仅仓库成员可见）
仓库公开须知
我承诺此仓库内容不违反任何国家法律法规
我承诺此仓库内容不侵犯任何单位及个人的版权和权益
我承诺本人拥有该仓库所有内容的版权；如仓库内容引用他人作品，我承诺所引用内容均确认为合法内容，不存在版权问题，且对引用内容做了详细标注说明
如违反以上承诺，Gitee保留追究相关责任的权利。更多信息请访问《Gitee.com网站使用条款》
为保障你的合法权益，请点此 选择 合适的开源许可证
保存

图 4-21　配置仓库为开源仓库

zhouhczjut / git-start
代码
Issues 0
Pull Requests 0
Wiki
统计
你当前开源项目尚未选择许可证（LICENSE），点此选择并创建开源许可
master
分支 1
标签 0
HTTPS
SSH
SVN
SVN+SSH
https://gitee.com/zhouhczjut/git-start.
复制
下载ZIP
+ Pull Request
+ Issue
文件
Web IDE
克隆/下载

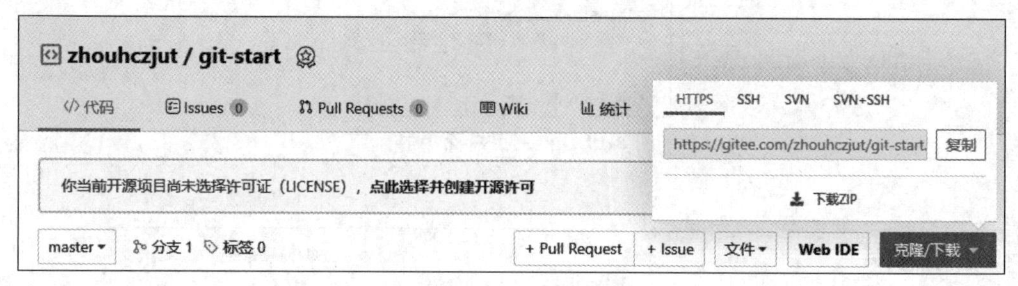

图 4-22　查看仓库的地址

复制仓库的地址，在终端窗口中输入 git clone https://gitee.com/zhouhczjut/git-start.git 命令即可复制仓库，复制成功后会在本地该路径下创建一个 git-start 的目录，里面包含 git、README.en.md、README.md 文件。

```
$git clone https://gitee.com/zhouhczjut/git-start.git
Cloning into 'git-start'...
remote: Enumerating objects: 4, done.
remote: Counting objects: 100% (4/4), done.
remote: Compressing objects: 100% (4/4), done.
remote: Total 4 (delta 0), reused 0 (delta 0), pack-reused 0
Receiving objects: 100% (4/4), done.
```

如果想在克隆远程仓库时自定义本地仓库的名字，可以使用如下命令：

```
$git clone https://gitee.com/zhouhczjut/git-start.git mygit-start
```

现在本地已存在一个仓库目录，目录下的每一个文件都不外乎两种状态：已跟踪或未跟踪。已跟踪的文件是指那些被纳入版本控制的文件，在上一次快照中已有它们的记录，在工作一段时间后，它们的状态可能处于未修改、已修改或已放入暂存区状态。仓库目录中除已跟踪文件以外的所有其他文件都属于未跟踪文件，它们既不存在于上次快照的记录中，也没有放入暂存区。初次克隆某个仓库时，工作目录中的所有文件都属于已跟踪文件，并处于未修改状态。

要查看哪些文件处于什么状态，可以使用 git status 命令。如果在克隆仓库后立即使用此命令，则会看到类似这样的输出：

```
$git status
On branch master
Your branch is up to date with 'origin/master'.
nothing to commit, working tree clean
```

这说明现在的工作目录相当干净。换句话说，所有已跟踪文件在上次提交后都未被更改过。此外，上面的信息还表明当前目录下没有出现任何处于未跟踪状态的新文件，否则git会在这里列出来。最后，该命令还显示了当前所在分支，并告诉用户这个分支同远程服务器上对应的分支没有偏离。现在，分支名是master，这是默认的分支名。

现在，在项目下创建一个新的mytext.txt文件。使用gitstatus命令将看到一个新的未跟踪文件。

```
$git status
On branch master
Your branch is up to date with 'origin/master'.
Untracked files:
  (use "git add <file>..." to include in what will be committed)
        mytest.txt
nothing added to commit but untracked files present (use "git add" to track)
```

在状态报告中可以看到新建的mytext.txt文件出现在Untracked files下面。未跟踪的文件意味着git在之前的快照(提交)中没有这些文件;git不会自动将之纳入跟踪范围，除非用户确认跟踪该文件，这样的处理让用户不必担心将生成的二进制文件或其他不想被跟踪的文件包含进来。

使用git add命令开始跟踪一个文件。要跟踪mytext.txt文件，可以运行以下命令：

```
$git add mytest.txt
```

此时再运行git status命令，会看到mytext.txt文件已被跟踪，并处于暂存状态。

```
$git status
On branch master
Your branch is up to date with 'origin/master'.
Changes to be committed:
  (use "git restore --staged <file>..." to unstage)
        new file: mytest.txt
```

只要在Changes to be committed这行下面，就说明是已暂存状态。如果此时提交，那么该文件此时此刻的版本将被留存在历史记录中。

下面修改一个已被跟踪的文件。假设修改了一个名为README.md的已被跟踪的文件，打开文件README.md并编辑其中的内容，在文件的末行加入内容“这是暂存已修改文件示例”，然后运行git status命令，会看到下面的内容：

```
$git status
On branch master
Your branch is up to date with 'origin/master'.
Changes to be committed:
  (use "git restore --staged <file>..." to unstage)
        new file: mytest.txt
```

```
Changes not staged for commit:
  (use "git add <file>..." to update what will be committed)
  (use "git restore <file>..." to discard changes in working directory)
        modified: README.md
```

文件 README.md 出现在 Changes not staged for commit 这行下面，说明已跟踪文件的内容发生了变化，但还没有放到暂存区。要暂存这次更新，需要运行 git add 命令。现在运行 git add 命令将 README.md 放到暂存区，然后看看 git status 的输出。

```
$git add README.md
$git status
On branch master
Your branch is up to date with 'origin/master'.
Changes to be committed:
  (use "git restore --staged <file>..." to unstage)
        modified: README.md
        new file: mytest.txt
```

现在两个文件都已暂存，下次提交时就会一并记录到仓库。

在提交之前，需要确认还有什么修改过或新建的文件还没有 git add 过，否则提交时不会记录这些还没有暂存的变化。这些修改过的文件只保留在本地磁盘。所以，每次准备提交前，先用 git status 命令看一下是不是都已暂存起来了，如果没有暂存起来，则要先使用 git add 命令将所有文件暂存起来，然后运行提交命令 git commit。

```
$git commit -m "this is my commit info note"
[master b07dc70] this is my commit info note
 2 files changed, 1 insertion(+)
 create mode 100644 mytest.txt
```

在 commit 命令后添加-m 选项，将提交信息与命令放在同一行。现在已经创建了第一个提交。可以看到，提交后它会告诉用户当前是在哪个分支(master)提交的，本次提交的完整 SHA-1 校验和是什么(b07dc70)，以及在本次提交中有多少文件被修订过，多少行被添加和删改过。

提交了若干更新或者克隆了某个项目之后，当需要回顾提交历史时，最简单、有效的是使用 git log 命令。

```
$git log
commit b07dc70f18eee16a722711f58638023a4c7b19b9 (HEAD ->master)
Author: zhouhczjut <2512945125@qq.com>
Date:   Wed Jun 21 15:45:31 2023 +0800
    this is my commit info note
commit 2351ac0f9da12d9f30ee946d4c8498b9f56ab659 (origin/master, origin/HEAD)
Author: zhouhczjut <2512945125@qq.com>
Date:   Wed Jun 21 06:51:27 2023 +0000
    Initial commit
```

如果不用任何参数，则 git log 会按提交时间列出所有的更新，最近的更新排在最上面。正如所看到的，这个命令会列出每个提交的 SHA-1 校验和、作者的名字和电子邮件地址、提交时间以及提交说明。

当需要将项目同步到上游仓库时，可以使用 git push [remote-name] [branch-name] 命令，如果使用 clone 命令克隆了一个远程服务器仓库，则命令会自动将其添加为远程仓库并默认以 origin 为简写。因此，将 master 分支推送到 origin 服务器时，运行这个命令就可以将所做的改动备份到服务器。

```
$git push origin master
Enumerating objects: 6, done.
Counting objects: 100%(6/6), done.
Delta compression using up to 4 threads
Compressing objects: 100%(3/3), done.
Writing objects: 100%(4/4), 389 bytes | 389.00 KiB/s, done.
Total 4 (delta 1), reused 0 (delta 0), pack-reused 0
remote: Powered by GITEE.COM [GNK-6.4]
To https://gitee.com/zhouhczjut/git-start.git
   2351ac0..b07dc70 master ->master
```

登录 http://github.com/，查看创建的仓库，可以看到提交是成功的，如图 4-23 所示。

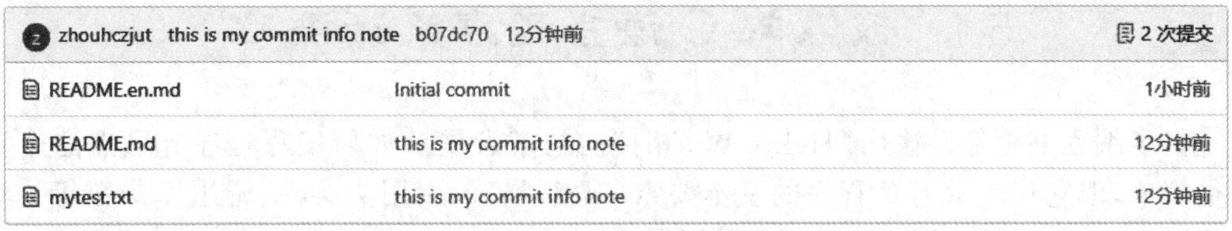

zhouhczjut this is my commit info note b07dc70 12分钟前		2 次提交
README.en.md	Initial commit	1小时前
README.md	this is my commit info note	12分钟前
mytest.txt	this is my commit info note	12分钟前

图 4-23　远程仓库提交记录

4.5 课后习题

1. 简述 Linux 操作系统的特点。
2. 新建一个用户 atlas，指定该用户的登录 shell 是/bin/sh，属于 root 用户组。
3. 改变一个文件 file.txt 的属性，使其可以被当前用户读取和修改。
4. 简述根文件系统下通常有哪些目录及其主要作用。
5. 列举常见的文件管理操作指令并描述其功能。
6. 列举常见的磁盘管理操作指令并描述其功能。
7. 列举常见的系统管理操作指令并描述其功能。
8. VIM 工具有哪三种模式？互相间如何切换？
9. 编写一个 shell 脚本，实现在终端打印 hello world。
10. 编写一个 shell 脚本，实现一个动态进度条。
11. 编写一个 shell 脚本，实现统计/var/log 目录下有多少个文件，并显示这些文件。

第5章 chapter 5

基于ARM的嵌入式软件开发

学习嵌入式程序开发的起点是最简单的程序。一个基本的Linux应用程序可以涵盖编程的所有基础知识,通过编写Linux应用程序,可以帮助读者快速入门程序开发。

本章主要侧重于嵌入式C语言程序设计的基础知识、设计技巧,以及C语言与汇编混合编程的内容,旨在引导读者进入嵌入式程序开发的领域。

5.1 嵌入式C语言程序设计基础

很多编程书籍都以输出"Hello,World!"向初学者展示如何编写程序。虽然这个程序很简单,但它却展示了C程序的基本要素:语法格式、引用头文件、调用库函数等。本节将展示程序的编辑、编译和执行的相关知识。

5.1.1 Hello World

1. 用VIM编辑源代码文件hello.c

在Linux终端中输入vim hello.c。

2. 编写源代码

在屏幕的左下角会出现文件名为hello.c的标识,表示一个新建的文件,名称为hello.c。接下来,在键盘上输入小写字母i,屏幕的左下角将显示"插入",表示目前进入了插入模式,此时可以输入源代码。根据示例,输入相应的源代码。

```
#include <stdio.h>

int main(void)
{
    printf("Hello,World\r\n");
    return 0;
}
```

3. 保存退出

输入实例所示的源代码后,在当前状态下按Esc键,输入":wq",按Enter键,将保存文件并退出VIM。

4. 用GCC编译程序

编辑好源文件hello.c文件后，需要把它编译成可执行文件才可以在Linux主机上运行。在控制终端当前目录下，输入以下命令完成编译。

```
gcc hello.c -o hello
```

GCC编译器会将源代码文件编译连接成Linux可以执行的二进制文件。其中，-o表示输出的二进制文件名字为hello。

此时，可以在终端输入“./hello”命令来运行编译好的程序。

```
root@altaslesson:~/c# vim hello.c
root@altaslesson:~/c# gcc -o hello hello.c
root@altaslesson:~/c# ./hello
Hello,Worid!
root@altaslesson:~/c#
```

5.1.2 GCC与交叉编译器

在5.1.2节中已经使用GCC编译器编译.c文件，接下来介绍编译器的使用方法。

1. gcc命令

gcc命令的格式如下：

```
gcc [选项] [文件名字]
```

主要选项如下。

- -c：只编译，不链接为可执行文件，编译器将输入的.c文件编译为.o的目标文件。
- -o＜输出文件名＞：用来指定编译结束以后的输出文件名，如果不使用这个选项，则GCC默认编译出来的可执行文件名字为a.out。
- -g：添加调试信息，如果使用调试工具(如GDB)，就必须加入此选项，此选项指示编译的时候生成调试所需的符号信息。
- -O：对程序进行优化编译，如果使用此选项，那么整个源代码在编译、链接的时候都会进行优化，这样产生的可执行文件的执行效率更高。
- -O2：比-O有更大幅度的优化，生成的可执行文件的执行效率更高，但是整个编译过程会很长。

2. 编译流程

GCC编译器的工作流程一般包括预处理、汇编、编译和链接阶段。预处理阶段主要对程序中的宏定义等相关内容进行初步处理。汇编阶段将C文件转换为汇编文件。编译阶段将C源文件编译为以.o结尾的目标文件。生成的目标文件无法直接执行，需要进行链接操作。如果项目中包含多个C源文件，则会生成多个目标文件，这些目标文件需要链接在一起，组成完整的可执行文件。

在上一部分的示例程序中，只包含一个简单的文件，因此可以直接使用 gcc 命令生成可执行文件。

3. 交叉编译器安装

在进行 ARM 裸机、Uboot 移植以及 Linux 移植等任务时，需要在 Linux 环境下进行编译操作。编译过程需要使用编译器。之前已经介绍了如何在 Linux 环境下进行 C 语言开发，并使用了 GCC 编译器编译代码。然而，Linux 系统自带的 GCC 编译器主要用于 X86 架构，因此，使用该编译器生成的程序无法在 ARM 架构上运行。为了在 X86 架构的操作系统上进行 ARM 架构目标主机的编译工作，需要借助交叉编译工具链。交叉编译工具链包含交叉编译器 GCC。在交叉编译器中，“交叉”一词表示在一个架构上编译另一个架构的代码，实际上是将两种架构“交叉”起来。通过使用交叉编译工具链，可以在 Linux 环境下为 ARM 架构生成可执行程序，从而在 ARM 主机上运行。交叉编译工具链中的交叉编译器 GCC 就提供了这样的能力。

交叉编译器有很多种，这里以 Linaro 出品的交叉编译器为例进行介绍。Linaro 是一家非营利性质的开放源代码软件工程公司，开发了很多软件，最著名的就是 Linaro GCC 编译工具链(编译器)，关于 Linaro 的详细介绍可以到 Linaro 官网查阅。Linaro GCC 编译器的下载地址如下：http://releases.linaro.org/components/toolchain/binaries/5.4-2017.05/aarch64-linux-gnu/gcc-linaro-5.4.1-2017.05-x86_64_aarch64-linux-gnu.tar.xz。在交叉编译器下载完成后进行交叉编译工具链的安装，以下是安装步骤。

(1) 登录 Linux 服务器。

(2) 执行如下命令，切换至 root 用户。

```
su -root
```

(3) 执行如下命令，创建/opt/compiler 目录。

```
mkdir /opt/compiler
```

(4) 使用文件传输工具将交叉编译工具链上传至/opt/compiler 目录。

(5) 进入/opt/compiler 目录。

```
cd /opt/compiler
```

(6) 执行如下命令，解压缩交叉编译工具。

```
tar -xvf 交叉编译工具链 -C ./ --strip-components 1
```

(7) 在配置文件中增加交叉编译工具链的路径。

```
echo "export PATH=\$PATH:/opt/compiler/bin" >>/etc/profile
```

(8) 执行如下命令，使环境变量生效。

```
source /etc/profile
```

(9) 执行如下命令,查看交叉编译工具链的版本。

```
aarch64-linux-gnu-gcc -v
```

(10) 如果显示版本信息,则表明工具链安装成功。

5.1.3 Makefile

在前一部分中,介绍了如何在 Linux 环境下使用 GCC 编译器进行 C 语言编译,通过在终端中执行 gcc 命令可以完成单个或少量.c 文件的编译。然而,在工程规模较大的情况下,例如存在数十、数百甚至数千个源代码文件时,在终端中逐个输入 gcc 命令显然是不切实际的。

为了解决这个问题,可以编写一个描述编译源代码文件以及编译规则的文件,使用该文件可以指定编译的源代码文件与编译方式。这样,每次需要编译整个工程时,只需要执行该文件即可。这个文件的解决方案就是 Makefile。

Makefile 文件的作用是描述需要编译的文件和重新编译的条件。类似于脚本文件,Makefile 中可以执行系统命令。使用 Makefile,只需要执行 make 命令,整个工程就会自动编译,大幅提高了软件开发的效率。

通过使用 Makefile,程序员可以方便地管理包含大量源代码文件的工程,并定义编译规则,使得编译过程自动化。这样,无论工程规模大小,都能更加高效地进行软件开发。接下来以一个例子介绍 make 工具和 Makefile 语法。项目需要完成以下任务:通过键盘输入两个整型数字,然后计算它们的和,并将结果显示在屏幕上,在这个工程中有 main.c、input.c 和 calcu.c 三个.c 文件,以及 input.h、calcu.h 两个头文件。其中 main.c 是主体,input.c 负责接收从键盘输入的数值,calcu.h 进行任意两个数相加的操作,其中 main.c 文件的内容如下:

```
#include <stdio.h>
#include "input.h"
#include "calcu.h"

int main(void)
{
    int a,b,num;
    input_int(&a, &b);
    num = calcu(a, b);
    printf("%d + %d = %d\r\n", a, b, num);
}
```

input.c 文件的内容如下:

```
#include <stdio.h>
#include "input.h"
void input_int(int * a, int * b)
{
    printf("input two num:");
```

```
    scanf("%d %d", a, b);
    printf("\r\n");
}
```

calcu.c 文件的内容如下：

```
#include "calcu.h"
int calcu(int a, int b)
{
    return (a +b);
}
```

input.h 文件的内容如下：

```
#ifndef _INPUT_H
#define _INPUT_H
void input_int(int * a, int * b);
#endif
```

calcu.h 文件的内容如下：

```
#ifndef _CALCU_H
#define _CALCU_H
int calcu(int a, int b);
#endif
```

以上是这个工程的所有源文件，接下来使用前面介绍的方法进行编译，在终端输入如下命令：

```
gcc main.c calcu.c input.c -o main
```

上面命令的意思就是使用 GCC 编译器对 main.c、calcu.c 和 input.c 这三个文件进行编译，编译生成的可执行文件叫作 main。编译完成以后执行 main 这个程序，测试软件是否工作正常。

```
root@altaslesson:~/c#
root@altaslesson:~/c#gcc main.c calcu.c input.c -o main
root@altaslesson:~/c#
root@altaslesson:~/c#./main
input two num:5 6

5+6=11
root@altaslesson:~/c#
```

然而，在工程规模庞大的情况下，例如当拥有数千个源文件时，若仅使用之前提到的命令编译方式，那么一旦任何一个文件发生修改，所有文件都将被重新编译。如果工程中拥有数万个源文件（例如 Linux 源码），那么每次重新编译数万个文件将耗费大量时间。为了更高效地处理这种情况，最理想的方式是仅编译已被修改的文件，而无须重新编译未被修改的文件。为此，需要改变编译的方法。在首次编译工程时，先编译所有源文件。之后，在某个文件发生修改时，可以仅对这个修改的文件进行编译，而无须重新编译其他未更改的文件。具体的命令如下：

```
gcc -c main.c
gcc -c input.c
gcc -c calcu.c
gcc main.o input.o calcu.o -o main
```

上述命令的前三行分别是将 main.c、input.c 和 calcu.c 编译成对应的.o 文件，所以使用了-c 选项，只进行编译而不链接。最后一行命令是将编译出来的所有.o 文件链接成可执行文件 main。假如现在修改了 calcu.c 这个文件，只需要将 caclu.c 这个文件重新编译成.o 文件，然后将所有的.o 文件链接成可执行文件即可：

```
gcc -c calcu.c
gcc main.o input.o calcu.o -o main
```

但是这样又会产生一个问题，如果修改了大量的文件，可能都不记得哪个文件修改过了，然后忘记编译，为此需要这样一个工具：

- 如果工程没有编译过，那么工程中的所有.c 文件都要被编译并链接成可执行程序；
- 如果工程中只有个别.c 文件被修改了，那么只编译这些被修改的.c 文件即可；
- 如果工程的头文件被修改了，那么需要编译所有引用这个头文件的.c 文件并链接成可执行文件。

很明显，能够完成这个功能的就是 Makefile，需要在工程目录下创建名为 Makefile 的文件。

在 Makefile 中输入如下代码：

```
main: main.o input.o calcu.o
	gcc -o main main.o input.o calcu.o
main.o: main.c
	gcc -c main.c
input.o: input.c
	gcc -c input.c
calcu.o: calcu.c
	gcc -c calcu.c
clean:
	rm *.o
	rm main
```

上述代码中，所有行首需要空出来的地方一定要使用 Tab 键实现。

Makefile 编写好后，可以使用 make 命令编译工程，直接在命令行中输入 make 即可，make 命令会在当前目录下查找是否存在 Makefile 这个文件，如果存在，就会按照 Makefile 中定义的编译方式进行编译。

使用 make 命令编译完成后会在当前工程目录下生成各种.o 文件和可执行文件，说明编译成功，接下来就可以运行程序了。

```
root@altaslesson:~/c#ls
calcu.c calcu.h input.c input.h main .c Makefile
root@altaslesson:~/c#
```

```
root@altaslesson:~/c#make
gcc -c main .c
gcc-c input.c
gcc-c calcu.c
gcc -o main main.o input.o calcu.o
root@altaslesson:~/c#./main
input two num:5 6

5+6=11
root@altaslesson:~/c#ls
calcu.c calcu.h calcu.o input.c input.h input.o main main.c main.o Makefile
root@altaslesson:~/c#
```

由于生成了大量.o 文件，故可以执行 make clean 命令将可执行程序和.o 文件一起删除。

```
root@altaslesson:~/c#ls
calcu.c calcu.h calcu.o input.c input.h input.o main main.c main.o Makefile
root@altaslesson:~/c#
root@altaslesson:~/c#make clean
rm *.o
rm main
root@altaslesson:~/c#ls
calcu.c calcu.h input.c input.h main.c Makefile
root@altaslesson:~/c#
```

5.1.4 CMake

不同的 IDE 集成的 make 工具所遵循的规范和标准都不同，导致其语法、格式不同，也就不能很好地跨平台编译，会再次使得工作烦琐起来。

cmake 为了解决这个问题而诞生了，其允许开发者指定整个工程的编译流程，然后根据编译平台生成本地化的 Makefile 和工程文件，最后只需 make 编译即可。

简而言之，可以把 cmake 看成一款自动生成 Makefile 的工具，所以编译流程就变成了 cmake→make→用户代码→可执行文件。

1. 编写 CMakeLists.txt

首先编写 C 语言程序，使用前面使用过的 main.c 函数，然后编写 CMakeLists.txt 文件，并保存在与 main.c 源文件同一个目录下。

```
#CMake 最低版本要求
cmake_minimum_required (VERSION 2.8)

#项目信息
project (Demo)

#指定生成目标
add_executable(Demo main.c)
```

CMakeLists.txt 的语法比较简单，由命令、注释和空格组成，其中命令是不区分大小写的。符号"#"后面的内容是注释。命令由命令名称、小括号和参数组成，参数之间使用空格分隔。对于上面的 CMakeLists.txt 文件，依次出现了以下几个命令。

（1）cmake_minimum_required：指定运行此配置文件所需的 CMake 的最低版本。

（2）project：参数值是 Demo，该命令表示项目的名称是 Demo。

（3）add_executable：将名为 main.c 的源文件编译成一个名称为 Demo 的可执行文件。在本例中传入了两个参数，第一个参数表示生成的可执行文件对应的文件名，第二个参数表示对应的源文件。

2. 编译项目

在当前目录执行 cmake，得到 Makefile 后再使用 make 命令编译得到 Demo 可执行文件。

```
root@altaslesson:~/c/cmake# cmake .
--The C compiler identification is GNU 5.4.0
--The CXX compiler identification is GNU 5.4.0
--Check for working C compiler: /usr/bin/cc
--Check for working C compiler: /usr/bin/cc --works
--Detecting C compiler ABI info
--Detecting C compiler ABI info -done
--Detecting C compile features
--Detecting C compile features -done
--Check for working CXX compiler: /usr/bin/c++
--Check for working CXX compiler: /usr/bin/c++--works
--Detecting CXX compiler ABI info
--Detecting CXX compiler ABI info -done
--Detecting CXX compile features
--Detecting CXX compile features -done
--Configuring done
--Generating done
--Build files have been written to: /root/c/cmake
root@altaslesson:~/c/cmake# make
Scanning dependencies of target Demo
[ 50%] Building C object CMakeFiles/Demo.dir/main.c.o
[100%] Linking C executable Demo
[100%] Built target Demo
root@altaslesson:~/c/cmake# ./Demo
Hello,World
```

3. 运行程序

执行./Demo 可执行文件即可。

4. 多个源文件

若存在多个源文件，且都在同一个目录下，则可以修改 CMakeLists.txt 为如下：

```
#查找当前目录下的所有源文件
#并将名称保存到 DIR_SRCS 变量
aux_source_directory(. DIR_SRCS)

#指定生成目标
add_executable(Demo ${DIR_SRCS})
```

5. 生成并添加库文件

在平时的开发过程中，也有很多场景需要将源码编译成库文件以供使用，这个需求也可以使用 cmake 做到，这就需要用到以下命令：

```
add_library(libhello 静态/动态库 hello.c)
```

若没有设置参数，则默认生成静态库文件，可以通过增加参数的方式设置指定的库文件。

```
add_library(MathFunctions SHARED hello.c)          #生成动态库文件
add_library(MathFunctions STATIC hello.c)          #生成静态库文件
```

在生成之后，用如下命令设置目标文件需要链接的库。

```
target_link_libraries (Demo MathFunctions)
```

6. 指定头文件搜索路径

```
include_directories(
../include/
/usr/local/include/
...
)
```

指定编译时，头文件的路径先搜索“../include”和“/usr/local/include”，然后到系统的默认路径搜索。

7. 指定库文件搜索路径

```
link_directories(
    ${LIB_PATH}
    $ENV{HOME}/ascend_ddk/${ARCH}/lib/
    ${INC_PATH}/atc/lib64
)
```

在编译时会先到上述目录搜索库文件，然后到系统的默认路径搜索库文件。

5.2 嵌入式 C 语言程序设计技巧

本节将介绍嵌入式 C 语言程序设计的技巧，包括 C 编译器及其优化算法，以及面向对象编程和模块化编程的思想。

5.2.1 C编译器及其优化方法

本节将帮助读者在ARM处理器上编写高效的C代码。本节涉及的一些技术不仅适用于ARM处理器,也适用于其他RISC处理器。本节首先从ARM编译器及其优化方法入手,讲解C编译器在优化代码时碰到的一些问题。理解这些问题将有助于编写出在提高执行速度和减少代码尺寸方面更高效的C源代码。

本节假定读者熟悉C语言,并且有一些汇编语言编程方面的知识。

1. 为编译器选择处理器结构

在编译C源文件时,必须为编译器指定正确的处理器类型,这样可以使编译的代码最大限度地利用处理器的硬件结构,如对半字加载(halfword load)、存储指令(store instructions)和指令调度(instruction scheduling)的支持。所以编译程序时,应该尽量准确地告诉编译器该代码运行在什么类型的处理器上。有些类型的编译器不能直接支持,如SA-1100,这时可以使用与该类型处理器为同一指令集的基本处理器,例如对于SA-100,可以使用StrongARM。

指定目标处理器可能使代码与其他ARM处理器不兼容。例如,编译时指定了ARMv6体系结构的代码,可能不能运行在ARM920T的处理器上(当代码中使用了ARMv6体系结构中特有的指令)。

选择处理器类型可以使用--cpu name编译选项,该选项可以生成用于特定ARM处理器或体系结构的代码。

- 输入名称必须和ARM数据表中所示严格一致,例如ARM7TDMI。该选项不接受通配符字符。有效值是任何ARM6或更高版本的ARM处理器。
- 选择处理器操作会选择适当的体系结构、浮点单元(FPU)以及存储结构。
- 某些--cpu选项暗含--fpu选项。
- ARM1136JF-S选项暗含--fpu vfpv2选项。隐式FPU只覆盖命令行上出现在--cpu选项前面的显式--fpu选项。如果没有指定--fpu选项和--cpu选项,则使用--fpu softvfp选项。

2. 调试选项

如果在编译C源程序时设置了调试选项,则将很大程度地影响最终代码的大小和执行效率。因为为了能够在调试程序时正确地显示变量或设置断点,带调试信息的代码映像会包含很多冗余的代码和数据,所以如果想最大限度地提高程序执行效率、减少代码尺寸,就要在编译源文件时去除编译器的调试选项。

以下选项指定调试表的生成方法。

- -g(--debug):该选项启用生成当前编译的调试表。无论是否使用-g选项,编译器生成的代码都是相同的。唯一的区别是调试表是否存在。编译器是否对代码进行优化是由-O选项指定的。默认情况下,使用-g选项等价于使用-g -dwarf2 --debug_macros。注意,编译程序时,只使用-g选项而没有使用优化选项,编译器会提示警告信息。

- --no_debug：该选项禁止生成当前编译的调试表，这是默认选项。
- --no_debug_macros：当与-g 选项一起使用时，该选项禁止生成预处理程序宏定义的调试表条目(entry)，这会减小调试映像的大小。-gt-p 是-gtp 的同义字。
- --debug_macros 当与-g 选项一起使用时，该选项启用生成预处理程序宏定义的调试表条目。这是默认选项，会增加调试映像的大小。一些调试程序会忽略预处理程序条目。

3. 优化选项

使用-Onum 选项可以选择编译器的优化级别。优化级别分别如下。

- -O0：除一些简单的代码编号之外，关闭所有优化。使用该编译选项可以提供最直接的优化信息。
- -O1：关闭严重影响调试效果的优化功能。使用该编译选项，编译器会移除程序中未使用的内联函数和静态函数。如果与--debug 选项一起使用，该选项可以在较好的代码密度下给出最佳调试视图。
- -O2：生成充分优化代码。如果与--debug 选项一起使用，调试效果可能不会令人满意，因为目标代码到源代码的映射可能因为代码优化而发生变化。如果不生成调试表，则是默认优化级别。
- -O3：最高优化级别。使用该优化级别，使生成的代码在时间和空间上寻求平衡。该选项常和-Ospace 选项和-Otime 选项配合使用。
- -O3 -Otime：使用该选项编译的代码比-O2-Otime 选项编译的代码在执行速度上更快，但占用的空间也更大。
- -O3 -Ospace：产生的代码比使用-O2 -Ospace 选项产生的代码尺寸小，但执行效率可能会变差。

如果要使编译的代码更侧重于代码的尺寸或执行效率(两者往往不可兼得)，可以使用下面的编译选项。

- -Ospace：指示编译程序执行优化，以延长执行时间为代价减小映像大小。例如，由外部函数调用代替内联函数。如果代码大小比性能更重要，则使用该选项。这是编译器的默认设置。
- -Otime：指示编译程序执行优化，以增大映像大小为代价缩短执行时间。如果执行时间比代码大小更重要，则使用该选项。

4. AAPCS 选项

ARM 结构过程调用标准 AAPCS(Procedure Call Standard for the ARM Architecture)是 ARM 体系结构二进制接口 ABI(Application Binary Interface for the ARM Architecture【BSABI】)标准的一部分。使用该标准可以很方便地执行 C 和汇编语言的相互调用。

编译程序时，使用--apcs 选项可以指定使用的 AAPCS 标准的版本。如果没有指定

--apcs 或--cpu 选项，则编译器使用以下默认编译选项。

```
--apcs /noswst/nointer/noropi/norwpi --cpu ARM7TDMI --fpu softvfp
```

5. 编译选项对代码生成影响示例

本节举例说明编译器的优化选项如何影响代码的生成。

1）使用-O0 选项

下面的例子显示了即使使用-O0 编译选项对代码进行编译，有些冗余代码还是会被编译器自动清除。

```
int f(int * p)
{
    return (* p == * p);
}
```

生成的汇编代码如下。

```
f
    MOV  X1,    X0
    MOV  X0,    #1
    RET
```

通过上面的例子可以看到，编译后的最终代码中没有加载(load)指针 P 的值，变量 * p 被编译器优化掉了。如果不想让编译器对变量 * p 做优化，可以使用 volatile 对变量进行声明。下面的例子显示了将变量声明为 volatile 类型后，使用 armcc-O2 的优化级别后的结果。

```
f
    LDR     X1,    [X0]
    LDR     X0,    [X0]
    CMP     X1,    X0
    CSET    X0,    EQ
    RET
```

另外，编译代码中的"MOV X1,X0"并没有实际意义，只是为了方便调试程序时设置断点。

2）冗余代码的清除

下面的例子显示了一段待优化的代码。

```
int dummy()
{
    int a=10, b=20;
    int c;
    c=a+b;
    return 0;
}
```

当使用-O0 进行编译时，产生的汇编代码如下。

```
    dummy:
    0000807C E3A0100A MOV X1, #0xa
>>>REDUNDANT\#3 int a=10,b=20;
```

```
    00008080 E3A02014 MOV X2, #0x14
>>>REDUNDANT\#5 c=a+b;
    00008084 E0813002 ADD X3, X1, X2
>>>REDUNDANT\#6 return 0;
    00008088 E3A00000 MOV X0, #0
>>>REDUNDANT\#7 }
    0000808C E12FFF1E RET
```

从上面的汇编输出可以看到，编译器并没有对程序中的冗余变量做任何工作。但上面这段代码在编译时，编译器会给出警告，警告信息如下。

```
Warning : #550-D: variable "c" was set but never used
Redundant.c line 4  int c;
```

如果将编译器的优化级别提高，如使用-O1 命令，则编译器输出的汇编代码如下所示。

```
    dummy:
    0000807C E3A00000 MOV X0, #0
>>>REDUNDANT\#7 }
    00008080 E12FFF1E RET
```

从上面的例子可以看出，当优化级别提高到-O1 时，程序中的冗余变量会被清除。

3）指令重排

当指定编译器对程序代码进行优化时，编译器会对程序中排列不合理的汇编指令序列进行重排（只有在-O1 及其以上的优化级别中才有），重排的目的是减少指令互锁(interload)。如果一条指令需要前一条指令的执行结果，而这时结果还没有出来，那么处理器就会等待，这一过程称为流水线冒险(pipeline hazard)，也称为流水线互锁。

下面的例子显示了对同一程序使用代码重排和不使用代码重排所产生的汇编代码的区别。程序的源代码如下。

```
int f(int *p, int x)
{ return *p +x * 3; }
```

使用-O0 选项对代码进行编译（无代码重排），产生的结果如下。

```
ADD  X1, X1, X1, LSL #1
LDR  X0, [X0]
ADD  X0, X0, X1
RET
```

使用-O1 选项对代码进行编译（存在代码重排），产生的结果如下。

```
ADD  X1, X1, X1, LSL #1
ADD  X0, X0, X1
RET
```

指令重排发生在寄存器定位和代码产生阶段。代码重排只对 ARM9 及其以后的处理器版本产生作用。当使用代码重排时，代码的执行速度平均提高 4%。可以使用 zpno_optimize_scheduling 编译选项关闭代码重排功能。

4）内嵌函数

通常情况下，如果不指定编译选项，则编译器会将一些代码量小且调用次数少的函数内嵌到调用函数中。如果某段子程序在其他模块中没有被调用，则使用 static 关键字将其标识。

编译选项的--autoinline 和--no_autoinline 可以作为内嵌函数的使能开关。--no_autoinline 选项为-O0 和-O1 选项的默认选项，但如果指定-O2 或-O3 的优化选项，则编译器将默认使用--autoinline 选项。

下面的例子显示了同一段程序使用内嵌功能和不使用内嵌功能时编译出的不同结果，要编译的源文件如下。

```
int bar(int a)
{
    a=a+5;
    return a;
}
int foo(int i)
{
    i=bar(i);
    i=i-2;
    i=bar(i);
    i++;
    return i;
}
```

下面的汇编程序为不使用内嵌功能时编译出的结果。

```
bar
    ADD    X0, X0, #5
    RET

foo
    STR    X30, [SP, #-16]!
    BL     bar
    SUB    X0, X0, #2

    BL     bar
    ADD    X0, X0, #1
    LDR    X30, [SP], #16
    RET
```

下面的汇编程序是使用内嵌功能时编译出的结果。

```
foo
    ADD  X0, X0, #5
    SUB  X0, X0, #2
    ADD  X0, X0, #5
    ADD  X0, X0, #1
    RET
```

从上面的例子可以看出，在使用内嵌功能时，函数之间的相互调用减少了数据的压栈和出栈,节省了程序的执行时间,但如果内嵌函数被调用多次,则会造成空间的浪费。

5.2.2 C 语言面向对象编程思想

提起面向对象编程,可能会不自觉地想起 C++ 、Java 等语言,其实 C 语言也可以实现面向对象编程。面向对象编程是一种编程思想,和使用的编程语言是没有关系的,只不过是有些语言更适合面向对象编程而已。例如 C++ 、Java 新增了 class 关键字,就是为了更好地支持面向对象编程,通过类的封装和继承机制,可以更好地实现代码复用。使用 C 语言同样可以实现面向对象编程,本节将会为读者介绍如何使用 C 语言实现面向对象编程的思想。

1. 代码复用与分层思想

在编程过程中,无时无刻不在运用代码复用的思想:定义一个函数实现某个功能,然后所有的程序都可以调用这个函数,不用自己再单独实现一遍,这就是函数级的代码复用;将一些通用的函数打包封装成库,并引出 API 供程序调用,就实现了库级的代码复用;将一些类似的应用程序抽象成应用骨架,然后进一步慢慢迭代成框架,如 MVC、GUI 系统、Django 等,就实现了框架级的代码复用;如果从代码复用的角度看操作系统,会发现操作系统其实也是对任务调度、任务间通信的功能实现,并引出 API 供应用程序调用,相当于实现了操作系统级的代码复用。通常将要复用的具有某种特定功能的代码封装成一个模块,各个模块之间相互独立,使用时可以以模块为单位集成到系统中。随着系统越来越复杂,集成的模块越来越多,模块之间有时也会产生依赖关系。为了便于系统的管理和维护,又出现了分层思想,如图 5-1 所示,可以把一个计算机系统分为应用层、系统层和硬件层。

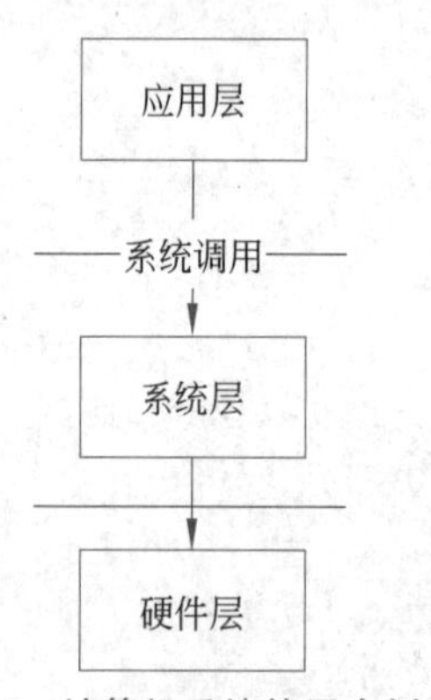

图 5-1 计算机系统的层次划分

一个系统通过分层设计,使得各层实现各自的功能,各层之间通过接口通信。每一层都是对其下面一层的封装,并留出 API,为上一层提供服务,从而实现代码复用。使用分层有很多好处,软件分层不仅实现了代码复用,避免了重复造轮子,同时会使软件的层次结构更加清晰,更易于管理和维护。各层之间统一的接口可以适配不同的平台和设备,提高了软件的跨平台和兼容性。接口不是固定不变的,可以根据需要通过接口实现功能扩展。实现代码复用和软件分层的一个方法是使用面向对象编程思想。利用面向对象的封装、继承、多态等特性,通过接口、类的封装,就可以实现代码复用和软件分层。

2. 面向对象编程

面向对象编程(object oriented programming,OOP)是和面向过程编程(procedure oriented programming,POP)相对应的一种编程思想。C 语言编程中大量使用面向过程的编程思想。函数是程序的基本单元,可以把一个问题分解成多个步骤解决,每一步或每一个功能都可以使用函数实现。而在面向对象编程中，对象是程序的基本单元，对象是类的实例化，类则是对客观事物抽象而成的一种数据类型，其内部包括属性和方法（数据成员和函数实现）。

POP和OOP除了在语言语法上的实现不同，更大的区别在于两者解决问题的思路不同：面向过程编程侧重于解决问题的步骤过程，一般适用于简单功能的实现场合。例如，要完成一件事情——把大象放到冰箱里，可以分为以下三步：

- 打开冰箱门；
- 把大象放到冰箱里；
- 关上冰箱门。

每一步都可以使用一个函数完成特定的功能，然后在主程序中分别调用即可。而面向对象编程则侧重于将问题抽象、封装成类，然后通过继承实现代码复用。面向对象编程一般用于复杂系统的软件分层和架构设计，也可以把面向对象编程作为工具，以分析各种复杂的大型项目，例如在Linux内核中就处处蕴含着面向对象编程的思想。对于Linux内核众多的模块、复杂的子系统，从C语言的角度用面向过程编程的思想分析一个驱动和子系统，无非就是各种注册、初始化、打开、关闭、读写流程，一旦系统变得复杂一些，往往就会感到力不从心。而使用面向对象编程的思想可以从代码复用、软件分层的角度进行分析，更容易掌握整个软件的架构和层次设计。

关于OOP，还需要注意的是：面向对象编程思想与具体的编程语言无关。C++、Java实现了类机制，增加了class关键字，可以更好地支持面向对象编程，但C语言同样可以通过结构体、函数指针实现面向对象编程的思想。

3. Linux内核中的OOP思想：封装

Linux内核虽然是使用C语言实现的，但是内核中的很多子系统、模块在实现过程中处处体现了面向对象编程的思想。同理，在分析Linux内核驱动模块或子系统的过程中，如果能学会使用面向对象编程的思想展开分析，就可以将错综复杂的模块关系条理化，将复杂的问题简单化。使用面向对象编程思想分析内核是一个值得尝试的新方法，但前提是要掌握Linux内核中是如何用C语言实现面向对象编程思想的。

C++语言可以使用class关键字定义一个类，C语言中没有class关键字，但是可以使用结构体模拟一个类，C++类中的属性类似结构体的各个成员。虽然结构体内部不能像类一样直接定义函数，但可以通过在结构体中内嵌函数指针来模拟类中的方法。例如上面C++代码中定义的animal类，也可以使用一个结构体表示。

```
struct animal
{
    int age;
    int weight;
    void ( * fp)(void);
}
```

如果一个结构体中需要内嵌多个函数指针，则可以把这些函数指针进一步封装到一个结构体内。

```
struct func_operations
{
    void (* fp1)(void);
    void (* fp2)(void);
    void (* fp3)(void);
    void (* fp4)(void);
};

struct animal
{
    int age;
    int weight;
    struct func_operations fp;
};
```

通过以上封装，就可以把一个类的属性和方法都封装在一个结构体中，封装后的结构体此时就相当于一个"类"，子类如果想使用该类的属性和方法，该如何继承呢？

```
struct cat
{
    struct animal * p;
    struct animal ani;
    char sex;
    void (* eat)(void);
};
```

C语言可以通过在结构体中内嵌另一个结构体或结构体指针来模拟类的继承。如上所示，在结构体类型 cat 中内嵌结构体类型 animal，此时结构体 cat 就相当于模拟了一个子类 cat，而结构体 animal 相当于一个父类。通过这种内嵌的方式，子类就"继承"了父类的属性和方法。

4. Linux 内核中的 OOP 思想：继承

在面向对象编程中，封装和继承其实是不分开的：封装就是为了更好地继承。将几个类共同的属性和方法抽取出来，封装成一个类，就是为了通过继承最大化地实现代码复用。通过继承，子类可以直接使用父类中的属性和方法。

C语言有多种方式可以模拟类的继承。上一节主要通过内嵌结构体或结构体指针来模拟继承，这种方法一般适用于一级继承，即父类和子类差异不大的场合，通过结构体封装，子类将父类嵌在自身结构体的内部，然后子类在父类的基础上扩展自己的属性和方法，子类对象可以自由地引用父类的属性和方法。

为了更好地使用 OOP 思想理解内核源码，可以把继承的概念定义得更宽松，除了内嵌结构体，C语言还可以通过其他方法模拟类的继承，如通过私有指针。可以把使用结构体类型定义的各个不同的结构体变量也看作继承，各个结构体变量就是子类，各个子类通过私有指针扩展各自的属性或方法。

这种继承方法主要适用于父类和子类差别不大的场合。例如 Linux 内核中的网卡设备，不同厂家的网卡、不同速度的网卡，以及相同厂家不同品牌的网卡，它们的读写操作基本上都是一样的，都通过标准的网络协议传输数据，唯一的不同就是不同网卡之间存在一些差异，如I/O寄存器、I/O内存地址、中断号等硬件资源不相同。

遇到这些设备时，完全不必给每个类型的网卡都实现一个结构体，可以将各个网卡相同的属性抽取出来，构建一个通用的结构体net_device，然后通过一个私有指针指向每个网卡各自不同的属性和方法，通过这种设计可以最大程度地实现代码复用。例如Linux内核中的net_device结构体。

```
//bfin_can.c

struct bfin_can_priv * priv =netdev_priv(dev);
struct net device
{
    char name[IFNAMSIZ];
    const struct net device_ops * netdev_ops;
    const struct ethtool_ops * ethtool_ops;
    void * ml_priv;
    /* mid-layer private */
    struct device dev;
};
```

在net_device结构体的定义中，可以看到一个私有指针成员变量ml_priv。当使用该结构体类型定义不同的变量以表示不同型号的网卡设备时，这个私有指针就会指向各个网卡自身扩展的一些属性。例如在bfin_can.c文件中，bfin_can这种类型的网卡自定义了一个结构体，用来保存自己的I/O内存地址、接收中断号、发送中断号等。

5. Linux 内核中的 OOP 思想：多态

多态是面向对象编程中非常重要的一个概念，在前面的面向对象编程基础一节中，读者已经知道：在子类继承父类的过程中，一个接口可以有多种实现，在不同的子类中有不同的实现，通过基类指针调用子类中的不同实现称为多态。

也可以使用C语言模拟多态。如果使用同一个结构体类型定义的不同结构体变量可以看成这个结构体类型的各个子类，那么在初始化各个结构体变量时，如果基类是抽象类，类成员中包含纯虚函数，则为函数指针成员赋予不同的具体函数，然后通过指针调用各个结构体变量的具体函数，即可实现多态。

```
#include <stdio.h>

struct file operation
{
    void (* read)(void);
    void (* write)(void);
};
struct file_system
{
    char name[20];
    struct file_operation fops;
```

```
};
void ext_read(void)
{
    printf("ext read...\n");
}
void ext_write(void)
{
    printf("ext write...\n");
}
void fat_read(void)
{
    printf("fat read...\n");
}
void fat_write(void)
{
    printf("fat write...\n");
}
int main(void)
{
    struct file_system ext = {"ext3", {ext_read, ext_write}};
    struct file_system fat = {"fat32", {fat_read, fat_write}};

    struct file_system * fp;
    fp = &ext;
    fp->fops.read();
    fp = &fat;
    fp->fops.read();
    return 0;
}
```

程序运行结果如下。

```
ext read...
fat read...
```

在上面的示例代码中，首先定义了一个 file_system 结构类型，并把它作为基类，使用该结构体类型定义的 ext 和 fat 变量可以看作 file_system 的子类。然后定义了一个指向基类的指针 fp，并通过基类指针 fp 访问各个子类中同名函数的不同实现，C 语言通过这种方法“模拟”了多态。

5.2.3 C 语言模块化编程思想

可以将一个软件项目划分为不同的模块，分配给不同的人去完成。模块化编程不仅可以由多人协作、分工实现，而且可以让软件系统结构更加清晰，层次更加分明，更加易于管理和维护。接下来的内容就是本节将要介绍的一种重要的编程思想——C 语言的模块化编程思想。

1. 模块的编译和链接

在一个 C 语言软件项目中，可以将整个系统划分成不同的模块，交给不同的人去完成。那么每个人在实现各自模块的过程中要注意些什么？如何与其他人协作？自己写的模块如何集成到系统中去？在分析这些问题之前，先复习一下一个项目是如何编译、链接生成可执行文件的。

一个C语言项目划分成不同的模块，通常由多个文件实现。在项目编译过程中，编译器是以.c源文件为单位进行编译的，每个.c源文件都会被编译器翻译成一个对应的目标文件，如图5-2所示。接下来，链接器对每个目标文件进行解析，将文件中的代码段、数据段分别组装，即可生成一个可执行的目标文件。如果程序调用了库函数，则链接器会找到对应的库文件，将程序中引用的库代码一同链接到可执行文件中，如图5-3所示。

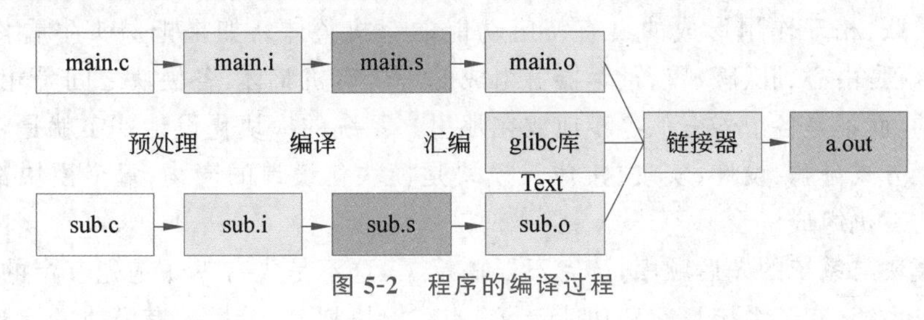

图5-2 程序的编译过程

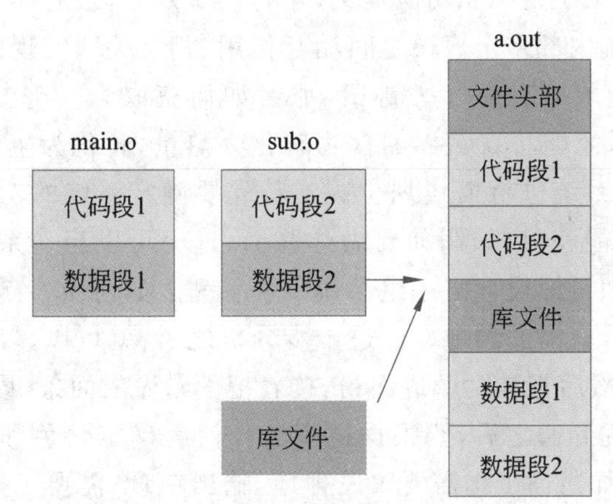

图5-3 程序的链接过程

在链接过程中，如果多个目标文件定义了重名的函数或全局变量，就会发生符号冲突，报出重定义错误。这时，链接器就要对这些重复定义的符号做符号决议，决定哪些留下，哪些丢弃。符号决议按照下面的规则进行。

- 在一个多文件项目中，不允许有多个强符号。
- 若存在一个强符号和多个弱符号，则选择强符号。
- 若存在多个弱符号，则选择占用空间最大的弱符号。

其中，初始化的全局变量和函数属于强符号，未初始化的全局变量默认属于弱符号。程序员也可以通过__attribute__属性声明显式更改符号的属性，将一个强符号显式转换为弱符号。

在整个项目编译过程中，可以通过编译控制参数控制编译流程——预处理、编译、汇编、链接，也可以指定多个文件的编译顺序。

2. 系统模块划分

当面对一个有特定功能和需求的软件项目时，如何将其划分成不同的模块，交给不同的人去做？当每个人实现自己负责的模块后，如何把它们集成到整个系统中？系统能否正常运行？出现问题该如何解决？这些软件开发中经常遇到的问题不仅是项目经理、架构师要考虑的重点问题，也是每个软件工程师都要考虑的问题，否则整个团队每个人各干各的，都按照自己喜欢的方式来，就会一团糟。

在对系统进行模块划分之前，首先要了解什么是系统、什么是模块。系统就是各种对象相互关联、相互作用形成的具有特定功能的有机整体。如果把一头牛看作一个系统，那么它就是由心、肝、脾、胃、肾等器官组成的一个有机整体，各模块之间是相互作用、相互关联的，而不是各个器官孤零零地放在那里。系统的模块化设计其实就是将系统目标按模块化方式分解、设计、实现、集成。模块是模块化设计的产物，每个模块都是具有独立功能的有机组成。

关于模块与系统的先后顺序，读者不要搞反了，这不是先有鸡还是先有蛋的问题，一般都是先有系统，有了系统目标和功能定义，才有模块划分，最后才有模块的实现。系统的外在功能是通过系统内部多个模块之间相互作用、相互关联实现的。一个系统就和一头牛一样，牛只有吃饱了才有力气去耕田，那么如何获取力气呢？牛的嘴巴、食道、胃等各个模块相互协作，才能将自然界的食物转化为热量，转化为生物运动需要的能量。

那么，如何对一个系统进行模块划分呢？首先要确定系统的功能或目标，知道自己要做什么，实现什么功能和目标，假如要做炸酱面，这个可以当作系统的目标。接下来，就要根据系统的功能和目标设计出一组系统工作流程：如何做一碗炸酱面呢？要做面，先得有粮食；想要粮食，就需要种地。经过步步分析之后，就可以得出做炸酱面的基本流程：先种地生产粮食，然后把粮食磨成面粉，接着把面粉做成面条，最后才能做出炸酱面。把做炸酱面的基本流程弄通之后，要根据这个工作流程确定角色和分工，以及各个角色之间如何交互、关联：炸酱面工程需要农民种地，输出粮食；需要工人将农民的粮食磨成面粉，然后输出面粉；厨师则根据工人的输出，进行和面、擀面条等工作，最后输出炸酱面。各个角色确定之后，可以根据各个角色将系统划分成不同的模块。

- farmer.c：农民负责种地，输出粮食。
- worker.c：工人将农民输出的粮食进行加工，输出面粉。
- cook.c：厨师根据工人输出的面粉，进行和面、擀面、烧水等工作，输出炸酱面。

上面的例子只是给读者演示了系统分析及模块化设计的一个方法：根据系统功能或目标，设计出一组工作流，根据工作流设计出各个角色及角色之间的关联，最后根据各个不同的角色将系统划分为不同的模块。

假如要设计一个 MP3 播放器，支持音乐播放和录音功能，此时就可以按照上面的基本流程对系统进行模块划分了。

- 系统目标或功能：播放音乐、录音。
- 基本工作流 1：从磁盘读取 MP3 文件→解码→声卡→显示。
- 基本工作流 2：麦克风录音→AD 转换→内存→声音编码→存入磁盘。

- 角色：存储、显卡、声卡、麦克风、编解码器。
- 模块：存储模块、显示模块、编解码模块。

通过以上分析，基本上就可以将一个MP3播放器系统划分为几个模块，如图5-4所示。

当一个系统比较复杂，或者由于模块划分得比较细而导致模块过多时，就要考虑系统的进一步分层了。可以按照模块之间的上下依赖关系将一个系统划分为不同的层。例如将MP3播放器升级：移植了OS，添加了文件系统模块，增加了更加绚丽的GUI界面。文件系统对存储模块的读写进行了抽象，应用程序可以通过文件系统的read/write接口直接读写MP3歌曲文件。实现MP3播放界面时，也不用直接操作显存刷屏，可以通过GUI系统留出的API直接画图。由于这些模块之间存在依赖关系，因此在对系统分层时，可以将它们划分到不同的层中。重新进行分层后的MP3播放器系统架构如图5-5所示。

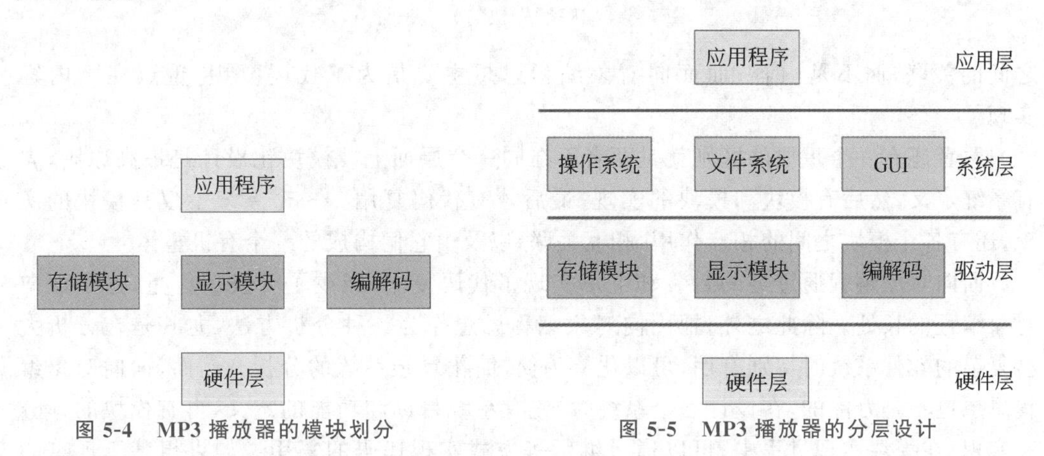

图5-4 MP3播放器的模块划分　　图5-5 MP3播放器的分层设计

不仅整个系统可以进行模块化分层设计，对于某个特定的模块，也可以对其进一步分层。当一层中存在多个模块，模块之间也有依赖关系时，可以继续对其分层，按照上下依赖关系将模块划分到不同的层中。例如上面系统中的编解码模块，可能会支持不同的音频格式，如MP3、FLAC、AAC等，编解码底层还有各种声卡驱动、麦克风驱动等，因此可以继续对编解码模块进行分层，如图5-6所示。

通过分层设计，可以使整个系统层次更加分明，结构更加清晰，管理和维护起来更加方便。如果想添加或删除一个模块，很快就可以在系统中找到其添加、删除的合适位置，基本上不会对系统中的其他模块有太大的改动。分层设计的另一个好处是使系统资源的初始化和释放顺序清晰明了，可以根据模块之间的依赖关系，按照顺序初始化或释放各个模块资源。

以上主要给读者介绍了如何使用面向对象编程的思想分析Linux内核复杂的子系统，而本节又给读者科普了模块化设计、分层设计的好处，喜欢思考的读者可能会纳闷了：两者都好，到底哪个更好？两者会不会有冲突？

面向对象编程和系统的模块化设计的出发点其实是相同的，都是一种高质量软件设计方法，只是侧重点不同。模块化设计的思想内核是分而治之，重点在于抽象的对象

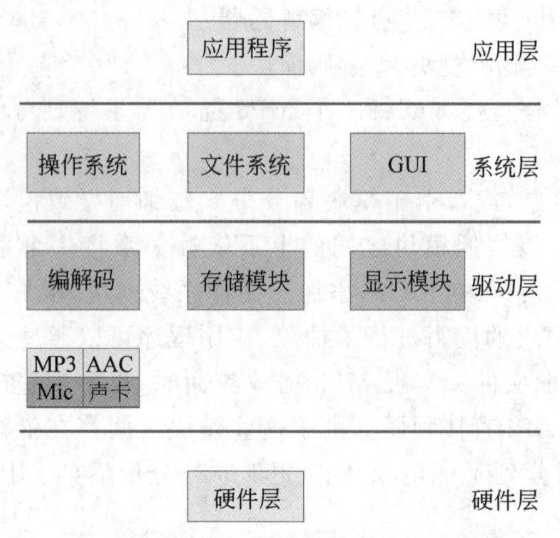

图 5-6 编解码模块的分层设计

之间的关联，而不是内容；而面向对象编程思想主要是为了代码复用，重点在于内容实现。

两者还有一个重要的区别就是两者不在同一个层面上。模块化设计是最高原则，先有系统定义，然后有模块和模块的实现，最后才有代码复用。一个系统不仅是模块的实现，还有各个模块之间的相互作用、相互关联，以及由它们构成的一个有机整体。

面向对象编程通过类的封装和继承实现了代码复用，减少了开发工作量，这是面向对象编程的长处。除此之外，把面向对象编程思想作为一种分析方法，尤其是在分析大型复杂的软件系统时特别有用，可以化繁为简，简化复杂系统的分析。然而，面向对象编程思想也不是万能的，在设计一个系统时，先有系统目标和功能的定义，再有模块的划分和实现，在模块实现过程中，可以通过继承等方式实现代码的复用。如果想基于现有的模块和对象构建系统，就可能会陷入资源所限定的条条框框中。在对系统进行分析和模块化设计时，模块之间的相互关联、相互作用、依赖关系、系统资源的初始化、释放顺序都是需要全局统筹分析的。

通过系统分析和模块化设计方法，可以将一个系统划分为不同的模块，不同的模块用不同的源文件实现，接着还要选择合适的目录结构来组织和管理这些文件。

一个好的目录结构，首先要层次清晰，能明确体现模块划分关系。如果其他人看一眼项目目录组织架构就知道各个目录是干什么的，知道模块划分及层次，就说明工程目录规划合理。尤其是多人协同开发一个项目时，一个好的目录规划就更重要了，工程师都在自己的目录下进行开发，各自模块的添加、删除都不会影响其他人。比较常见的 3 种目录结构分别如下。

- flat：所有的源文件都放在同一个目录下。
- shallow：各个模块放在各自的目录下，主程序文件放在项目的顶层目录下。
- deep：主程序文件和各个模块分别放在各自的目录下。

在 Windows 环境下，各种成熟的 IDE 基本上都会提供资源管理器、工程管理器的功能，用来组织一个项目中各个文件的组织架构及存储。而在 Linux 环境下开发项目时，没有类似工程管理器这样的辅助工具可以帮助组织工程目录，需要自己手动创建项目的各个目录，手动管理项目的目录结构。

3. 一个模块的封装

一个系统经过模块化设计划分为不同的模块后，接下来就要将各个不同的模块交给不同的人实现和维护。

在C语言中，一个模块一般对应一个C文件和一个头文件。模块的实现在C源文件中，头文件主要用来存放函数声明，留出模块的API，供其他模块调用。例如上面的MP3播放器有一个LCD显示模块，可以将有关LCD显示的API函数在lcd.c文件中实现，并在lcd.h中引出API声明。

```
// lcd.c
#include <stdio.h>

void lcd_init(void)
{
    printf("lcd init...\n");
}

// lcd.h
void lcd init(void);
```

在主程序中，如果想调用显示模块实现的接口函数lcd_init()，直接使用预处理命令#include模块的头文件lcd.h即可。

```
// main.c
#include <stdio.h>
#include "lcd.h"
int main(void)
{
    printf("hello world!\n");
    lcd_init();
    return 0;
}
```

4. 头文件

通过上面的学习，相信读者已经看到了头文件的作用：主要对一个模块封装的API函数进行声明，其他模块要想调用这个接口函数，首先要包含该模块对应的头文件，然后就可以直接使用了。

早期的计算机内存还比较小，编译器在编译一个工程项目时，无法一下子把所有的文件都加载到内存并同时编译，编译器只能以源文件为单位逐个进行编译，然后进行链接。编译器在编译各个C源文件的过程中，如果该C文件引用了其他文件中定义的函数或变量，编译器也不会报错，链接器在链接时会到这个文件中查找引用的函数，没有找到时才会报错。但是编译器为了检查函数调用格式是否存在语法错误，形参和实参的类型是否一致，会要求程序员在引用其他文件的全局符号之前必须先声明，如变量的类型、函数的类型等，编译器会根据用户声明的类型对用户编写的程序语句进行语法、语义上的检查。

因此，在一个C语言项目中，除了main、跳转标号不需要声明，任何标识符在使用之前都要声明。可以在函数内声明，可以在函数外声明，也可以在头文件中声明。一般为了方便，都是将函数的声明直接放到头文件中，作为本模块封装的API供其他模块使用。程序员在其他文件中如果想引用这些API函数，则直接#include这个头文件，然后就可以直接调用了，简单方便。一个变量的声明和一个变量的定义不是一回事，读者不要弄混了——是否分配内存是区分定义和声明的唯一标准。一个变量的定义最终会生成与具体平台相关的内存分配汇编指令，而变量的声明则告诉编译器，该变量可能在其他文件中定义，编译时先不要报错，等到链接时可以到指定的文件中查看有没有，如果有就直接链接，如果没有则再报错也不迟。一个变量只能定义一次，即只能分配一次存储空间，但是可以多次声明。一般来说，变量的定义要放到C文件中，不要放到头文件中，这是因为这个头文件可能被多人使用和被多个文件包含，头文件经过预处理器多次展开之后，也就变成了多次定义。

在一个头文件中，除了函数声明，一般还可以放一些其他声明，如数据类型的定义、宏定义等。

```
// lcd.h
#ifndef _LCD_H_
#define _LCD_H_
#define PI 3.14
void lcd init(void);

struct person
{
    int age;
    char name[10];
};
#endif

// lcd.c
#include <stdio.h>
void lcd init(void)
{
    printf("lcd init...\n");
}

// main.c
#include <stdio.h>
#include "lcd.h"

int main(void)
{
```

```
    printf("hello world!\n");
    lcd_init();
    return 0;
}
```

如果在一个项目中多次包含相同的头文件(如上面的 main.c 中),编译器也不会报错,那么其原因是预处理器在预处理阶段已经将头文件展开了——一个变量或函数可以有多次声明,这是编译器允许的。但是如果在头文件中定义了宏或一种新的数据类型,头文件再多次包含展开,那么编译器在编译时可能会报重定义错误。为了防止产生这种错误,可以在头文件中使用条件编译预防头文件的多次包含。

```
// lcd.h
#ifndef _LCD_H_
#define _LCD_H_
..
#endif
```

上面的这些预处理命令可以预防头文件多次展开,尤其是在一些多人开发的大型项目中,很多人可能会在自己的模块中包含同一个头文件。当一个 C 文件包含多个模块的头文件时,通过这种间接包含,有可能多次包含同一个头文件。通过上面的预处理命令,无论包含几次,预处理过程只展开一次,程序员在包含头文件时再也不用担心头文件多次包含的问题了,放心#include 即可。

在一个软件项目中,如果需要包含一个头文件,则一般有以下两种包含方式。

```
#include <stdio.h>

#include"module.h"
```

如果引用的头文件是标准库的头文件或官方路径下的头文件,则一般使用尖括号(<>)包含;如果使用的头文件是自定义的或项目中的头文件,则一般使用双引号包含。头文件路径一般分为绝对路径和相对路径,绝对路径以根目录"/"或者 Windows 下的每个盘符为路径起点,相对路径则以程序文件当前的目录为起点。

```
#include "/home/code/xx.h"        //Linux下的绝对路径
#include "F:/code/xx.h"           //Windows下的绝对路径
#include "../lcd/ lcd.h"          //相对路径,..表示当前目录的上一层目录
#include "./lcd.h"                //相对路径,.表示当前目录
#include "lcd.h"                  //相对路径,当前文件所在的目录
```

编译器在编译过程中会按照这些路径信息到指定的位置查找头文件,然后通过预处理器做展开处理。在查找头文件的过程中,编译器会按照默认的搜索顺序到不同的路径下进行搜索。以#include<xx.h>为例,当使用尖括号包含一个头文件时,头文件的搜索顺序如下。

- 通过 GCC 参数 gcc-I 指定的目录(注:大写的 I)。
- 通过环境变量 CINCLUDEPATH 指定的目录。
- GCC 的内定目录。

• 搜索规则：当不同目录下存在相同的头文件时，先搜索到哪个就使用哪个，搜索到头文件后不再往下搜索。

当使用双引号包含头文件路径时，编译器会首先在项目当前目录搜索需要的头文件，如果在当前项目目录下搜索不到，则到其他指定路径下搜索。

• 项目当前目录。
• 通过 GCC 参数 gcc-I 指定的目录。
• 通过环境变量 CINCLUDEPATH 指定的目录。
• GCC 的内定目录。
• 搜索规则：当不同目录下存在相同的头文件时，先搜索到哪个就使用哪个。

在程序编译时，如果头文件没有放到官方路径下，那么可以通过 gcc -I 参数指定头文件路径，编译器在编译程序时，就会到用户指定的路径目录下搜索该头文件。如果不想通过这种方式，也可以通过设置环境变量来添加头文件的搜索路径。在 Linux 环境下经常使用的环境变量如下。

• PATH：可执行程序的搜索路径。
• C_INCLUDE_PATH：C 语言头文件搜索路径。
• CPLUS_INCLUDE_PATH：C++ 语言头文件搜索路径。
• LIBRARY_PATH：库搜索路径。

可以在一个环境变量内设置多个头文件搜索路径，各个路径之间使用冒号分隔。如果想在每次系统开机时都使这个环境变量设置的路径信息生效，则可以将下面的 export 命令添加到系统的启动脚本～/.bashrc 文件中。

```
export CINCLUDE_PATH =$C_INCLUDE_PATH:/path1:/path2
```

除此之外，也可以将头文件添加到 GCC 内定的官方目录下。当编译器在上面指定的各种路径下都找不到对应的头文件时，最后会到 GCC 的内定官方目录下寻找。这些目录是安装 GCC 时通过--prefex 参数指定安装路径时指定的，常见的内定官方目录如下。

```
/usr/include
/usr/local/include
/usr/include/i386-linux-gnu
/usr/lib/gcc/i686-linux-gnu/5/include
/usr/lib/gcc/i686-linux-gnu/5/include-fixed
/usr/lib/gcc-cross/arm-linux-gnueabi/5/include
```

5. Linux 内核中的头文件

在一个 Linux 内核模块或驱动源文件中，头文件的包含方式通常有以下几种。

```
#include <linux/xx.h>
#include <asm/xx.h>
#include <mach/xx.h>
#include <plat/xx.h>
```

这些尖括号包含的头文件使用的是相对路径，这些头文件通常分布在 Linux 内核源代码的不同路径下。

- 与 CPU 架构相关：arch/$(ARCH)/include。
- 与板级平台相关：arch/$(ARCH)/mach-xx(platxx)/include。
- 主目录：include。
- 内核头文件专用目录：include/linux。

在内核编译过程中，Linux 内核在 Makefile 中指定了头文件相对路径的起始地址。以内核源码中的一个源文件 hub.c 为例，打开源文件，会看到它包含的头文件如下。

```
//linux-4.4/drivers/usb/core/hub.c
#cat hub.c
#include <linux/kernel.h>
#include <linux/errno.h>
#include <linux/module.h>
#include <linux/moduleparam.h>
#include <linux/completion.h>
#include <linux/sched.h>
#include <linux/list.h>
#include <linux/slab.h>
#include <linux/ioctl.h>
#include <linux/usb.h>
#include <linux/usbdevice fs,h>
#include <linux/usb/hcd.h>
#include <linux/usb/otg.h>
#include <linux/usb/quirks.h>
#include <linux/workqueue,h>
#include <linux/mutex.h>
#include <linux/random.h>
#include <linux/pm qos.h>

#include <asm/uaccess.h>
#include <asm/byteorder.h>
```

内核源码中使用的头文件路径一般都是相对路径，在内核编译过程中通过 gcc -I 参数可以指定头文件的起始目录，打开 Linux 内核源代码顶层的 Makefile，会看到一个 LINUXINCLUDE 变量，它用来指定内核编译时的头文件路径。

```
LINUXINCLUDE : =\
        -I$(srctree)/arch/$(hdr-arch)/include \
        -Iarch/$(hdr-arch)/include/generated/uapi \
        -Iarch/$(hdr-arch)/include/generated \
        $(if $(KBUILDSRC), -I$(srctree)/include) \
        -Iinclude \
        $(USERINCLUDE)
```

其中，参数-Iinclude 指 Linux 内核源代码的 include 目录，在 include 目录下可以看到很多子目录。

```
#cd include
#ls
  acpi clocksource memory net ras rxrpc soc uapi xen asm -g eneric linux media
misc rdma scsi soundvideo...

#cd linux
#ls
  kernel.h mutex.h random.h list.h usb.h workqueue.h...
```

如果想包含Linux目录下的头文件，则编译器通过-Iinclude参数指定相对路径的起点后，再指定要包含的头文件路径目录即可：#include，预处理器就会到include/linux目录下查找相应的头文件kernel.h。程序中包含的asm目录下的头文件一般是与架构相关的头文件，根据用户在Makefile中的ARCH平台配置，编译器会以用户指定的平台为目录起点，到指定的asm目录下查找头文件。

```
// linux-4.4.0/Makefile
ARCH          ?=arm
SRCARCH :=$(ARCH)
hdr-arch  :=$(SRCARCH)
-I$(srctree)/arch/$(hdr-arch)/include
```

在Linux内核源码顶层目录的Makefile中指定ARCHARM平台，LINUXINCLUDE中的其中一项展开为-Iarch/arm/include，这个目录作为相对目录的一个起点。打开这个目录：

```
root@pc:/home/inux-4.4.0/arch/arm/include#ls
asm debug generated uapi
```

其中在asm目录下有很多与ARM平台相关的头文件，当用户配置了ARCH为ARM平台，使用了#include的头文件包含路径时，预处理器就会到arch/arm/include/asm目录下查找对应的头文件xx.h。程序中包含的plat/mach目录下的头文件一般是与硬件平台相关的头文件。根据用户的开发板配置，预处理器会以用户指定的配置目录为目录起点，到指定的arch/arm/mach-xxx、arch/arm/plat-xxx目录下查找指定的头文件。当用户平台ARCH配置为ARM时，打开arch/arm/Makefile文件。

```
machine-$(CONFIGARCH S3C24XX) +=S3c24xX
plat-$(CONFIG PLAT S3C24XX) +=samsung
machdirs : =$(patsubst %,arch/arm/mach-%,$(machine-y))
platdirs : =$(patsubst %,arch/arm/plat-%,$(sort $(plat-y)))
KBUILD CPPFLAGS +=$(patsubst %,-%include,$(machdirs) $(platdirs))
```

当config配置为S3C24xx平台时，machdirs和platdirs分别展开为arch/arm/mach-s3c24xx和arch/arm/plat-samsung，KBUILD_CPPFLAGS展开为arch/arm/mach-s3c24xx/include和arch/arm/plat-samsung/include，打开这两个目录，可以看到每个目录下又分别有不同的子目录。

```
/linux-4.4.0/arch/arm/mach-s3c24xx/include #ls
mach
/linux-4.4.0/arch/arm/mach-s3c24xx/include/mach #ls
dma.h gpio-samsung.h o.h map.h regs-clock.h regs-irq.h...
/linux-4.4.0/arch/arm/plat-samsung/include #ls
plat
/linux-4.4.0/arch/arm/plat-samsung/include/plat #ls
adc-core.h cpu.h gpio-cfg.h keypad.h pm-common.h
```

当CPU和平台分别配置为s3c24xx和samsung时，编译器分别以arch/arm/mach-s3c24xx/include和arch/arm/plat-samsung/include/plat为相对目录起点。当驱动源代码中出现plat/xx.h和mach/xx.h形式的头文件包含时，预处理器就会到对应的arch/arm/plat-samsung/include/plat和arch/arm/mach-s3c24xx/include/mach目录下查找对应的头文件。

6. 声明和定义

如果一个C程序引用了在其他文件中定义的函数而没有在本文件中声明，则编译器不会报错，编译器会认为这个函数可能会在其他文件中定义，等到链接时找不到其定义才会报错。

```
int main(void)
{
    printf("hello world!\n");
    return 0;
}
```

上面的程序使用了C标准库中的printf()函数，但是没有通过＃include<stdio.h>头文件对调用的函数进行声明。程序可以运行，编译器也没有报错，只是给出了一个Warning。

```
Warning: implicit declaration of function 'printf '
```

很多新手工程师在写程序时，认为只要程序编译没有错误、可以运行就万事大吉了，哪怕编译信息栏中有几十个warning也不关心。这不是一个好习惯，因为每个warning都有可能是一个“定时炸弹”，等哪一天程序的运行出现问题，可能就是由这些warning带来的隐藏很深的bug引起的。下面是一个隐含Warning的程序。

```
// func.c
#include <stdio.h>
float func(void)
{
    return 3.14;
}

// main.c
#include <stdio.h>
int main(void)
```

```
{
    float pi;
    pi =func();
    printf("pi =%f\n", pi);
    return 0;
}
```

编译程序并运行,输出结果如下。

```
#gcc main.c func.c -a.out
main.c:5:7:warning: implicit declaration of function 'func'
[-Wimplicit -function -declaration]
 pi =func();

#./ a.out
 pi =-1217016448.000800
```

可以发现程序的输出结果和预期不符,并没有输出预期的3.14,问题就出在了隐式声明上。在C语言中,如果在程序中调用了在其他文件中定义的函数,但没有在本文件中声明,那么编译器在编译时并不会报错,而是会给一个警告信息,并自动添加一个默认的函数声明。

```
int f();
```

这个声明称为隐式声明。如果调用的函数的返回类型正好是int,则程序的运行不会出现任何问题。但如果调用的函数的返回类型是float,而编译器声明的函数类型为int,则程序运行时会发生不可预期的结果。

函数的隐式声明带来的冲突不仅是与自定义函数的冲突,如果引用库函数而没有包含对应的头文件,还有可能与库函数发生类型冲突。这些函数类型冲突虽然不影响程序的正常运行,但是会给程序带来很多无法预料的深层bug,在不同的编译环境下,函数的运行结果甚至可能都不一样。因此,为了编写高质量、稳定运行的程序,要养成"先声明后引用"的良好编程习惯。

对于函数的隐式声明,ANSI C/C99标准只是给出了一个warning,用来提醒程序员这个隐式声明可能会给程序的运行带来问题。现在最新的C11标准和C++标准对隐式声明的管理得更严格,遇到这种情况会直接报错,以防患于未然。

通过前面的例子,读者已经感受到在C语言编程中对一个符号"先声明后引用"的重要性了。C语言提供了extern关键字以对外部文件的符号进行声明,在使用之前,可以在本文件中使用extern关键字对其他文件中的符号进行声明。

```
extern int i;
extern int a[20];
extern struct student stu;
extern int function();
extern "C" int function();
```

从C语言语法的角度看,使用extern关键字可以扩展一个全局变量或函数的作用域。而从编译的角度看,使用extern关键字就是用来告诉编译器"这些变量或函数可能在别的文件中定义了,要在本文件中使用,先不要报错,类型已经告知,欢迎随时进行语法或语义的检查”。

```
// i.c
int i =10;
int a[18] ={1,2,3,4,5,6,7,8,9};
struct student
{
    int age;
    int num;
};
struct student stu =(20,1001);
int k;

// main.c
#include <stdio.h>
extern int i;
extern int a[10];
struct studenti
{
    int age;
    int num;
};
extern struct student stu;
extern int k;

int main(void)
{
    printf("%s;i =%d\n", __func__, i);
    for (int j =0; j <10; j++)
        printf("a[%d]:%d\n", j, a[j]);
    printf("stu.age =%d, num =%d\n", stu.age, stu.num);
    printf("%s: k =%d\n", __func__, k);
    return 0;
}
```

程序运行结果如下。

```
main: i=10
a[0]:1
a[1]:2
a[2]:3
a[3]:4
a[4]:5
a[5]:6
a[6]:7
a[7]:8
a[8]:9
a[9]:0
stu.age =20,num =1081
main: k =0
```

在上面的项目中,在 i.c 文件中定义了不同类型的变量,如果想在 main.c 文件中引用这些变量,要先使用 extern 关键字进行声明,然后就可以直接使用了。在对 stu 结构体变量进行声明时,因为要用到 student 结构体类型,所以要在 main.c 中将这个结构类型重新定义一遍。

在上面的程序代码中,最容易让人产生迷惑的是 i.c 中定义的变量 k。变量 k 在定义时没有初始化,看起来有"声明"的味道,那么它到底是定义还是声明呢?对于这些模棱两可的语句,可以使用定义声明的基本规则进行判别。

- 如果省略了 extern 且具有初始化语句,则为定义语句,如"int i=10;"。
- 如果使用了 extern,无初始化语句,则为声明语句,如"extern int i;"。
- 如果省略了 extern 且无初始化语句,则为试探性定义,如"int i;"。

什么叫试探性定义呢?试探性定义即 tentative definition,如"int i;"就是试探性定义。该变量可能在其他文件中有定义,所以先暂时定为声明 declaration。若其他文件中没有定义,则按照语法规则初始化该变量 i,并将该语句定性为定义 definition。一般这些变量会初始化为一些默认值,如 NULL、0、undefined values 等。

从编译链接的角度分析"int i;"这条语句,其实也不难。对于未初始化的全局变量,它是一个弱符号,先定性为声明。如果其他文件中存在同名的强符号,那么这个强符号就是定义,把这个弱符号看作声明没有问题;如果其他文件中没有强符号,那么只能将这个弱符号当作定义,为它分配存储空间,初始化为默认值。

在上面项目的 main.c 文件中,使用了"extern int k;"这条语句,按照上面的判断规则,其实就是对变量 k 的声明,那么 i.c 中的"int k;"这条语句就是定义语句。如果在 main.c 中添加了一条"int k=20;"定义语句,那么 i.c 文件中的"int k";这条语句就变成声明语句了。

```
// i.c
int k;
// main.c
int k =20;
int main(void)
{
    printf("%s: k =%dn", __func__, k);
    return 0;
}
```

程序运行结果如下。

```
main : k =20
```

7. 模块设计原则

高内聚低耦合是模块设计的基本原则。一个系统由不同的模块组成,这些模块之间相互协作、相互关联,共同实现系统的外在功能。当划分模块时,若各个模块之间纠缠在一起,就会导致结构混乱、层次不清晰,不利于管理和维护系统;若模块过于独立,则模块之间缺乏相互关联和交互,无法构建紧密相连的有机系统,充其量只能被视为一个库。

模块的耦合度和内聚度是考核模块设计是否合理的参考标准。模块的内聚度指模块内各元素的关联、交互程度。从功能的角度来看,高内聚低耦合的原则要求各个模块在实现自身功能时承担各自的任务,并独立完成自身功能的实现,尽量减少对其他模块的依赖和干扰。一个模块要想实现高内聚,功能要尽可能单一,一个功能由一个模块实现,这样才能体现模块的独立性,进而实现高内聚。在模块的实现过程中,遵循"自己动手,丰衣足食"的基本原则,要尽量调用本模块实现的函数,减少对外部函数的依赖,这样可以进一步提高模块的独立性,提高模块的内聚度。

与模块内聚对应的是模块耦合。模块耦合指的是模块之间的关联和依赖,包括调用关系、控制关系、数据传递等。模块之间的关联越强,其耦合度就越高,模块的独立性就越差,其内聚度也就随之越低。不同模块之间有不同的关联方式,也有不同的耦合方式。

- 非直接耦合:两个模块之间没有直接联系。
- 数据耦合:通过参数交换数据。
- 标记耦合:通过参数传递记录信息。
- 控制耦合:通过标志、开关、名字等控制另一个模块。
- 外部耦合:所有模块访问同一个全局变量。

在设计模块时,要尽量降低模块的耦合度。低耦合有很多好处,例如可以让系统的结构层次更加清晰,升级维护起来更加方便。在C语言程序中,可以通过以下常用方法降低模块的耦合度。

- 接口设计:隐藏不必要的接口和内部数据类型,模块引出的API封装在头文件中,其余函数使用static关键词修饰。
- 全局变量:尽量少使用,可改为通过API访问以减少外部耦合。
- 模块设计:尽可能独立存在,功能单一明确,接口少而简单。
- 模块依赖:模块之间最好全是单向调用,上下依赖,禁止相互调用。

总之,模块的高内聚和低耦合并不是一分为二的,而是辩证统一的——高内聚导致低耦合,低耦合意味着高内聚。简单理解就是:模块划分要清晰,接口要明确,有明确的输入和输出,模块之间的耦合性小。在实际编程中,只有坚持这些原则,不断地对自己的代码进行重构和迭代,才能设计出更高质量的代码,迭代出更易管理和维护的系统架构。

5.3 C语言与汇编语言混合编程

在一些嵌入式系统的领域,常常能够观察到C程序和汇编程序之间的相互调用和混合编程现象。例如,在ARM架构的启动代码中,系统在初始上电后首先执行一段汇编代码,待内存堆栈环境初始化完毕后,再跳转到C程序中继续执行。在对嵌入式软件进行性能优化时,通常会在对性能要求较高的场景中将汇编代码嵌入C语言程序。因此,对于嵌入式工程师而言,熟练掌握C语言和汇编的混合编程技术仍然具有必要性。

5.3.1 ATPCS规则

无论是在汇编程序中调用C程序,还是在C程序中内嵌汇编程序,往往都要牵扯到子程序的调用、子程序的返回、参数传递这些问题。从指令集层面看，C语言和汇编语言其实并无根本差别，都是指令集的不同程度的封装而已，最终都会被翻译成二进制机器指令。C程序和汇编程序之间只要共同遵守一些约定的规则，就可以相互调用。因此，在学习C语言和ARM汇编语言混合编程之前，有必要先了解一下ATPCS规则。

ATPCS的全称是ARM-thumb procedure call standard，其核心内容是定义ARM子程序调用的基本规则及堆栈的使用约定等。例如，ATPCS规定ARM程序要使用满递减堆栈，入栈/出栈操作要使用STM/LDM指令，只要所有的程序都遵循这个约定，ARM程序的格式就统一了，编写的ARM程序就可以在各种各样的ARM处理器上运行。

ATPCS最重要的内容是定义了子程序调用的具体规则，无论是程序员编写程序还是编译器开发商开发编译器工具，一般都要遵守它，规则的主要内容如下。

1）寄存器使用

- x0至x7（寄存器0到7）用于函数参数传递。
- x8（寄存器8）称为间接结果位置寄存器。
- x9至x15（寄存器9到15）用于临时变量，调用者保存。
- x16至x17（寄存器16到17）分别记作IP0、IP1。可能会被链接器使用，其他情况下可以作为临时寄存器。
- x18（寄存器18）在特殊场合作为平台寄存器，其他情况下可以作为临时寄存器。
- x19至x29（寄存器19到29）用于持久化变量，被调用者保存。
- x29（寄存器29）称为栈帧寄存器，记作FP，编译器可以通过开关关闭此功能，使其变成一个普通寄存器。
- x30（寄存器30）称为链接寄存器，记作LR，用于保存子程序的返回地址。

2）栈帧

- 栈帧是按照16字节对齐的，也就是说，栈指针的值必须是16的倍数。
- 栈帧包括保存的寄存器、局部变量和其他相关信息。
- 函数调用时，栈指针减少为栈帧腾出空间，返回时恢复栈指针。

3）参数传递

- 前8个参数通过x0～x7寄存器传递，按顺序存放。
- 对于更多的参数，可以使用栈传递。

4）返回值传递

- 返回值通常通过x0寄存器传递。
- 如果返回值超过64位，则使用x0和x1寄存器传递。

5）函数调用规则

- 函数调用时，参数按顺序放入x0～x7寄存器。
- 被调用的函数负责保存和恢复x29（FP）和x30（LR）寄存器的值。
- 函数调用后，栈帧必须保持不变。

在ARM平台下，无论是C程序还是汇编程序，只要遵守ARM子程序之间的参数传递和调用规则，就可以很方便地在一个C程序中调用汇编子程序，或者在一个汇编程序中调用C程序。

5.3.2 在C程序中内嵌汇编代码

内嵌汇编代码指的是在C语言中嵌入汇编代码，其作用是对于特定重要和时间敏感的代码进行优化，同时在C语言中访问某些特殊指令以实现特殊功能。

内嵌汇编代码主要有两种形式，分别是基础内嵌汇编和扩展内嵌汇编。

```
//基础内嵌汇编,不带任何参数
asm(
    "汇编语句"
)

//扩展内嵌汇编,可以带输入/输出参数
asm(
    指令部分
    : 输出部分
    : 输入部分
    : 损坏部分
)
```

如果想在内嵌的汇编代码中添加注释，需要使用C语言的/ * * /注释符，而不是汇编语言的分号注释符。接下来通过一个数据块复制的例子演示在C程序中内嵌汇编代码的方法。

```
Void my_memcpy(uint8_t * dest, const uint8_t * src, size_t size) {
    // 输入寄存器:
    //    x0: 目标 (dest) 地址
    //    x1: 源 (src) 地址
    //    x2: 复制的字节数 (size)

    asm volatile (
        "memcpy_loop:\n"
        "    ldrb w3, [x1], # 1\n"            // 从源加载一个字节到 w3,然后递增 x1
        "    strb w3, [x0], # 1\n"            // 将 w3 存储到目标,然后递增 x0
        "    subs x2, x2, # 1\n"              // 减少剩余字节数
        "    b.ne memcpy_loop\n"              // 如果还有字节剩余,继续循环
        :
        : "r" (dest), "r" (src), "r" (size)
        : "memory", "w3"
        );
    }

int main() {
    uint8_t source[] ="Hello, World!";
    uint8_t destination[20];
    size_t size =sizeof(source);

    my_memcpy(destination, source, size);
```

```
    printf("Copied string: %s\n", destination);

    return 0;
}
```

asm 的后面还可以选择使用 volatile 关键字进行修饰,用来告诉编译器不要优化这段代码。

```
Asm volatile
(
    "汇编语句;
    …
    "汇编语句;
);
```

5.3.3 在汇编程序中调用 C 程序

在 C 程序中可以内嵌汇编代码,在汇编程序中同样也可以调用 C 程序。在调用时,要注意根据 ATPCS 规则完成参数的传递,并配置 C 程序传递参数和保存局部变量所依赖的堆栈环境,然后使用 BL 指令直接跳转即可。

```
;汇编文件 SUM.S,定义了汇编子程序 : SUM_ASM
.data
.text

.global sum
.global SUM_ASM
    SUM_ASM:
    LDR X0, =0x3
    LDR X1, =0x4
    BL sum
    str x0, [x30, #0]
    ret

// C 程序源文件 main.c,定义了 C 函数: sum()

#include <stdio.h>
int sum(int a, int b)
{

    int result;
    result =a +b;
    printf("result =%d\n", result);
    return result;
}
int main(void)
{
    SUM_ASM();              // 在 C 程序中调用汇编子程序
    return 0;
}
```

上面的示例代码定义了两个文件:汇编文件 SUM.S 和 C 源文件 main.c。在汇编文件SUM.S中定义了一个汇编子程序SUM_ASM,在C程序源文件main.c中定义了一个C语言函数sum()。在main()函数中,首先调用汇编子程序SUM_ASM,然后在SUM_ASM汇编程序中又调用了main.c中的C函数sum(),并通过寄存器X0和X1将参数传递给了sum()函数。

5.4 课后习题

1. 使用VIM工具编写5.1.3节的示例代码：通过键盘输入两个整型数字,然后计算它们的和并将结果显示在屏幕上。使用Makefile和Cmake工具编译以及运行该程序。

2. 比较GCC编译器和交叉编译器的区别。

3. 概括嵌入式C语言程序设计的技巧有哪些。

4. 使用汇编语言实现一个汇编函数,用于比较两个数的大小并返回最大值,然后用C语言代码调用这个汇编函数。

5. 使用C语言实现一个函数,用于比较两个数的大小并返回最大值,然后用汇编代码调用这个C函数。

6. 用汇编语言完成对C语言全局变量的访问。假设CVAR1和CVAR2是C语言中定义的全局变量,请用一段汇编语言访问它们,完成两者的相加运算,结果存放在CVAR1中。

7. 用C语言和汇编语言混合编程实现：利用汇编语言程序调用C语言子程序的方式求i+ 2*i + 3*i +4*i + 5*i +6*i的和(设i为一个整型常数)。

8. 用C语言和汇编语言混合编程实现：在C语言程序中调用汇编语言代码,完成两个字符串的比较,并返回比较结果;如果比较字符串相同,返回1,否则返回0。

9. 请完成一段字符串"hello world!"的复制,要求主程序用C语言编写,字符串复制子程序用汇编语言编写。

10. 用C语言和汇编语言混合编程实现：在C语言程序中调用汇编语言代码,完成字符串STR1与STR2内容的互换(假设STR1和STR2长度一致)。

第6章 chapter 6

通信接口及其昇腾实例

嵌入式系统通常需要与其他设备进行通信，如传感器、执行器和控制器等。嵌入式系统通信一般分为两种方式：串行通信和并行通信。并行通信包括8条以上数据线、几条控制线和状态线，具有传输速度快但通信距离短、传输线多的特点。而串行通信则在通信线上同时传输数据信息和联络信息，因此收发双方必须共同遵守通信协议。串行通信具有低成本、适用于远距离通信但传输速度较低的特点。

串行通信的通信协议是设备之间进行数据交换和协同工作的基础。本章将重点介绍通用输入/输出接口(GPIO)、I2C总线、SPI总线和UART总线等常用的串行通信协议，详细介绍I2C、SPI和UART的数据传输、特征与结构，以及协议时序等内容。这些内容将帮助读者深入理解和应用这些常用的串行通信协议。

6.1 通用输入/输出接口

GPIO(general-purpose input/output)简称通用输入/输出接口，功能类似8051单片机的P0～P3，其引脚可以由程序自由控制使用，PIN引脚依据现实考量可作为通用输入(GPI)或通用输出(GPO)或通用输入/输出(GPIO)，例如当作clk generator(时钟发生器)、chip select(片选)等。既然一个引脚可以用于输入、输出或其他特殊功能，那么一定有寄存器用来选择这些功能。对于输入，可以通过读取某个寄存器来确定引脚电位的高低；对于输出，可以通过写入某个寄存器让这个引脚输出高电位或者低电位；对于其他特殊功能，则有另外的寄存器控制它们。

6.1.1 GPIO功能与特点

基于昇腾310 AI处理器的Atlas 200模块共有4个GPIO控制器，每个控制器下有多个GPIO端口，总共有79个GPIO口，其默认电平为1.8V。表6-1是昇腾310 AI处理器内部GPIO的基地址与端口信息，表6-2是昇腾310 AI处理器的GPIO编号计算的列表。

表 6-1 昇腾 310 AI 处理器 GPIO 寄存器基地址与端口信息

GPIO 控制器	基 地 址	GPIO 端口名称	GPIO 端口数量
GPIO0	0x110100000	GPIO0～GPIO13	14
GPIO1	0x10cf40000	GPIO32～GPIO62	31
GPIO2	0x130940000	GPIO64～GPIO95	32
GPIO3	0x130950000	GPIO96～GPIO97	2

表 6-2 昇腾 310 AI 处理器 GPIO 编号计算的列表

GPIO 控制器	GPIO 端口数	GPIO 端口编号	文件描述符编号
GPIO0	14	GPIOn(n:0～13)	498＋n(498～511)
GPIO1	31	GPIOn(n:32～62)	467＋n(467～497)
GPIO2	32	GPIOn(n:64～95)	435＋n(435～466)
GPIO3	2	GPIOn(n:96～97)	433＋n(433～434)

6.1.2 GPIO 功能描述

每个 GPIO 引脚都有一个唯一的编号或名称，并且可以配置为输入或输出模式。在输入模式下，GPIO 引脚可以读取外部信号的状态，例如检测开关的打开或关闭。在输出模式下，GPIO 引脚可以向外部设备发送高电平或低电平信号，例如控制 LED 的开关。

可以使用特定的编程语言和库配置和控制 GPIO 功能。不同的硬件平台和操作系统可能有不同的方法和 API 以访问 GPIO 接口。

GPIO 提供了一种通用的方式来与外部设备进行数字信号的输入和输出交互，具有广泛的应用领域。

6.1.3 GPIO 使用说明

要将昇腾 310 AI 处理器的 GPIO 引脚配置为某一种应用需求的端口，请按以下步骤操作。

1）导出 GPIO 文件描述符

输入命令：

```
echo N >/sys/class/gpio/export
```

示例：

```
echo 500 >/sys/class/gpio/export
```

2）GPIO 引脚方向设置

输入命令：

```
echo in >/sys/class/gpio/gpioN/direction
```

示例：

```
echo in >/sys/class/gpio/gpio500/direction
```

输出命令：

```
echo out >/sys/class/gpio/gpioN/direction
```

示例：

```
echo out >/sys/class/gpio/gpio500/direction
```

3）GPIO 引脚电平设置

查看输入电平值：

```
cat /sys/class/gpio/gpioN/value
```

输出低电平：

```
echo 0 >/sys/class/gpio/gpioN/value
```

示例：

```
echo 0 >/sys/class/gpio/gpio500/value
```

输出高电平：

```
echo 1 >/sys/class/gpio/gpioN/value
```

示例：

```
echo 1 >/sys/class/gpio/gpio500/value
```

4）释放 GPIO 文件描述符

输入命令：

```
echo N >/sys/class/gpio/unexport
```

示例：

```
echo 500 >/sys/class/gpio/unexport
```

6.1.4 GPIO 应用例程

【例 6-1】 编写代码，通过昇腾 310 AI 处理器的 GPIO 控制 LED 灯交替闪烁。

```
int main(int argc,char * argv[])
{
    if(argc<2)
    {
        exit(1);
    }
    //计算 GPIO 文件描述符编号
    string gpioNum =argv[1];
```

```
    //匹配所有字母,icase忽略大小写
    regex rx("[a-zA-Z]",regex::icase);
    gpioNum =regex_replace(gpioNum,rx,"");
    int exportGpio;
    //write only 只写,只有先向 export 写入数字,/sys/class/gpio 下才能生成
    gpioXXX文件
    exportGpio =open("/sys/class/gpio/export", O_WRONLY);
    if (exportGpio <0)
    {
            puts("Cannot open GPIO to export it\n");
            exit(1);
    }
    write(exportGpio, gpioNum.c_str(), 4);
    close(exportGpio);
    //将GPIO引脚 direction 更新为输出
    string gpioDir ="/sys/class/gpio/gpio" +gpioNum +"/direction";
    int directionfd;
    directionfd =open(gpioDir.c_str(), O_RDWR);
    if (directionfd <0)
    {
        puts("Cannot open GPIO direction it\n");
        exit(1);
    }
    write(directionfd, "out", 4);
    close(directionfd);
    string gpioVal ="/sys/class/gpio/gpio" +gpioNum +"/value";
    int gpioValuefd;
    gpioValuefd =open(gpioVal.c_str(), O_RDWR);
    if (gpioValuefd <0)
    {
        puts("Cannot open GPIO value\n");
        exit(1);
    }
    //测试
    while (1)
    {
        write(gpioValuefd,"1", 2);
        usleep(1000000);
        write(gpioValuefd,"0", 2);
        usleep(1000000);
    }
    close(gpioValuefd);
    return 0;
}
```

6.2 I2C总线

I2C(inter-integrated circuit)的全称为集成电路总线,其通过两线(串行数据线(SDA)、串行时钟线(SCL)在连接到总线的器件之间传递信息。表6-3为I2C总线的相

关术语定义。每个器件都有一个唯一的地址识别(无论是微控制器、LCD驱动器、存储器或者键盘接口),都可以作为一个发送器或接收器(由器件功能决定)。例如,LCD驱动器只是一个接收器,而存储器则既可以接收数据,又可以发送数据。除了发送器和接收器外,器件在执行数据传输时也可被看作主机或从机。主机是初始化总线的数据传输,并产生允许传输的时钟信号的器件。此时,被寻址的器件都被认为是从机。

I2C通常用于小数据量的场合,它有传输距离短、任意时刻只能有一个主机等特性。市面上众多的传感器都会提供I2C接口以和主控处理器相连,例如陀螺仪、加速度计、触摸屏等。

表6-3　I2C总线相关术语定义

术　语	描　　述
发送器	发送数据到总线的器件
接收器	从总线接收数据的器件
主机	初始化发送、产生时钟信号和终止发送的器件
从机	被主机寻址的器件
多主机	同时有多于一个主机尝试控制总线,但不破坏报文
仲裁	是一个在有多个主机同时尝试控制总线,但只允许其中一个控制总线并使报文不被破坏的过程
同步	两个或多个器件同步时钟信号的过程

6.2.1　I2C功能与特点

1. I2C功能简介

I2C总线是一个多主机总线,这就意味着可以将多个能够控制总线的设备连接到总线上。由于主机通常是微控制器,考虑以下数据在两个连接到I2C总线的微控制器之间传输的情况,如图6-1所示。这突出了I2C总线的主机-从机和接收器-发送器的关系。需要注意的是,这些关系不是持久的,只由当时数据传输的方向决定。传输过程如下。

(1) 假设微控制器A要发送数据到微控制器B。

- 微控制器A(主机)寻址微控制器B(从机)。
- 微控制器A(主机-发送器)发送数据到微控制器B(从机-接收器)。
- 微控制器A终止传输。

(2) 如果微控制器A想从微控制器B接收信息。

- 微控制器A(主机)寻址微控制器B(从机)。
- 微控制器A(主机-接收器)从微控制器B(从机-发送器)接收数据。
- 微控制器A终止传输。

连接多于一个微控制器到I2C总线,意味着超过一个主机可以同时尝试初始化数据。为了避免由此产生混乱,制定了一项仲裁程序。此过程依靠“线与”连接所有I2C总线接口到 I2C 总线。如果两个或多个主机尝试发送信息到总线,在其他主机都产生“0”的情况下,首先产生一个“1”的主机将丢失仲裁(仲裁时的时钟信号是用“线与”连接到 SCL 线主机产生的时钟的同步结合)。

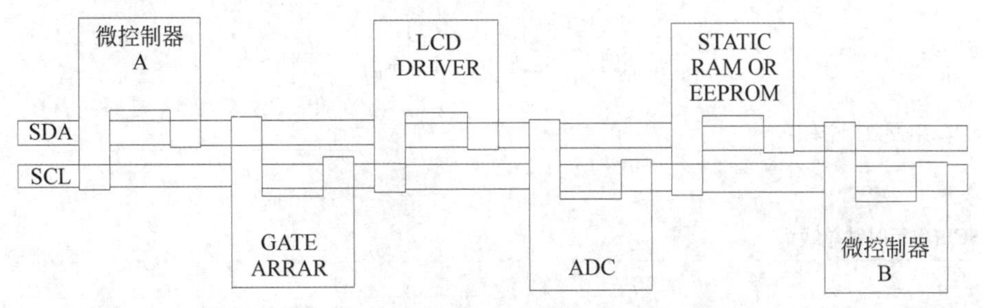

图 6-1 使用两个微控制器的 I2C 总线配置示例

I2C 总线上的时钟信号通常是由主机器件产生的。当在总线上传输数据时,每个主机产生自己的时钟信号。主机发出的总线时钟信号只有在以下情况才能被改变:慢速的从机器件控制时钟线并延长时钟信号,或者在发生仲裁时被另一个主机改变。

2. I2C 主要特点

(1) 两根总线。一条串行数据线(SDA)和一条串行时钟线(SCL)。

(2) 每个连接到总线上的设备都可以通过唯一的地址和始终存在的简单的主机/从机关系软件设定地址,主机可以作为主机发送器或主机接收器。

(3) 真正的多主总线。如果两个或更多主机同时启动数据传输,就会进行碰撞检测和仲裁,以防数据损坏。

(4) 串行的,8 位导向的,半双工,同一时间只可以单向传输。数据传输速率有 3 种:标准模式下可达 100kb/s;快速模式下可达 400kb/s;高速模式(Hs 模式)下可达 3.4Mb/s。

(5) 片上的滤波器可以滤去总线数据线上的毛刺波,以保证数据完整性。

(6) 连接到相同总线的 IC 数量只受到总线的最大电容 400pF 的限制。

(7) 通常把 I2C 设备分为主设备和从设备,通常控制 SCL 电平高低变换的为主设备。I2C 主设备的功能是:主要产生时钟,产生起始信号和停止信号。I2C 从设备的功能是:可编程的 I2C 地址检测,停止位检测。

(8) SDA 和 SCL 这两条线上必须要接一个上拉电阻,一般是 4.7~10kΩ,以保证数据的稳定性,减少干扰。其余的 I2C 从器件都挂接到 SDA 和 SCL 这两条线上,这样就可以通过 SDA 和 SCL 这两条线访问多个 I2C 设备。

6.2.2 I2C 特征与结构

1. 总体特征

SDA 和 SCL 都是双向线路,都通过一个电流源或上拉电阻连接到电源电压,如图 6-2 所示。当总线空闲时,这两条线路都高电平。连接到总线的器件输出级必须是漏极开路或集电极开路才能执行“线与”功能。I2C 总线上数据的传输速率有 3 种，并且它连接到总线的接口数量只由总线电容 400pF 的限制决定。

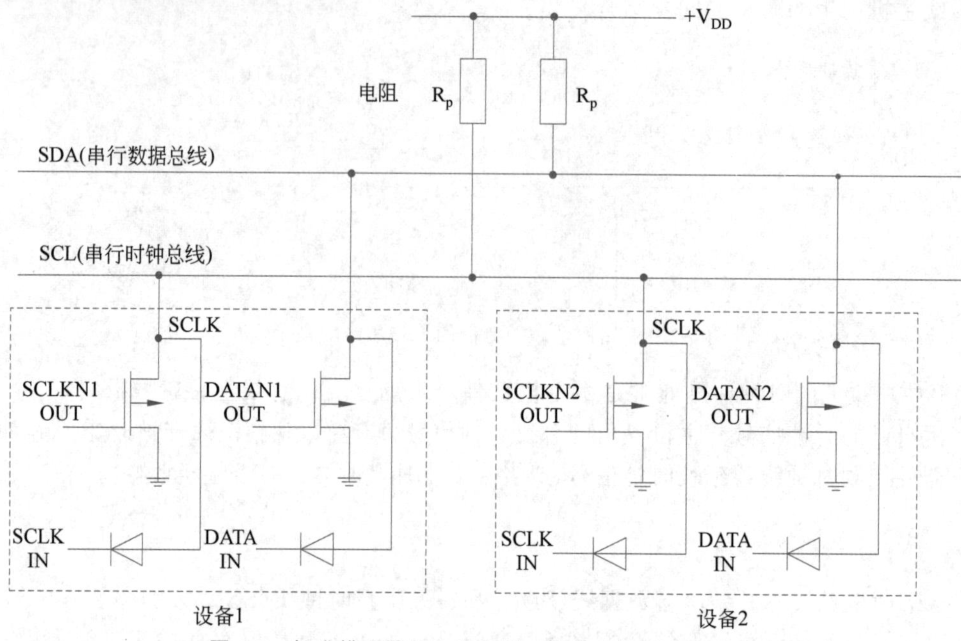

图 6-2 标准模式器件和快速模式器件连接到 I2C 总线

2. 位传输

由于连接到 I2C 总线的器件有不同种类的工艺(CMOS、NMOS、双极性)，因此逻辑“0”(低)和“1”(高)的电平不是固定的，它由 V_{DD} 的相关电平决定。每传输一个数据位就产生一个时钟脉冲。

3. 起始和停止条件

图 6-3 所示为 I2C 总线上的起始(S)和停止(P)条件的定义。当 SCL 为高电平时，SDA 出现下降沿，表示为起始条件，开始传送数据。当 SCL 是高电平时，SDA 出现上升沿，表示为停止条件，结束传送数据。

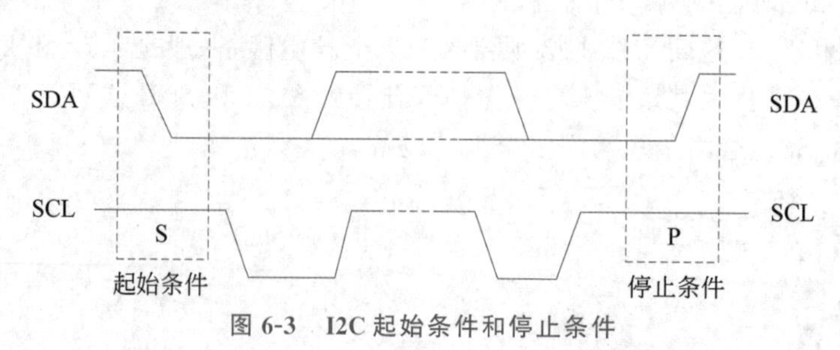

图 6-3 I2C 起始条件和停止条件

起始条件和停止条件一般由主机产生。总线在起始条件后被认为处于忙的状态。在停止条件的某段时间后，总线被认为再次处于空闲状态。

4. 数据的有效性

I2C 总线进行数据传输时，当 SCL 为高电平时，SDA 上的数据必须保持稳定，只有在 SCL 为低电平时，数据线上的高电平或者低电平状态才允许变化，如图 6-4 所示。每个字节传送时都是高位在前，在 I2C 总线上传送的每一位数据都有一个时钟脉冲相对应（或同步控制），即在 SCL 的配合下，在 SDA 上逐位地串行传送每一位数据。数据的传输是边沿触发。

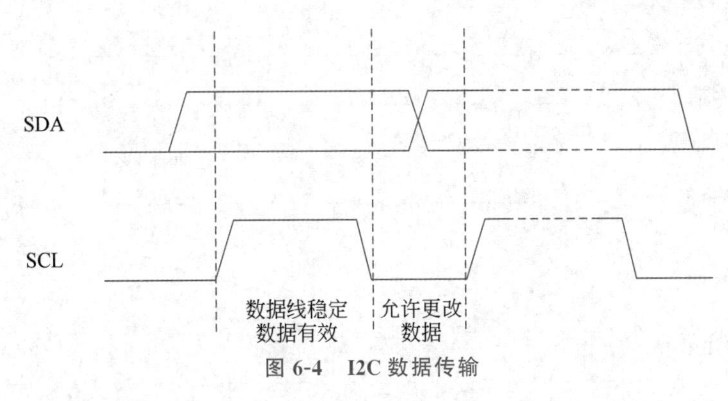

图 6-4 I2C 数据传输

5. 字节格式

发送到 SDA 线上的每个字节必须为 8 位。每次传输可以发送的字节数量不受限制。每个字节后必须跟一个响应位。首先传输的是数据的最高位（MSB），如图 6-5 所示。如果从机要在完成一些其他功能后（例如一个内部中断服务程序）才能接收或发送下一个完整的数据字节，则可以使时钟线 SCL 保持低电平以迫使主机进入等待状态。当从机准备好接收下一个数据字节并释放时钟线 SCL 后，数据传输继续。

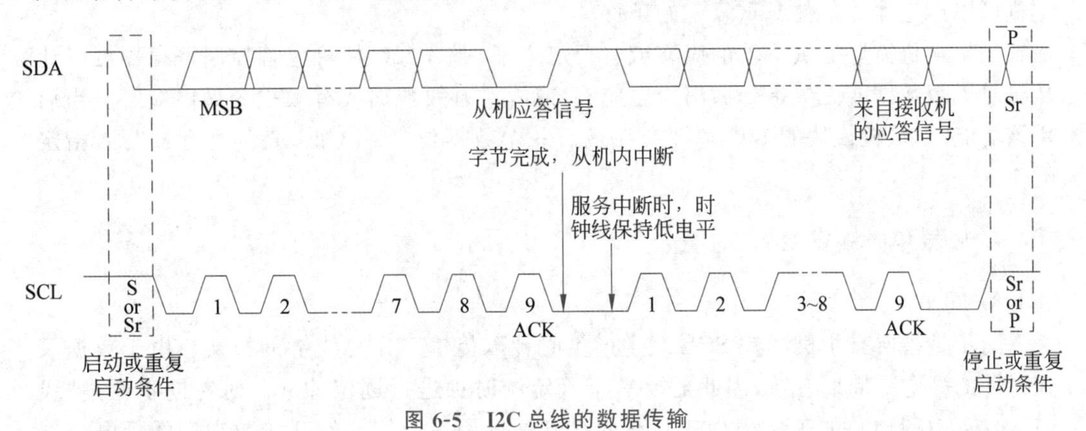

图 6-5 I2C 总线的数据传输

6. 响应

总线上所有传输都要带有应答时钟周期，该时钟周期由主机产生。发送器每发送一个字节(8b),就在第 9 个时钟脉冲期间释放数据线,由接收器反馈一个应答信号。当应答信号为低电平时,规定为有效应答位(ACK,简称应答位),表示接收器已经成功接收了该字节;当应答信号为高电平时,规定为非应答位(NACK),一般表示接收器接收该字节失败,如图 6-6 所示。当发送器为主机、接收器为从机时,发送器在应答周期过程中释放 SDA 线,即 SDA 为高电平。为了响应传输,接收器必须在应答时钟周期过程中拉低 SDA。在应答周期内,接收器发出的数据必须遵循数据有效性的要求。

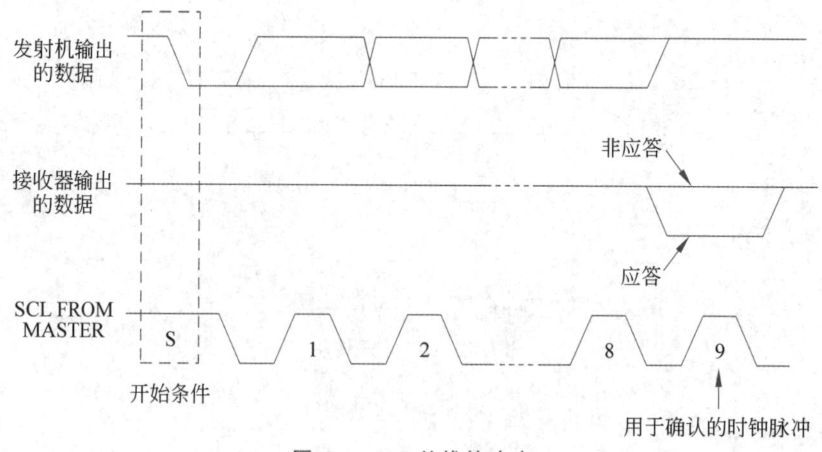

图 6-6 I2C 总线的响应

当从机不能响应从机地址时,从机必须将 SDA 线保持在高电平状态,使得主机可产生停止条件以中止当前的传输。如果主机在传输过程中用作接收器,那么它就要应答从机发出的每次传输。由于主机控制着传输中的字节数,因此它通过在最后一个数据字节上不产生应答来向从机发送器指示数据的结束,然后从机发送器必须释放 SDA 线,以便主机可以产生停止条件或重复起始条件。

如果从机需要提供手动的应答或者否定应答,那么 I2C 从机应答控制寄存器可以让从机对无效数据或无效指令做出否定应答,或者对有效数据或有效指令做出应答。当启用该功能时,从机模块的 I2C 时钟会在最后一个数据位之后拉低,直到寄存器写入指定响应。

7. 仲裁和时钟发生

1) 同步

同步是指所有主机都在 SCL 线上产生时钟以传输 I2C 总线上的报文。由于数据只在时钟的高电平周期有效,因此需要一个确定的时钟进行逐位仲裁。时钟同步通过"线与"连接 I2C 接口的 SCL 线。SCL 线的从高到低切换会使器件开始数它们的低电平周期,一旦器件的时钟变为低电平,它就会使 SCL 线保持这种状态直到到达时钟的高电平。但是,如果另一个时钟仍处于低电平周期,这个时钟的从低到高切换就不会改变 SCL 线的状态。因此,SCL 线被有最长低电平周期的器件保持低电平。此时,低电平周期短的器件会进入高电平的等待状态。

2）仲裁

仲裁是指主机只能在总线空闲时启动传输。两个或多个主机可能在起始条件的最小持续时间（$t_{HD;STA}$）内产生一个起始条件，结果在总线上产生一个规定的起始条件。当SCL线是高电平时，仲裁在SDA线发生；这样，在其他主机发送低电平时，发送高电平的主机将断开它的数据输出级，这是因为总线上的电平与它自己的电平不相同。仲裁可以持续多位，它的第一个阶段是比较地址位。如果每个主机都尝试寻址相同的器件，则仲裁会继续比较数据位或者响应位。因为I2C总线的地址和数据信息由赢得仲裁的主机决定，所以在仲裁过程中不会丢失信息。丢失仲裁的主机可以产生时钟脉冲，直到丢失仲裁的该字节末尾。由于Hs模式的主机有一个唯一的8位主机码，因此一般在第一个字节就可以结束仲裁。如果主机也结合了从机功能，而且在寻址阶段丢失仲裁，那么它很可能就是赢得仲裁的主机在寻址的器件。因此，丢失仲裁的主机必须立即切换到它的从机模式，当然也可能包含更多的内容（由连接到总线的主机数量决定）。此时，产生DATA1的主机的内部数据电平与SDA线的实际电平有一些差别，如果关断数据输出，就意味着总线连接了一个高输出电平，这不会影响由赢得仲裁的主机初始化的数据传输。由于I2C总线的控制只由地址或主机码以及竞争主机发送的数据决定，没有中央主机，故总线也没有任何定制的优先权。

必须特别注意的是，在串行传输时，当重复起始条件或停止条件发送到I2C总线时，仲裁过程仍在进行。如果产生这样的情况，那么有关的主机必须在帧格式相同位置发送这个重复起始条件或停止条件，从机不被卷入仲裁过程。也就是说，仲裁不能在下面这3种情况之间进行。

- 重复起始条件和数据位。
- 停止条件和数据位。
- 重复起始条件和停止条件。

3）用时钟同步机制作为握手

时钟同步机制除了在仲裁过程中使用外，还可以用于使能接收器处理字节或位级的快速数据传输。在字节级的快速传输中，器件可以快速接收数据字节，但需要更多的时间保存接收到的字节或准备另一个要发送的字节。然后，从机进行一个握手过程，如图6-5所示，在接收和响应一个字节后，使SCL线保持低电平，迫使主机进入等待状态，直到从机准备好下一个要传输的字节。在位级的快速传输中，器件可以通过延长每个时钟的低电平周期减慢总线时钟，从而使任何主机的速度都可以适配这个器件的内部操作速率。在高速模式中，握手的功能只能在字节级使用。

8. 7位的地址格式

数据的传输遵循图6-7所示的格式。在起始条件（S）后，发送了一个从机地址，这个地址共有7位，紧接着的第8位是数据方向位（$R/\overline{W}$）——“0”表示发送（写），“1”表示请求数据（读）。数据传输一般由主机产生的停止位（P）终止。但是，如果主机仍希望在总线上通信，它可以产生重复起始条件（Sr）和寻址另一个从机，而不是首先产生一个停止条件。在这种传输中，可能有不同的读/写格式。可能的数据传输格式如下。

- 主机发送器发送到从机接收器,传输方向不会改变。
- 在第一个字节后,主机立即读从机。在第一次响应时,主机发送器变成主机接收器,从机接收器变成从机发送器。第一次响应仍由从机产生。之前发送了一个不响应信号($\overline{A}$)的主机产生停止条件。
- 复合格式,传输改变方向时,起始条件和从机地址都会被重复。但 R/$\overline{W}$ 位取反。如果主机接收器发送一个重复起始条件,则它之前应该发送了一个不响应信号($\overline{A}$)。

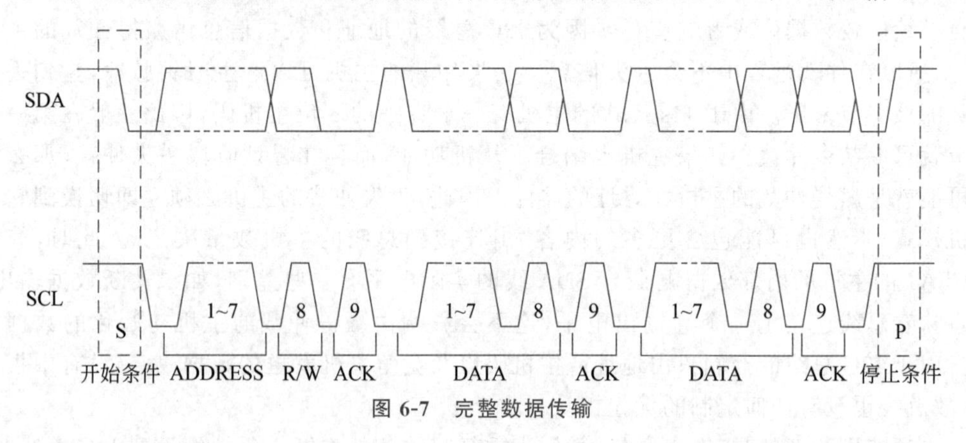

图 6-7 完整数据传输

> 🕮 复合格式可用于控制一个串行存储器。
>
> 🕮 在第一个数据字节期间,要写内部存储器的位置。在重复起始条件和从机地址后,数据可被传输。自动增加或减少之前访问的存储器位置等所有决定都由器件的设计者决定。
>
> 🕮 每字节都跟着一个响应位,在序列中用 A 或 $\overline{A}$ 模块表示。兼容 I2C 总线的器件在接收到起始或重复起始条件时必须复位它们的总线逻辑,甚至这些起始条件没有根据正确的格式放置,它们也都期望发送从机地址。
>
> 🕮 起始条件后面立即跟着一个停止条件(报文为空)是不合法格式。

9.7 位寻址

I2C 总线的寻址过程通常在起始条件后的第一个字节就决定了主机选择哪一个从机。例外的情况是可以寻址所有器件的"广播呼叫"地址。使用这个地址时,理论上所有器件都会发出一个响应,但是也可以使器件忽略这个地址。广播呼叫地址的第二个字节定义了要采取的行动。

1) 第一个字节的位定义

第一个字节的头 7 位组成从机地址,如图 6-8 所示,第 8 位是 R/$\overline{W}$ 位,它决定了报文的方向。第一个字节的最低位是"0"时表示主机会写信息到被选中的从机,是"1"时表示主机会向从机读信息。当发送了一个地址后,系统中的每个器件都在起始条件后将头 7 位与它自己的地址相比较。如果一样,则器件会认为它被主机寻址,关于从机作为接收器还是发送器,都由 R/$\overline{W}$ 位决定。

一般情况下,从机地址由一个固定和一个可编程的部分构成。由于很可能在一个系统中有几个同样的器件,从机地址的可编程部分使最大数量的器件可以连接到 I2C 总线上。器件可编程地址位的数量由可使用的引脚决定。例如,如果器件有 4 个固定的和 3

MSB LSB

							R/$\overline{W}$

slave address

图 6-8 起始条件后的第一个字节

个可编程的地址位，那么相同的总线上共可以连接 8 个相同的器件。

I2C 总线委员会协调 I2C 地址的分配。进一步的信息可以从最后列出的 Philips 代理商处获得。保留的两组 8 位地址(0000XXX 和 1111XXX)的用途，如表 6-4 所示。

表 6-4 第一个字节中的定义

从机地址	R/W 位	描　　述
0000000	0	广播呼叫地址
0000000	1	起始字节[a]
0000001	X	CBUS 地址[b]
0000010	X	保留给不同的总线格式[c]
0000011	X	保留到将来使用
00001XX	X	Hs 模式主机码
11111XX	X	保留到将来使用
11110XX	X	10 位从机寻址

a：没有器件允许在接收到起始字节后响应。

b：CBUS 地址已被保留，可以在相同的系统内部混合兼容 CBUS 和 I2C 总线的器件。接收到这个地址时，兼容 I2C 总线的器件不能响应。

c：保留给不同总线格式的地址，包括使能 I2C 和其他协议混合。只有可以在这种格式和协议下工作并兼容 I2C 总线的器件才能响应这个地址。

2）广播呼叫地址

广播呼叫地址用来寻址连接到 I2C 总线上的每个器件。但是，如果器件在广播呼叫结构中不需要任何数据，那么它可以通过不发出响应来忽略这个地址。如果器件要求从广播呼叫地址得到数据，那么它会响应这个地址并作为从机接收器运转。第二个和接下来的字节会被能处理这些数据的每个从机接收器响应。广播呼叫地址的含意通常在第二个字节说明，如图 6-9 所示。这里要考虑以下两种情况：

➢ 最低位 B 是“0”；

➢ 最低位 B 是“1”。

当位 B 是“0”时，第二个字节的定义如下。

- 00000110(H“06”)通过硬件写入复位从机地址的可编程部分。接收到这两个字节序列时，所有打算响应这个广播呼叫地址的器件将复位并接收它们地址的可编程部分。要采取预防措施以确保器件不会在加上电源和电压后将 SDA 或 SCL 线拉低，因为这些低电平会阻塞总线。

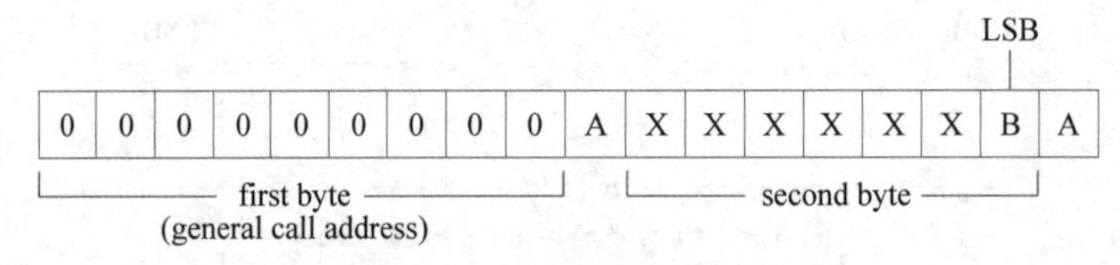

图 6-9 广播呼叫地址格式

- 00000100(H“04”)通过硬件写从机地址的可编程部分。所有通过硬件定义地址可编程部分(和响应广播呼叫地址)的器件会在接收这两个字节序列时锁存可编程部分。
- 00000000(H“00”)不允许在第二个字节使用。

当位 B 是“1”时,第二个字节的定义如下。

- 第一个字节是“硬件广播呼叫”,即序列由一个硬件主机器件发送,例如键盘扫描器,它们不能通过编程来发送一个期望的从机地址。由于硬件主机预先不知道报文要传输给哪个器件,故它只能产生这个硬件广播呼叫和它自己的地址,并让系统识别它。
- 第二个字节中剩下的 7 位是硬件主机的地址,这个地址被一个连接到总线的智能器件识别(例如微控制器)并指引硬件主机的信息,如果硬件主机也可以作为从机,则它的从机地址和主机地址一样。

在一些系统中,可以选择在系统复位后在从机接收器模式中设置硬件主机发送器。这样,系统的配置主机可以告诉硬件主机发送器(现在处于从机接收器模式)数据必须发送到哪个地址。在这个过程后,硬件主机仍处于主机发送器模式。

10. 10 位寻址

10 位寻址和 7 位寻址兼容,可以结合使用。10 位寻址采用了保留的 1111XXX 作为起始条件或重复起始条件(Sr)后第一个字节的头 7 位。10 位寻址不会影响已有的 7 位寻址。有 7 位和 10 位地址的器件可以连接到相同的 I2C 总线,它们都能用于 F/S 模式和 Hs 模式系统。

尽管保留地址位 1111XXX 有 8 个可能的组合,但是只有 4 个组合(11110XX)用于 10 位寻址,剩下的 4 个组合(11111XX)保留给以后增强的 I2C 总线。

1) 头两个字节位的定义

10 位从机地址由在起始条件(S)或重复起始条件(Sr)后的头两个字节组成。第一个字节的头 7 位是 11110XX 的组合,其中最后两位(XX)是 10 位地址的两个最高位(MSB);第一个字节的第 8 位是 $R/\overline{W}$ 位,决定了报文的方向。第一个字节的最低位是“0”时表示主机将写信息到选中的从机,是“1”时表示主机将向从机读信息。如果 $R/\overline{W}$ 位是“0”,则第二个字节是 10 位从机地址剩下的 8 位。如果 $R/\overline{W}$ 位是“1”,则下一个字节是从机发送给主机的数据。

2) 广播呼叫地址

I2C 总线的 10 位寻址过程是起始条件(S)后的头两个字节,通常决定了主机要寻址哪个从机。例外的情况是"广播呼叫"地址 00000000(H"00")。10 位寻址的从机器件与 7 位寻址的从机器件对"广播呼叫"地址的反应相同。硬件主机可以在"广播呼叫"之后发送它们的 10 位地址。此时的"广播呼叫"地址字节后面的两个字节包含主机发送器的 10 位地址。其中,第一个数据字节是主机地址的 8 个最低位起始字节 00000001(H"01"),表示用 7 位寻址的方法处理 10 位寻址。

3) 10 位寻址的格式

在 10 位寻址的传输中可能有不同的读/写格式组合。可能的数据传输格式有:主机作为发送器将 10 位从机地址发送到从机接收器:传输的方向不改变。当起始条件后有 10 位地址时,每个从机将从机地址第一个字节的头 7 位(11110XX)与自己的地址比较,并测试看第 8 位(R/$\overline{W}$ 方向位)是否为 0。此时,很可能超过一个器件发现地址相同,并产生第一个响应 A1;所有发现地址相同的从机将从机地址第二个字节的 8 位(XXXXXXXX)与自己的地址比较,此时只有一个主机发现地址相同并产生第二个响应。A2 匹配的从机将保持被主机寻址,直到接收到停止条件(P)或从机地址不同的重复起始条件(Sr)。

主机作为接收器用 10 位的从机地址读从机发送器的传输方向,在第 2 个 R/$\overline{W}$ 位改变,整个过程直到响应位 A2 与主机发送器寻址从机接收器的相同,在重复起始条件(Sr)后,匹配的从机成员记得它之前被寻址,然后这个从机检查(Sr)后第一个字节的头 7 位是否和起始条件(S)后的相同,并检查第 8 位(R/$\overline{W}$)是不是 1。如果匹配,从机会认为它作为发送器被寻址,然后产生响应 A3。从机发送器保持寻址,直到接收到停止条件 P 或从机地址不同的另一个重复起始条件(Sr)后,所有其他从机器件也用从机地址第一个字节的头 7 位(11110XX)与自己的地址比较,并检查第 8 位 R/$\overline{W}$,但是没有一个会被寻址,因为 R/$\overline{W}$=1(10 位寻址)或 11110XX,从机地址(7 位地址器件)不能匹配。

组合格式:一是主机发送数据到从机,然后从相同的从机读数据;二是在一个串行传输中组合两个 10 位寻址,主机发送数据到一个 10 位的从机,然后发送数据到另一个 10 位的从机;三是在一个串行传输中组合 10 位和 7 位寻址,在每个起始条件(S)或重复起始条件(Sr)后,发送 10 位或 7 位的从机地址。

- 控制串行存储器时可以使用组合格式。在第一个数据字节时,要写内部存储器位置。在重复起始条件和从机地址后,可以传输数据。
- 器件设计者决定了是自动增加还是减少以前访问的内存位置。
- 每个字节后都有一个响应位,在序列中用 A 或块表示。
- 兼容 I2C 总线器件在接收到起始条件或重复起始条件后,必须复位它们的总线逻辑,这样它们都可以预料从机地址的发送。

6.2.3 I2C 协议时序

1. I2C 读时序完整流程

(1) 主机在检测到总线为空闲状态(SDA、SCL 线均为高电平)时,发送一个启动信号。

(2) 主机发送一个字节(8b),该字节包括7位要读取的I2C从设备地址和1位读写控制位 $R/\overline{W}$。

(3) 读写控制位 $R/\overline{W}$,因为是向I2C从设备发送数据,因此是写信号。

(4) 从机发送的ACK应答信号。

(5) 重新发送START信号。

(6) 主机发送要读取的寄存器地址。

(7) 从机发送的ACK应答信号。

(8) 重新发送START信号。

(9) 重新发送要读取的I2C从设备地址。

(10) 读写控制位,这里是读信号,表示接下来是从I2C从设备中读取数据。

(11) 从机发送的ACK应答信号。

(12) 从I2C器件中读取到的数据。

(13) 主机发出NACK信号,表示读取完成,不需要从机再发送ACK信号。

(14) 主机发出STOP信号,停止I2C通信。

完整流程如图6-10所示。

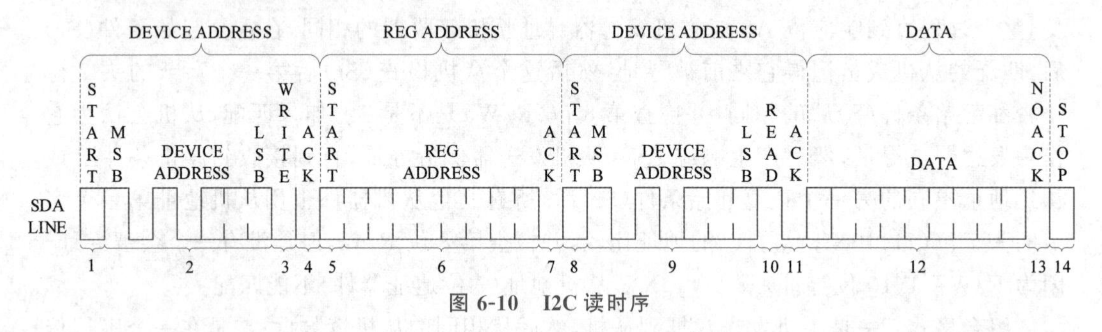

图6-10 I2C读时序

2. I2C写时序完整流程

(1) 开始信号。

(2) 发送I2C设备地址,每个I2C器件都有一个设备地址,通过发送具体的设备地址来决定访问哪个I2C器件。这是一个8位的数据,其中高7位是设备地址,最后一位是读写位。

(3) I2C器件地址后面跟着一个读写位,为0表示写操作,为1表示读操作。

(4) 从机发送的ACK应答信号。

(5) 重新发送开始信号。

(6) 发送要写入数据的寄存器地址。

(7) 从机发送的ACK应答信号。

(8) 发送要写入寄存器的数据。

(9) 从机发送的ACK应答信号。

(10) 停止信号。

完整流程如图6-11所示。

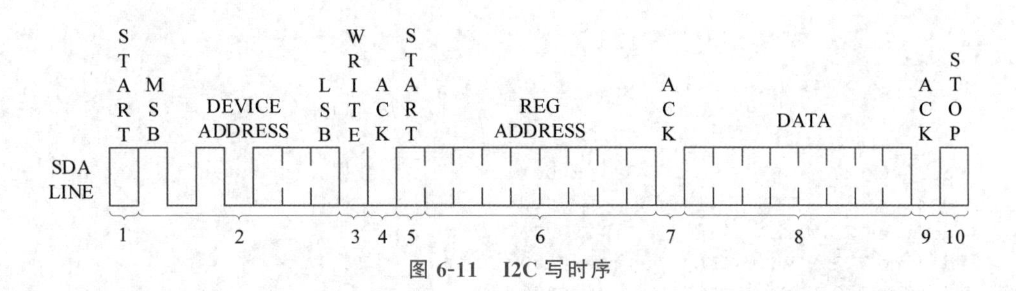

图 6-11 I2C 写时序

6.2.4 昇腾 I2C 接口介绍

Atlas 200 平台共引出 3 个 I2C 接口，分别命名为 I2C0、I2C1、I2C2。I2C 总线在 dts 文件中的描述如下，描述信息位于内核源码包中/source/dtb 目录下的 hi1910-fpga-i2c.dtsi 文件中，它们的基地址分别如下。

- I2C0：0x11013000。
- I2C1：0x1309C000。
- I2C2：0x1309D000。

打开 hi1910-fpga-i2c-dtsi 文件，从设备树中可以查看其中 I2C 总线的节点描述。此处以 I2C0 为例进行说明，I2C1 与 I2C2 可以此为参考。

I2C0 总线节点的描述信息如下。

```
i2c0:i2c@0110130000{
    #address-cells =<2>;
    #size-cells =<2>;
    compatible ="snps,designware-i2c";
    reg =<0x1 0x10130000 0 0x10000>;
    interrupts =<0x0 232 0x4>;
    i2c-sda-falling-time-ns =<913>;
    i2c-scl-falling-time-ns =<303>;
    i2c-sda-hold-time-ns =<0x190>;
    clocks =<&alg_clk>;
    clock-frequency =<100000>;
    scl-gpios =<&porta 8 0>;          /* SCL0, GPIO8 */
    sda-gpios =<&porta 9 0>;          /* SDA0, GPIO9 */
};
```

可以看出，I2C0 控制器的基地址为 0x110130000，总线驱动匹配字段为 snps，designware-i2c，总线速率 clock-frequency 为 100k，还包含一些地址、中断等信息。

6.2.5 昇腾 I2C 应用例程

【例 6-2】 I2C 读写例程。

1. I2C 重要结构体

```
struct i2c_rdwr_ioctl_data {
      struct i2c_msg *msgs;                                  // i2c_msg[] 指针
      int nmsgs;                                             // i2c_msg 消息数量
```

```
    };
struct i2c_msg {
    __u16 addr;                                    // 从机地址
    __u16 flags;
#define I2C_M_RD                0x0001             // 读数据
#define I2C_M_TEN               0x0010
#define I2C_M_DMA_SAFE          0x0200
#define I2C_M_RECV_LEN          0x0400
#define I2C_M_NO_RD_ACK         0x0800
#define I2C_M_IGNORE_NAK        0x1000
#define I2C_M_REV_DIR_ADDR      0x2000
#define I2C_M_NOSTART           0x4000
#define I2C_M_STOP              0x8000
    __u16 len;                                     // 消息长度
    __u8 *buf;                                     // 消息数据指针
};
```

2. I2C 初始化

```
i2c2_init()
{
    i2cfd = open(I2C2_DEV_NAME, O_RDWR);                       // 打开 I2C-2 设备
    if (i2cfd < 0) {
        cout << "i2c-2 Can't open !" << endl;
        return -1;
    }
    // 设置适配器收不到 ACK 时重试的次数 默认为 1
    if (ioctl(i2cfd, I2C_RETRIES, 1) < 0) {
        close(i2cfd);
        i2cfd = 0;
        cout << "set i2c-2 retry fail!" << endl;
        return -1;
    }
    // 设置超时时间 10ms 作为一个单元 这里设置等待 100ms
    if (ioctl(i2cfd, I2C_TIMEOUT, 10) < 0) {
        close(i2cfd);
        i2cfd = 0;
        cout << "set i2c-2 timeout fail!" << endl;
        return -1;
    }
    printf("i2c2 init success!\n");
    return 0;
}
```

3. I2C 写和读

```
// I2C 写
i2c_write(unsigned char slave, unsigned char reg, unsigned char value)
{
    int ret;
```

```
    struct i2c_rdwr_ioctl_data ssm_msg ={0};
    unsigned char buf[2] ={0};
    ssm_msg.nmsgs =1;
    ssm_msg.msgs = (struct i2c_msg * )malloc(ssm_msg.nmsgs * sizeof(struct
    i2c_msg));
    if (ssm_msg.msgs ==NULL) {
        cout <<"Memory alloc error!" <<endl;
        return -1;
    }
    buf[0] =reg;                                       // 寄存器首地址
    buf[1] =value;                                     // 数据条数
    (ssm_msg.msgs[0]).flags =0;                        // 标记未发送数据
    (ssm_msg.msgs[0]).addr =(unsigned short)slave;     // I2C 器件地址
    (ssm_msg.msgs[0]).buf =buf;                        // 要发送的数据缓冲区
    (ssm_msg.msgs[0]).len =2;                          // 要发送数据长度
    ret =ioctl(i2cfd, I2C_RDWR, &ssm_msg);
    if (ret <0) {
         printf ("write error, ret=%#x, errorno=%#x, %s!\n", ret, errno,
         strerror(errno));
        free(ssm_msg.msgs);
        ssm_msg.msgs =NULL;
        return -1;
    }
    free(ssm_msg.msgs);
    ssm_msg.msgs =NULL;
    return 0;
}
// I2C 读
i2c_read(unsigned char slave, unsigned char reg, unsigned char * buf)
{
    int ret;
    struct i2c_rdwr_ioctl_data ssm_msg ={0};
    unsigned char regs[2] ={0};
    regs[0] =reg;                                      // 读取地址
    regs[1] =reg;                                      // 读取地址
    ssm_msg.nmsgs =2;                                  // 读取消息个数
    ssm_msg.msgs = (struct i2c_msg * )malloc(ssm_msg.nmsgs * sizeof(struct
    i2c_msg));
    if (ssm_msg.msgs ==NULL) {
        printf("Memory alloc error!\n");
        return -1;
    }
// msg[0]第一条写消息,发送要读取的寄存器首地址
    (ssm_msg.msgs[0]).flags =0;
    (ssm_msg.msgs[0]).addr =slave;                     // I2C 器件地址
    (ssm_msg.msgs[0]).buf =regs;                       // 读取地址
    (ssm_msg.msgs[0]).len =1;                          // reg 长度
    (ssm_msg.msgs[1]).flags =I2C_M_RD;                 // 标记为读数据
    (ssm_msg.msgs[1]).addr =slave;                     // I2C 器件地址
    (ssm_msg.msgs[1]).buf =buf;                        // 读数据缓冲区
    (ssm_msg.msgs[1]).len =1;                          // 读取数据长度
    ret =ioctl(i2cfd, I2C_RDWR, &ssm_msg);
```

```
    if (ret <0) {
        printf("read data error,ret=%#x !\n", ret);
        free(ssm_msg.msgs);
        ssm_msg.msgs =NULL;
        return -1;
    }
    free(ssm_msg.msgs);
    ssm_msg.msgs =NULL;
    return 0;
}
```

6.3 SPI 总线

SPI(serial peripheral interface)的全称为串行外设接口,该接口由摩托罗拉公司在20世纪80年代中期开发,是一种用于短距离通信的同步串行通信接口规范。SPI接口主要应用在LCD显示屏、EEPROM、FLASH、实时时钟、AD转换器还有数字信号处理器和数字信号解码器之间。SPI设备使用主从架构以全双工模式通信,通常只有一个主设备,是一种高速的、全双工、同步的通信总线,并且在芯片的引脚上只占用4根线(也可以使用3根线单向传输),节约了芯片引脚,同时为PCB的布局节省了空间。

6.3.1 SPI 功能与特点

1. SPI 功能简介

在SPI通信中,SPI网络通常由一个主设备和一个或多个从设备组成。SPI结构框图,如图6-12所示。在SPI总线中,一共有4根线。

(1) $\overline{SS}/\overline{CS}$,Slave Select/Chip Select。片选信号线,该引脚用于从SPI模块输出选择信号到另一个外设,当其配置为主设备时,数据传输将发生;当SPI配置为从设备时,它用作接收从设备选择信号的输入。

(2) SCK,Serial Clock。串行时钟线,该引脚用于输出SPI传输数据或在Slave情况下接收时钟。

(3) MOSI/SDO,Master Out Slave In/Serial Data Output。主出从入信号线,该引脚用于在SPI模块配置为Master时将数据发送出去,并在配置为Slave时接收数据。

(4) MISO/SDI,Master In Slave Out/Serial Data Input。主入从出信号线,该引脚用于在SPI模块配置为Slave时将数据发送出去,并在配置为Master时接收数据。

2. SPI 主要特点

(1) 可以当作主机或者从机工作。

(2) 全双工通信,主设备和从设备可以同时进行数据的发送和接收。主设备和从设备之间可以独立地发送和接收数据,提供了快速而可靠的双向数据传输。

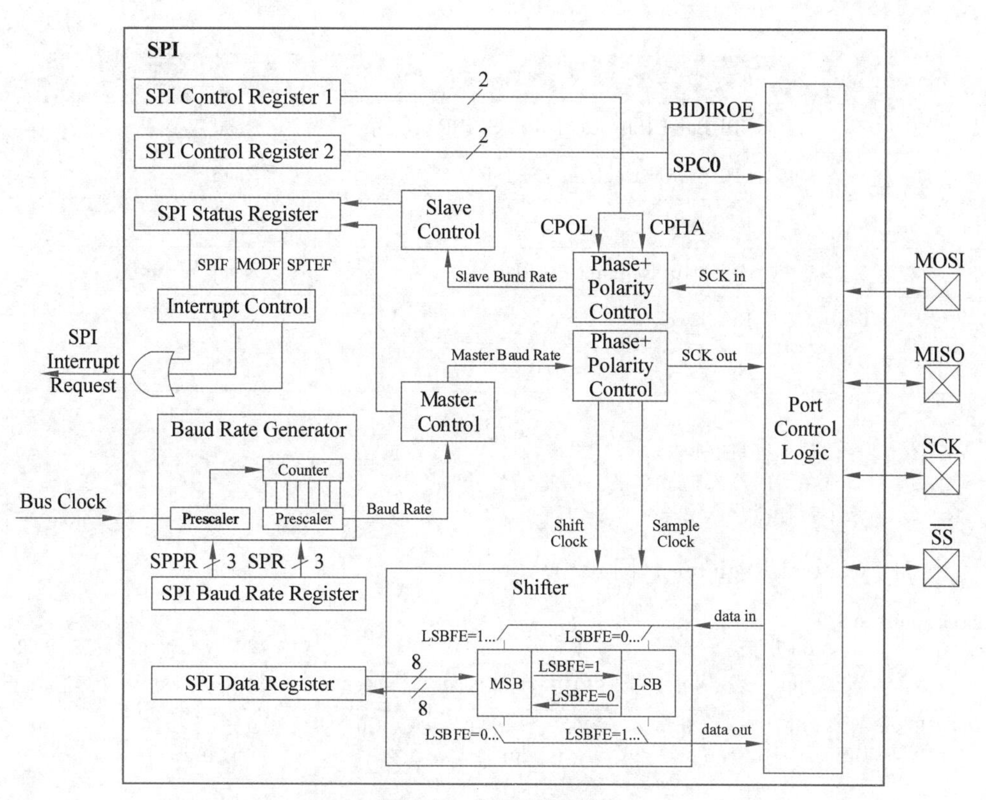

图 6-12　SPI 结构框图

(3) 可以通过片选(slave select,或简称$\overline{SS}$),选择特定的从机输出线,主机可以与所需的从机进行通信,而其他从机则保持非活动状态。

(4) 在使用 SPI 接口时,可以通过结合 CPU 的中断功能实现模式错误标志。

(5) SPI 双缓冲数据寄存器是一种在 SPI 通信中使用的寄存器结构,用于存储主机设备和从机设备之间的数据传输,可以同时进行数据的发送和接收,提高通信效率和灵活性。

(6) 具有可编程极性和相位的串行时钟。

(7) 在等待模式下,主机可以通过控制 SPI 操作管理 SPI 通信。

3. SPI 内存映射/寄存器定义

SPI 的内存映射如表 6-5 所示。为每个寄存器列出的地址是一个基址和一个地址偏移量的总和。基址是在 SoC 级定义的,地址偏移量是在模块级定义的。从保留位读取将返回 0,而向保留位写入则没有效果。

表 6-5　模块内存映射

Address	Use	Access
$___0	SPI Control Register 1 (SPICR1)	Read/Write
$___1	SPI Control Register 2 (SPICR2)	Read/Write[1]

续表

Address	Use	Access
$ ___2	SPI Baud Rate Register (SPIBR)	Read/Write[1]
$ ___3	SPI Status Register (SPISR)	Read [2]
$ ___4	Reserved	__2[3]
$ ___5	SPI Data Register (SPIDR)	Read/Write
$ ___6	Reserved	__2 [3]
$ ___7	Reserved	__2 [3]

📖 1. 某些位是不可写的。
📖 2. 对该寄存器的写入将被忽略。
📖 3. 从这个寄存器读取返回全 0。

1) SPI Control Register 1(图 6-13)

Register Address: $_0	Bit 7	6	5	4	3	2	1	Bit 0
R/W	SPIE	SPE	SPTIE	MSTR	CPOL	CPHA	SSOE	LSBFE
Reset:	0	0	0	0	0	0	0	0

图 6-13　SPI 控制寄存器 1

(1) SPIE——SPI 中断使能位。

如果设置了 SPIE 或者 MODF 状态标志,则该位启用 SPI 中断请求。

- 1 =SPI 中断使能。
- 0 =SPI 中断禁用。

(2) SPE——SPI 系统使能位。

该位启用 SPI 系统,并将 SPI 端口引脚专用于 SPI 系统功能。如果清除 SPE,则 SPI 将被禁用并强制进入空闲状态,SPISR 寄存器中的状态位将被重置。

- 1 =启用 SPI,端口引脚专用于 SPI 功能。
- 0 =SPI 禁用(降低功耗)。

(3) SPTIE——SPI 传输中断使能位。

如果设置了 SPTIE 标志,则该位启用 SPI 中断请求。

- 1 = SPI 中断使能。
- 0 = SPI 中断禁用。

(4) MSTR——SPI 主/从模式选择位。

该位选择 SPI 总线操作的主从模式。在主模式和从模式之间切换会使 SPI 系统强制进入空闲状态。

- 1 = SPI 处于主模式。
- 0 = SPI 处于从模式。

(5) CPOL——SPI 时钟极性位。

该位选择反转或非反转SPI时钟。为了在SPI模块之间传输数据,SPI模块必须具有相同的CPOL值。在主模式下,这个位的改变将中止正在进行的传输,并迫使SPI系统进入空闲状态。

- 1 = 选择活动低电平时钟,在空闲状态下,SCK保持高电平。
- 0 =选择活动高电平时钟,在空闲状态下,SCK保持低电平。

(6) CPHA——SPI时钟相位。

该位用于选择SPI时钟格式。在主模式下,这个位的改变将中止正在进行的传输,并迫使SPI系统进入空闲状态。

- 1 = 在SCK时钟信号的偶数边沿(第2、4……16个上升沿或下降沿)处进行数据采样。
- 0 =在SCK时钟信号的奇数边沿(第1、3……15个上升沿或下降沿)处进行数据采样。

(7) SSOE——SPI从机片选输出使能。

$\overline{SS}$输出特性仅在主模式下启用,如果设置了MODFEN,则可以通过断言SSOE启用该特性,如表6-6所示。在主模式下,更改此位将中止正在进行的传输,并将SPI系统强制转换为空闲状态。

表6-6 $\overline{SS}$输入/输出选项

MODFEN	SSOE	Master Mode	Slave Mode
0	0	不使用片选	片选输入
0	1	不使用片选	片选输入
1	0	以MOD特点使用片选	片选输入
1	1	片选是从选择输出	片选输入

(8) LSBFE——SPI最低位优先模式使能。

该位不会影响数据寄存器中的最高位和最低位的位置。对数据寄存器的读写始终将最高位放置在第7位。在主模式下,修改此位将中止正在进行的传输,并强制SPI系统进入空闲状态。

- 1 = 数据首先传输最低有效位。
- 0 =数据首先传输最高有效位。

2) SPI Control Register 2(图6-14)

Register Address:$__1

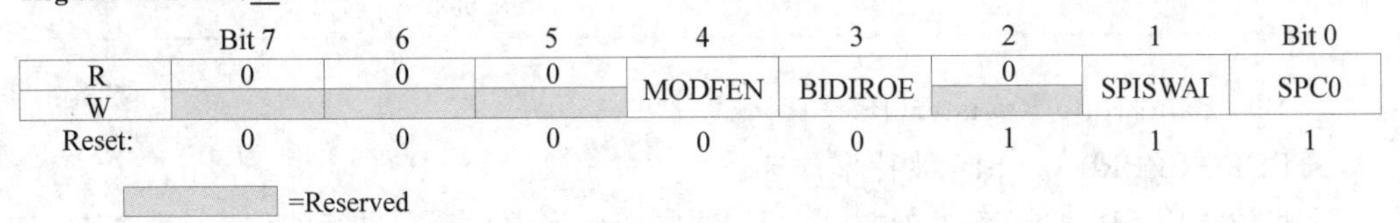

图6-14 SPI控制寄存器2

(1) MODFEN——模式故障使能位。

该位允许检测MODF故障。如果SPI处于主模式且MODFEN被清除,则$\overline{SS}$端口引脚不会被 SPI 使用。在从模式下,无论 MODFEN 的值如何,$\overline{SS}$仅作为输入可用。有关 MODFEN 位对$\overline{SS}$端口引脚配置的影响概述请参考表 6-6。在主模式下,更改此位将中止正在进行的传输,并强制使 SPI 系统进入空闲状态。

- 1 = 具有 MODF 功能的$\overline{SS}$端口引脚。
- 0 = $\overline{SS}$端口引脚没有被 SPI 使用。

(2) BIDIROE——输出使能在双向模式下工作。

该位控制 SPI 在双向操作模式(设置 SPC0)下的 MOSI 和 MISO 输出缓冲区。在主模式下,此位控制 MOSI 端口的输出缓冲区;在从模式下,此位控制 MISO 端口的输出缓冲区。在主模式中,通过设置 SPC0,更改此位会中止正在进行的传输,并强制将 SPI 系统置于空闲状态。

- 1 =输出缓冲区使能。
- 0 =输出缓冲区禁用。

(3) SPISWAI——SPI 停止在等待模式位。

在等待模式下,该位用于省电。

- 1 = 在等待模式下 SPI 时钟停止生成。
- 0 = 在等待模式下 SPI 时钟正常工作。

(4) SPC0——串口引脚控制位。

该位使能如表 6-7 所示的双向引脚配置。在主模式下,更改此位会中止正在进行的传输,并强制使 SPI 系统进入空闲状态。

表 6-7 双向引脚配置

<table>
<tr><th>Pin Mode</th><th>SPC0</th><th>BIDIROE</th><th>MISO</th><th>MOSI</th></tr>
<tr><td colspan="5">主模式操作选项</td></tr>
<tr><td>Normal</td><td>0</td><td>X</td><td>主机输入</td><td>主机输出</td></tr>
<tr><td rowspan="2">Bidirectional</td><td rowspan="2">1</td><td>0</td><td rowspan="2">不使用</td><td>主机输入</td></tr>
<tr><td>1</td><td>主机输入/输出</td></tr>
<tr><td colspan="5">从机模式选项</td></tr>
<tr><td>Normal</td><td>0</td><td>X</td><td>从机输出</td><td>从机输入</td></tr>
<tr><td rowspan="2">Bidirectional</td><td rowspan="2">1</td><td>0</td><td>从机输入</td><td rowspan="2">不使用</td></tr>
<tr><td>1</td><td>从机输入/输出</td></tr>
</table>

3) SPI Baud Rate Register(图 6-15)

SPPR2~SPPR0——SPI 波特率预选位。

这些位指定 SPI 波特率。在主模式下,这些变化将中止正在进行的传输,并迫使 SPI 系统进入空闲状态。

波特率因子方程:

$$\text{BaudRateDivisor} = (\text{SPPR} + 1) \cdot 2^{(\text{SPPR}+1)} \tag{6-1}$$

Register Address:$__2

	Bit 7	6	5	4	3	2	1	Bit 0
R	0	SPPR2	SPPR1	SPPR0	0	SPR2	SPR1	SPR0
W								
Reset:	0	0	0	0	0	0	0	0

=Reserved

图 6-15 SPI 波特率寄存器

波特率计算公式：

$$BaudRate = BusClock/BaudRateDivisor \tag{6-2}$$

4）SPI Status Register(图 6-16)

Register Address:$__3

	Bit 7	6	5	4	3	2	1	Bit 0
R	SPIF	0	SPTEF	MODF	0	0	0	0
W								
Reset:	0	0	0	0	0	0	0	0

=Reserved

图 6-16 SPI 状态寄存器

(1) SPIF——SPIF 中断标志。

该位在接收到数据字节传输到 SPI 数据寄存器后被设置。通过读取 SPISR 寄存器(同时 SPIF 位被设置),并随后对 SPI 数据寄存器进行读取访问,可以清除该位。

- 1 =SPI 数据寄存器为空。
- 0 = SPI 数据寄存器不为空。

(2) SPTEF——SPTEF 传输控制中断标志。

如果设置了该位,则表示传输数据寄存器为空。要清除该位并将数据放入传输数据寄存器中,需要先读取 SPISR,使 SPTEF=1,并随后写入 SPIDR 寄存器。如果没有读取 SPTEF=1,则尝试向 SPI 数据寄存器写入数据,则该写操作将被忽略。

(3) MODF——模式故障标志。

如果 SPI 已配置为主机并启用了模式故障检测(SPICR2 寄存器的 MODFEN 位被设置),同时$\overline{SS}$输入变为低电平,则会设置该位。请参阅上面 SPI 控制寄存器 2 中的 MODFEN 比特描述。通过读取 MODF 被设置的 SPI 状态寄存器,并随后写入 SPI 控制寄存器 1,可以自动清除该标志。

- 1 =模式故障发生。
- 0 =模式故障未发生。

5）SPI Data Register(图 6-17)

SPI 数据寄存器既是 SPI 数据的输入寄存器,也是输出寄存器。写入此寄存器允许将数据字节排队并传输。对于配置为主机的 SPI,排队的数据字节会在上一次传输完成后立即传输。SPI 状态寄存器中的 SPI 发送缓冲区为空标志,即 SPTEF 位被设置,表示 SPI 数据寄存器已准备好接收新数据。当 SPIF 被设置时,SPIDR 中收到的数据是有效的。如果 SPIF 被清除并且收到了一个字节,则接收的字节将从接收移位寄存器转移到

Register Address:$__4

	Bit 7	6	5	4	3	2	1	Bit 0
R W	Bit 7	6	5	4	3	2	1	Bit 0
Reset:	0	0	0	0	0	0	0	0

图 6-17　SPI 数据寄存器

SPIDR，并设置 SPIF。如果 SPIF 被设置但未被处理，并且已收到第二个字节，则第二个接收的字节会作为有效字节保留在接收移位寄存器中，直到开始另一个传输。SPIDR 中的字节不会更改。如果 SPIF 被设置且接收移位寄存器中有一个有效字节，并且在第三次传输开始前服务了 SPIF，则接收移位寄存器中的字节将传输到 SPIDR 中，而 SPIF 保持设置状态。如果 SPIF 被设置且接收移位寄存器中有一个有效字节，并且在第三次传输开始后服务了 SPIF，则接收移位寄存器中的字节已变为无效，不会被传输到 SPIDR 中。

6.3.2　SPI 特征与结构

1. SPI 总体特征

SPI 模块允许在处理器和外部设备之间进行双工、同步、串行通信。软件可以轮询 SPI 状态标志，也可以通过中断驱动的方式进行 SPI 操作。

通过在 SPI 控制寄存器 1 中设置 SPI 使能位（SPE）来使能 SPI 系统。当设置了 SPE 位时，以下 4 个相关的 SPI 端口引脚专用于 SPI 功能。

- Slave select($\overline{SS}$)
- Serial clock (SCK)
- Master out/slave in(MOSI)
- Master in/slave out(MISO)

SPI 系统的主要元件是 SPI 数据寄存器。主设备中的 8 位数据寄存器和从设备中的 8 位数据寄存器通过 MOSI 和 MISO 引脚连接，形成一个分布式 16 位寄存器。在进行数据传输操作时，主设备通过时钟信号 S-clock 将这个 16 位寄存器串行并按 8 位位置移动，从而在主设备和从设备之间进行数据交换。写入主设备 SPI 数据寄存器的数据变为从设备的输出数据，而在传输操作后，从主设备 SPI 数据寄存器读取的数据则是从设备的输入数据。

当 SPTEF＝1 时，读取 SPISR，然后将数据写入 SPIDR 中，可以将数据放入传输数据寄存器。当一个传输完成且 SPIF 被清除后，接收的数据被移动到接收数据寄存器中。这个 8 位的数据寄存器在读操作时作为 SPI 接收数据寄存器，在写操作时作为 SPI 传输数据寄存器。单个 SPI 寄存器地址用于从读数据缓冲区中读取数据，以及将数据写入传输数据寄存器中。

SPI 控制寄存器 1（SPICR1）中的时钟相位控制位（CPHA）和时钟极性控制位（CPOL）选择了 SPI 系统可能使用的 4 种不同时钟格式之一。CPOL 位简单地选择一个非反转或反转的时钟。CPHA 位用于根据奇数编号的 SCK 边沿或偶数编号的 SCK 边沿来采样数据，以适应两种基本不同的协议。

SPI 可以配置为主模式或从模式。当 SPI 控制寄存器 1 中的 MSTR 位被设置时，选择主模式，当 MSTR 位被清除时，选择从模式。

📖注意：当接收移位寄存器中存在一个待处理的接收字节时，更改 CPOL 或 MSTR 位将会破坏接收字节，必须避免这种情况发生。

2. 主模式

当 MSTR 位被设定时，SPI 运行在主模式下。只有主 SPI 模块才能发起传输，通过写入主 SPI 数据寄存器开始传输。如果移位寄存器为空，则字节立即传输到移位寄存器。该字节在串行时钟的控制下开始在 MOSI 引脚上向外移位。

1）SCK

SPI 波特率选择寄存器中的 SPR2、SPR1 和 SPR0 波特率选择位，与 SPPR2、SPPR1 和 SPPR0 波特率预选位一起控制波特率发生器并确定传输速度。SCK 引脚是 SPI 的时钟输出引脚。通过 SCK 引脚，主机的波特率发生器控制从机外部设备的移位寄存器。

2）MOSI 和 MISO

在主模式下，串行数据输出引脚（MOSI）和串行数据输入引脚（MISO）的功能由 SPC0 和 BIDIROE 控制位确定。

3）$\overline{SS}$

如果 MODFEN 和 SSOE 位被设定，$\overline{SS}$引脚将被配置为从选择输出。在每次传输期间，$\overline{SS}$输出会变低，并且当 SPI 处于空闲状态时它会变高。

如果设定了 MODFEN 位但清除了 SSOE 位，则$\overline{SS}$引脚会被配置为用于检测模式故障错误的输入。如果$\overline{SS}$输入变低，则表明有另一个主设备试图驱动 MOSI 和 SCK 线路。在这种情况下，SPI 立即切换到从模式，通过清除 MSTR 位实现，并且禁用从设备输出缓冲区 MISO（或在双向模式中为 SISO）。因此，所有输出都会被禁用，SCK、MOSI 和 MISO 都变成了输入。如果在出现模式故障时正在进行传输，则该传输会被中止，SPI 会被强制进入空闲状态。

这种模式故障错误也会在 SPI 状态寄存器 SPISR 中设置模式故障 MODF 标志。如果设定了 SPI 中断使能位 SPIE，则在设置 MODF 标志时，还会请求 SPI 中断序列。

当主设备向 SPI 数据寄存器写入数据时，存在一半 SCK 周期的延迟。延迟后，在主端自行启动 SCK。传输操作的其他部分会稍有不同，具体取决于 SPI 控制寄存器 1 中的 SPI 时钟相位 CPHA 指定的时钟格式。

📖注意：在主设备模式下，如果更改 CPOL、CPHA、SSOE、LSBFE、MODFEN、SPC0、BIDIROE 的位，并设置 SPPR2-SPPR0 和 SPR2-SPR0，在传输进行中会中止传输并强制将 SPI 置于空闲状态。远程从设备无法检测到此操作，因此必须确保主设备将远程从设备设置回空闲状态。

3. 从模式

当 SPI 控制寄存器 1 中的 MSTR 位清 0 时，SPI 运行在从设备模式下。

1）SCK

在从设备模式下，SCK 为来自主设备的 SPI 时钟输入。

2）MISO 和 MOSI

在从设备模式下，串行数据输出引脚（MISO）和串行数据输入引脚（MOSI）的功能由 SPI 控制寄存器 2 中的 SPC0 位和 BIDIROE 位决定。

3）$\overline{SS}$

$\overline{SS}$引脚是从设备的选择输入。在数据传输开始前，从设备 SPI 的$\overline{SS}$引脚必须为低电平直到传输完成。如果$\overline{SS}$变为高电平，则 SPI 会被强制进入空闲状态。

$\overline{SS}$输入还控制串行数据输出引脚。如果$\overline{SS}$为高电平（从设备未被选中），则串行数据输出引脚为高阻抗。如果$\overline{SS}$为低电平，则 SPI 数据寄存器中的第一个位将从串行数据输出引脚输出。另外，如果从设备未被选中（$\overline{SS}$为高电平），则 SCK 输入将被忽略，SPI 移位寄存器不进行内部移位操作。

尽管 SPI 能够进行双工操作，但某些 SPI 外设只能在从设备模式下接收 SPI 数据，对于这些简单设备，没有串行数据输出引脚。

🕮注意：在使用具有双工功能的外设时，请不要同时启用两个接收器，其串行输出驱动相同系统从设备的串行数据输出线。

只要不超过一个从设备驱动系统的串行数据输出线，就可以让多个从设备从主设备接收相同的传输数据，但主设备将不能从所有接收从设备中获得返回信息。如果 SPI 控制寄存器 1 中的 CPHA 位清 0，则 SCK 输入上的奇数边沿会导致串行数据输入引脚上的数据被锁存。偶数边沿会导致先前从串行数据输入引脚锁存的值移入 SPI 移位寄存器的最低有效位或最高有效位，具体取决于 LSBFE 位。如果 CPHA 位为 1，则 SCK 输入上的偶数边沿会导致串行数据输入引脚上的数据被锁存。奇数边沿会导致先前从串行数据输入引脚锁存的值移入 SPI 移位寄存器的最低有效位或最高有效位，具体取决于 LSBFE 位。当 CPHA 为 1 时，第一个边沿用于将第一位数据置于串行数据输出引脚上；当 CPHA 为 0 且$\overline{SS}$输入为低电平（已选中从设备）时，SPI 数据的第一位将从串行数据输出引脚输出；在第 8 次移位后，传输被认为已经完成，并将接收到的数据传送到 SPI 数据寄存器中。传输完成时会设置 SPI 状态寄存器中的 SPIF 标志进行表示。

🕮注意：在从设备模式下设置 SPC0 时，改变 CPOL、CPHA、SSOE、LSBFE、MODFEN、SPC0 和 BIDIROE 位会破坏正在进行的传输，必须避免这种情况发生。

4. 传输格式

在 SPI 传输期间，数据同时被传输（串行输出）和接收（串行输入）。串行时钟（SCK）同步在两个串行数据线上进行信息的移位和采样。从设备选择线允许选择一个特定的从属 SPI 设备，未被选中的从设备不会干扰 SPI 总线的活动。在主设备上，从设备选择线可以用来表示多主机总线争用，如图 6-18 所示。

1）时钟相位和极性控制

使用 SPI 控制寄存器 1 中的两个位，软件可以选择 4 种串行时钟相位和极性的组合中的一种。CPOL 时钟极性控制位指定一个高有效或低有效的时钟，对传输格式没有显

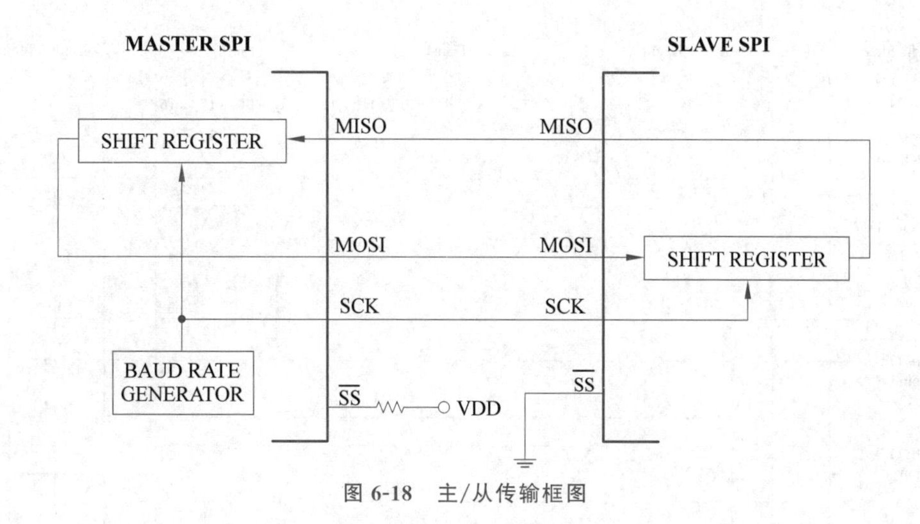

图 6-18　主/从传输框图

著影响。CPHA 时钟相位控制位选择两种基本不同的传输格式之一。主 SPI 设备和通信的从设备应该具有相同的时钟相位和极性。在某些情况下，为了允许主机设备与具有不同要求的外部从设备通信，需要在传输之间更改相位和极性。

2）CPHA ＝ 0 传输格式

SCK 线上的第一个跳变沿用于将从设备的第一个数据位时钟输入主设备，以及将主设备的第一个数据位时钟输入从设备。在某些外设中，从设备数据的第一个位在从设备被选中后即可从从设备数据输出引脚获得。在这种格式下，第一个 SCK 边沿是在$\overline{SS}$变为低电平半个周期后发出的。

半个 SCK 周期后，第二个边沿出现在 SCK 线上。当第二个边沿出现时，先前从串行数据输入引脚锁存的值将根据 LSBFE 位移动到移位寄存器的最低有效位或最高有效位。在第二个边沿之后，SPI 主机数据的下一位将通过主机的串行数据输出引脚传输到从设备上的串行输入引脚。该过程将连续进行总共 16 个 SCK 线边沿，其中数据在奇数编号的边沿锁存，并在偶数编号的边沿上移位。数据接收使用双缓冲区。在传输期间，数据按位序列传送到 SPI 移位寄存器，并在最后一位移位后传输到并行 SPI 数据寄存器中。

在第 16 次 SCK 之后，之前位于主 SPI 数据寄存器中的数据现在应该在从设备数据寄存器中，而之前在从设备数据寄存器中的数据应该在主设备数据寄存器中。SPI 状态寄存器中的 SPIF 标志被设置，表示传输已完成。图 6-19 是一个 SPI 传输的时序图，其中 CPHA=0，显示了 CPOL=0 和 CPOL=1 的 SCK 波形。可以将该图解释为主设备或从设备的时序图，这是因为 SCK、MISO 和 MOSI 引脚直接连接在主设备和从设备之间。MISO 信号是从设备的输出，而 MOSI 信号是主设备的输出。主设备的$\overline{SS}$引脚必须是高电平，或者重新配置为不影响 SPI 的通用输出。

在从设备模式下，如果在连续传输之间未取消$\overline{SS}$线，则 SPI 数据寄存器的内容不会被传输，而是传输上次接收到的字节。如果在连续传输之间取消$\overline{SS}$线的最小空闲时间(半个 SCK 周期)，则 SPI 数据寄存器的内容将被传输。

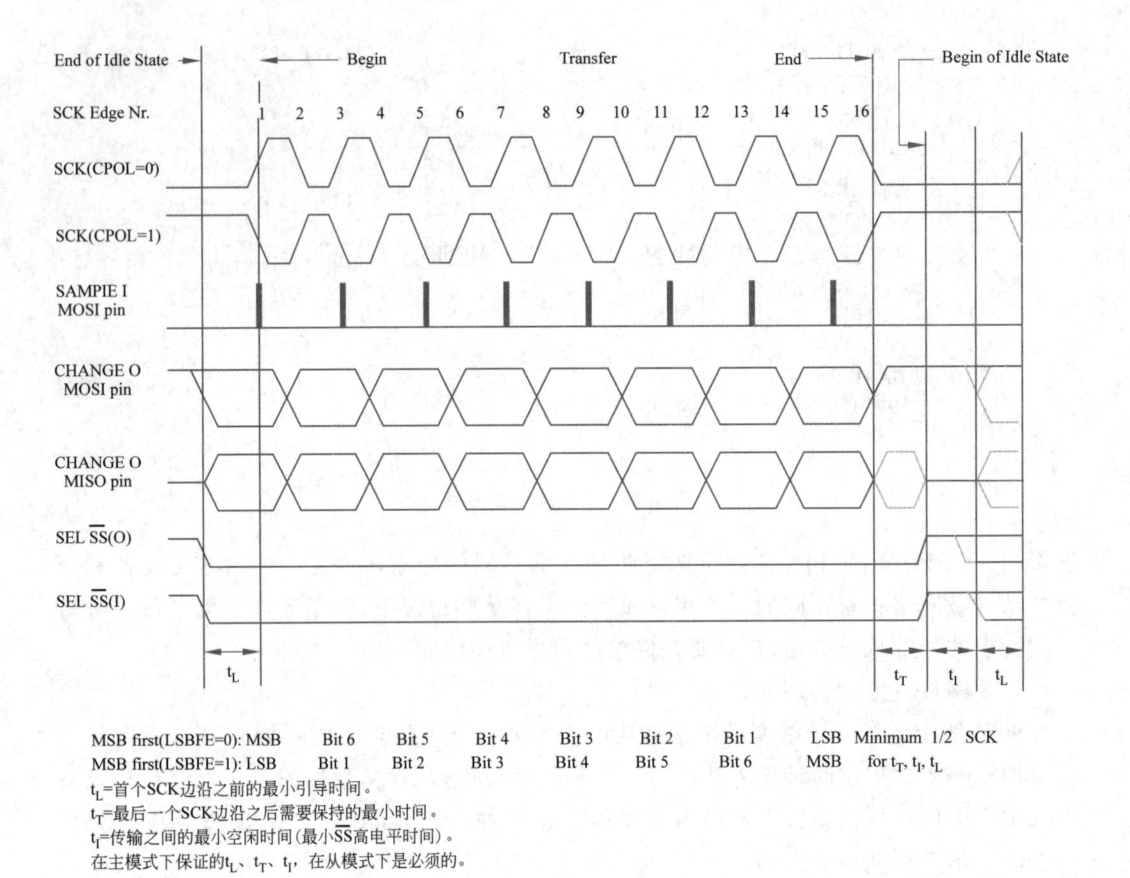

图 6-19 SPI 传输时序图(CPHA = 0)

在主设备模式下,启用从设备选择输出后,$\overline{SS}$线始终在连续传输之间被取消和重新设置,持续至少最小空闲时间。

3) CPHA = 1 传输格式

某些外设要求第一个数据位在数据输出引脚上可用之前,必须经过第一个 SCK 边沿,到第二个边沿才能将数据时钟输入系统。在这种格式下,可以通过在 8 次传输操作开始时设置 CPHA 位来发出第一个 SCK 边沿。第一个 SCK 边沿在半个 SCK 时钟周期同步延迟后立即出现。第一个边沿命令从设备将其第一个数据位传输到主设备的串行数据输入引脚上,再经过半个 SCK 周期,第二个 SCK 边沿出现在 SCK 引脚上,这是主设备和从设备的锁存边沿。当第三个边沿出现时,之前从串行输入引脚锁定的值被移入 SPI 移位寄存器的最低或最高有效位,取决于 LSBFE 位。在此边沿之后,主设备数据的下一位被耦合出主设备的串行数据输出引脚,并传输到从设备的串行输入引脚上。这个过程在 SCK 线上进行了 16 个边沿,数据在偶数编号的边沿上被锁存,而在奇数编号的边沿上发生移位。数据接收是双缓冲的,数据在传输中被串行地移入 SPI 移位寄存器,并在最后一个位被移入后传输到并行 SPI 数据寄存器中。

在第 16 次 SCK 之后,之前存储在主设备的 SPI 数据寄存器中的数据现在存储在从设备的数据寄存器中,而之前存储在从设备的数据寄存器中的数据现在存储在主设备中。SPISR 中的 SPIF 标志位被设置，表示传输已完成。图 6-20 显示了对于 CPHA＝1 时的两种时钟变化。

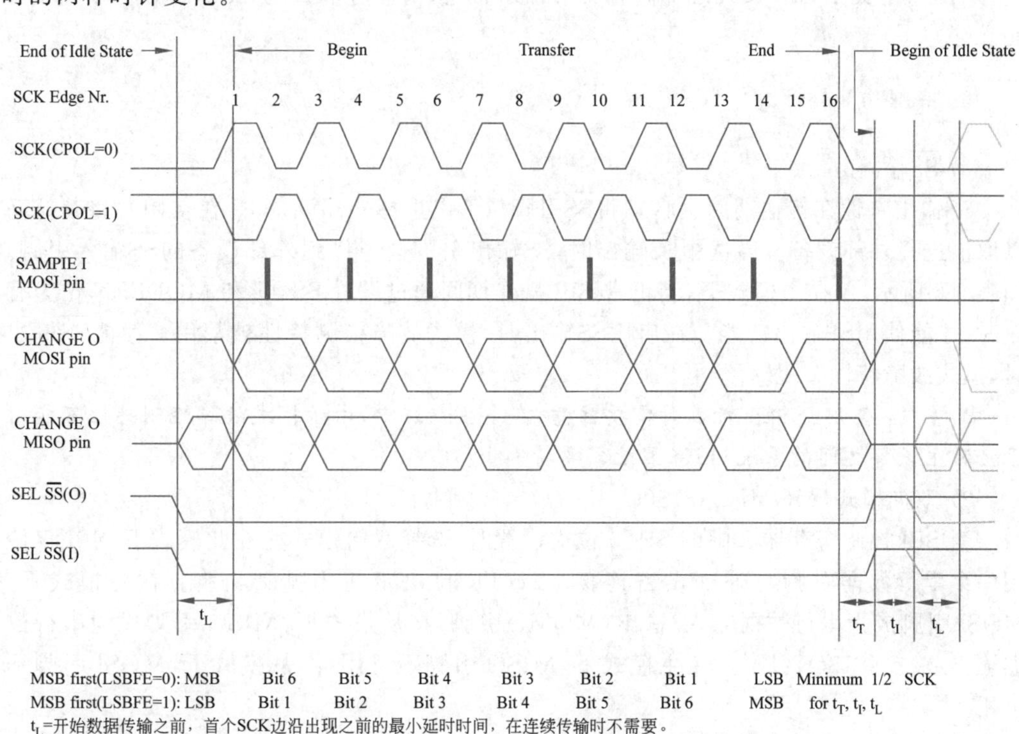

图 6-20 SPI 传输时序图（CPHA ＝ 1）

在连续的传输之间，片选信号线$\overline{SS}$可以保持低电平状态（一直与地连接）。这种格式有时在具有单个固定主设备和单个从设备驱动 MISO 数据线的系统中更受欢迎。

4）主模式连续传输

在主设备模式下，如果传输已经完成并且 SPI 数据寄存器中有新的数据字节可用，那么该字节将立即发送出去，没有尾部和最小空闲时间。SPI 中断请求标志（SPIF）适用于主设备和从设备模式。SPIF 在最后一个 SCK 边沿过后的半个 SCK 周期后被设置。

5. 波特率生成

波特率生成由一系列分频器级别组成。SPI 波特率寄存器中的 6 位（SPPR2、SPPR1、SPPR0、SPR2、SPR1 和 SPR0）确定 SPI 模块时钟除数，从而获得 SPI 波特率。SPI 时钟速率是由波特率预选位中的值（SPPR2～SPPR0）和波特率选择位中的值（SPR2～SPR0）的乘积确定的。当所有位被清除时（默认情况下），SPI 模块时钟被除以 2。当选择位（SPR2～SPR0）为 001 并且预选位（SPPR2～SPPR0）为 000 时，模块时钟除数变为 4。当选择位为 010 时，模块时钟除数变为 8，等等。当预选位为 001 时，由选择位确定的除数乘以 2。当预选位为 010 时，除数乘以 3，以此类推。两套选择器允许时钟被非二次幂除，从而得到其他波特率，如除以 6、除以 10 等。波特率生成器仅在 SPI 处于主模式且正在进行串行传输时才启用。在其他情况下，分频器会被禁用以降低 IDD 电流。

📖注意：关于 SPI 最大允许波特率的详细信息，请参考相应的 SoC 指南中的 SPI 电气规范。

6. 特殊功能

1）$\overline{SS}$输出

$\overline{SS}$输出特性在传输期间会自动将$\overline{SS}$引脚拉低以选择外部设备，并在空闲时将其拉高以取消选择外部设备。当选中$\overline{SS}$输出时，$\overline{SS}$输出引脚会连接到外部设备的$\overline{SS}$输入引脚。如表 6-6 所示，仅在主模式下，当正常 SPI 操作期间通过设置 SSOE 和 MODFEN 位为有效时，才能使用$\overline{SS}$输出功能。在启用$\overline{SS}$输出时，模式故障检测特性被禁用。使能$\overline{SS}$输出时，模式故障特性关闭。

📖注意：使用$\overline{SS}$输出特性时需要注意，在多主系统中，由于模式故障检测特性不能用于检测主设备之间的系统错误，因此需要特别小心。

2）双向模式(MOMI 或 SISO)

当 SPI 控制寄存器 2 中的 SPC0 位被设置时，选择双向模式。在此模式下，SPI 仅使用一个串行数据引脚与外部设备连接。MSTR 位决定使用哪个引脚。在主模式下，MOSI 引脚成为串行数据输入/输出(MOMI)引脚；在从模式下，MISO 引脚成为串行数据输入/输出(SISO)引脚。在主模式下，MISO 引脚不可用；在从模式下，MOSI 引脚不可用。

每个串行 I/O 引脚的方向取决于 BIDIROE 位。如果该引脚配置为输出，则从移位寄存器传输的串行数据通过该引脚输出。同一引脚也是移位寄存器的串行输入。在主模式下，SCK 是输出；在从模式下，SCK 是输入。在主模式下，$\overline{SS}$为输入或输出；在从模式下，$\overline{SS}$始终为输入。双向模式不影响 SCK 的$\overline{SS}$功能。

📖注意：在启用模式错误功能的双向主模式下，SPI 可以占用 MISO 和 MOSI 两个数据引脚。尽管在双向模式下通常使用 MOSI 进行发送，而 SPI 不使用 MISO。如果出现模式错误，则 SPI 会自动切换到从模式，在这种情况下，MISO 被 SPI 占用并且 MOSI 不是被使用的。如果 MISO 引脚用于其他目的，则必须考虑这一点。

7. 错误条件

SPI 有一个错误条件——模式故障错误。如果在 SPI 配置为主设备时，$\overline{SS}$输入变为低电平，则表示出现系统错误，可能有超过一个主设备试图同时控制 MOSI 和 SCK 线，这种情况并不正常。在 SPI 正常运行过程中，只要 MODFEN 位被设置，那么当发生模式故障时，SPI 状态寄存器中的 MODF 位就会自动置位。当 SPI 工作在主设备模式，并且 MODFEN 位被清除时，如果$\overline{SS}$引脚并未被 SPI 使用。在这种特殊情况下，模式故障错误功能会被禁止且 MODF 仍保持不变。如果 SPI 被配置为从设备模式，则$\overline{SS}$引脚是专门的输入引脚。在从设备模式下，不会发生模式故障错误。如果发生模式故障错误，则 SPI 将被切换到从设备模式，但从设备的输出缓冲器将被禁用。因此，SCK、MISO 和 MOSI 引脚将被强制为高阻输入，以避免与其他输出驱动器发生冲突。正在进行的传输会被中止，并强制使SPI进入空闲状态。当在主设备模式下配置的SPI系统的双向模式中发生模式故障错误时，如果已设置MOMI(双向模式下的MOSI)的输出使能，则其将被清除。在从设备模式下配置的SPI系统的双向模式中不会发生模式故障错误。通过对带有MODF设置的SPI状态寄存器进行读取，然后写入SPI控制寄存器1以自动清除模式故障标志。如果模式故障标志已经清除，则SPI将重新变为正常的主设备或从设备。

🕮注意：如果发生模式故障错误，并且在接收移位寄存器中有一个待处理的数据字节，则该数据字节将会丢失。

8. 低功耗模式选项

1）运行模式下的SPI

当SPI控制寄存器中的SPI系统使能位(SPE)清零且在运行模式下时，SPI系统处于低功耗和禁用状态，仍然可以访问SPI寄存器，但是该模块的核心时钟会被禁用。

2）等待模式下的SPI

在等待模式下，SPI的操作取决于SPI控制寄存器2中SPISWAI位的状态。

- 如果SPISWAI复位，则CPU处于等待模式时SPI正常工作。
- 如果SPISWAI被设置，则CPU处于等待模式时SPI时钟停止并进入省电状态。
- 如果SPISWAI被设置且SPI被配置为主设备，则任何正在进行的传输和接收都会在进入等待模式时停止。传输和接收会在SPI退出等待模式时恢复。
- 如果SPISWAI被设置且SPI被配置为从设备，则只要SCK继续由主设备驱动，任何正在进行的传输和接收就会继续。这会保持从设备与主设备同步，同时保持时钟信号(SCK)不变。
- 如果从设备处于等待模式，而主设备传输多个字节，则从设备将继续按照进入等待模式时的操作模式发送字节。即，如果从设备当前正在向主设备发送其SPIDR，处于等待模式将继续发送同一个字节。否则，如果从设备当前正在发送来自主设备的上一个字节，则它将继续发送每个先前的主设备字节。

🕮注意：当从设备处于等待或停止模式时，从主设备期望数据时必须小心。即使移位寄存器将继续操作，但SPI的其余部分将关闭(在退出停止或等待模式之前不会生成SPIF中断)。此外，直到从设备的SPI退出等待或停止模式之后，移位寄存器中的字节才会被复制到SPIDR寄存器中。在从设备模式下，进入等待或停止模式时收到的字节将丢失。只有在传输期间进入或退出等待模式时，才会产生SPIF标志和SPIDR复制。如果从设备在空闲模式下进入等待模式并在空闲模式下退出等待模式，则既不会发生SPIF，也不会进行SPIDR复制。

3）停止模式下的SPI

停止模式取决于系统。当模块时钟被禁用(保持高电平或低电平)时，SPI进入停止模式。如果CPU在传输数据时处于主设备模式并进入停止模式，则传输将暂停，直到CPU退出停止模式。在停止模式后，从外部SPI发送和接收数据正常。在从设备模式下，SPI将始终与主设备同步。停止模式不依赖于SPISWAI位。

9. 复位

寄存器和信号的重置值描述在内存映射和寄存器部分中，其中详细说明了各寄存器及其位域。如果在复位后从机模式下发生数据传输而没有对 SPIDR 进行写操作，则它会传输垃圾数据或上一次复位前从主机收到的字节。在复位后，从 SPIDR 中将始终读取零字节。

10. 中断

当 SPI 启用时(SPICR1 中设置 SPE 位)，SPI 仅发起中断请求。以下是 SPI 如何发出请求以及处理器如何确认该请求的描述。中断向量偏移和中断优先级取决于芯片。

MODF、SPIF 和 SPTEF 中断标志被逻辑 OR 运算以生成中断请求。

1) MODF(Master Mode Fault)

当主设备检测到$\overline{SS}$引脚上的错误时，会发生 MODF。主 SPI 必须配置为支持 MODF 功能，请参考表 6-6。一旦设置了 MODF，当前传输将被中止，并更改下一个位。

当 SPICR1 中的主位(master bit)复位时，MSTR=0。MODF 中断通过状态寄存器的 MODF 标志反映。清除该标志也将清除中断。只要 MODF 标志被设置，该中断就会保持活动状态。MODF 具有自动清除过程，该过程在 SPI 状态寄存器中描述。

2) SPIF(SPI Interrupt Flag)

当接收到新数据并将其复制到 SPI 数据寄存器时，会发生 SPIF。一旦设置了 SPIF，直到得到服务之前它都不会清除。SPIF 具有自动清除过程，在 SPI 状态寄存器中描述。

3) SPTEF(SPI Transmit Buffer Empty Flag)

当 SPI 数据寄存器可以接收新数据时，会发生 SPTEF。一旦 SPTEF 被设置，直到被处理之前它都不会清除。SPTEF 具有自动清除过程，在 SPI 状态寄存器中进行了描述。

6.3.3 SPI 协议时序

1. 单从机四种模式

根据硬件制造商的不同，时钟极性通常写为 CKP 或 CPOL，时钟相位通常写为 CKE 或 CPHA。时钟相位/边沿，也就是采集数据时是在时钟信号的具体相位或者边沿。时钟极性和时钟相位共同决定读取数据的方式，例如信号上升沿读取数据还是信号下降沿读取数据。

根据 SPI 的时钟极性和时钟相位特性，可以设置 4 种不同的 SPI 通信操作模式，它们的区别是定义了在时钟脉冲的哪条边沿转换(toggles)输出信号，哪条边沿采样输入信号，以及时钟脉冲的稳定电平值(时钟信号无效时是高还是低)，详情如下。

- Mode0：CPOL=0，CPHA=0。空闲态时，SCK 处于低电平，数据采样是在第一个边沿，也就是 SCK 由低电平到高电平的跳变，所以数据采样是在上升沿，数据发送是在下降沿。
- Mode1：CPOL=0，CPHA=1。空闲态时，SCK 处于低电平，数据发送是在第二个边沿，也就是 SCK 由低电平到高电平的跳变，所以数据采样是在下降沿，数据发送是在上升沿。

- Mode2：CPOL=1，CPHA=0。空闲态时，SCK 处于高电平，数据采集是在第一个边沿，也就是 SCK 由高电平到低电平的跳变，所以数据采集是在下降沿，数据发送是在上升沿。
- Mode3：CPOL=1，CPHA=1。空闲态时，SCK 处于高电平，数据发送是在第二个边沿，也就是 SCK 由高电平到低电平的跳变，所以数据采集是在上升沿，数据发送是在下降沿。

图 6-21 是 SPI Mode0 读/写时序，可以看出 SCK 空闲状态为低电平，主机数据在第一个跳变沿被从机采样，数据输出同理。

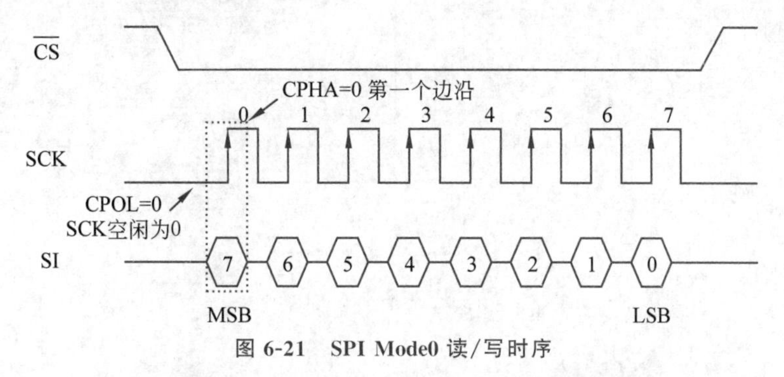

图 6-21　SPI Mode0 读/写时序

图 6-22 是 SPI Mode3 读/写时序，SCK 空闲状态为高电平，主机数据在第二个跳变沿被从机采样，数据输出同理。

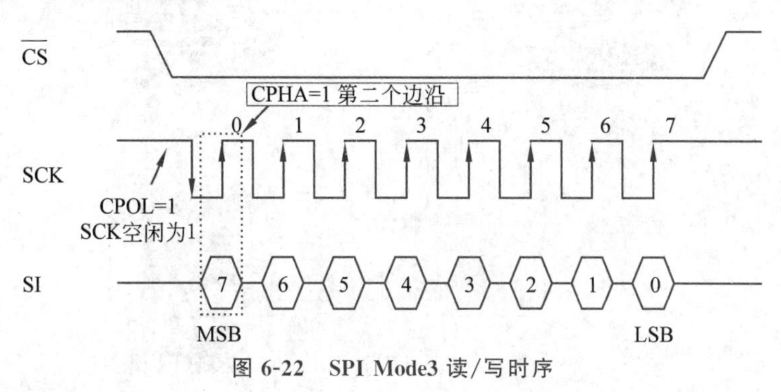

图 6-22　SPI Mode3 读/写时序

2. 多从机模式

SPI 有两种可以将多个从设备连接到主设备的方法：多片选模式（图 6-23）和菊花链模式（图 6-24）。

（1）多片选模式。通常，每个从机都需要一条单独的 $\overline{SS}$ 线。如果要和特定的从机进行通信，可以将相应的 $\overline{SS}$ 信号线拉低，并保持其他 $\overline{SS}$ 信号线的状态为高电平。如果同时将两个 $\overline{SS}$ 信号线拉低，则可能会出现乱码，这是因为从机可能都试图在同一条 MISO 线上传输数据，最终导致接收数据乱码。

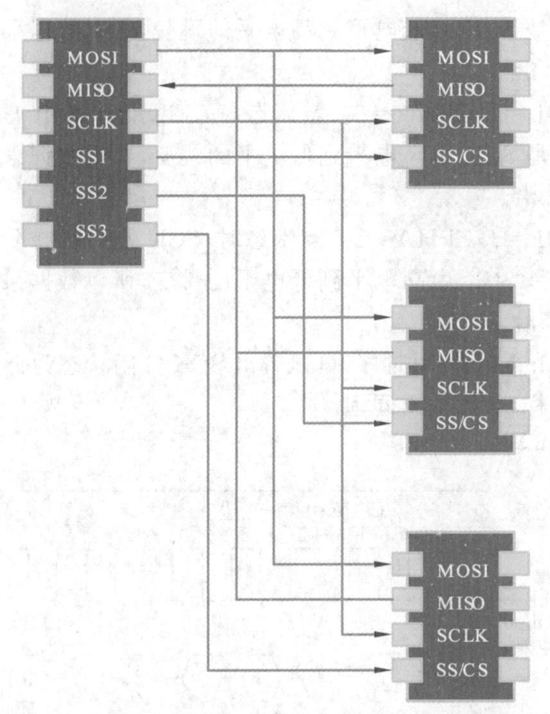

图 6-23 多片选模式

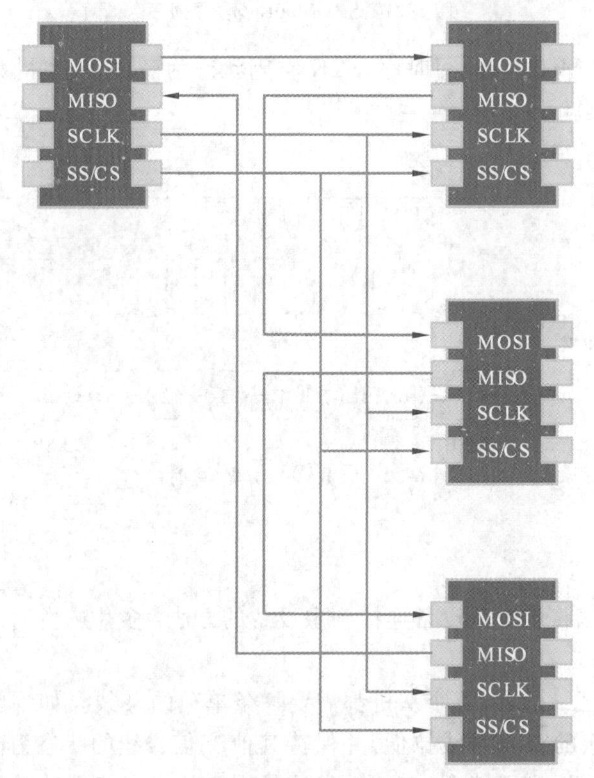

图 6-24 菊花链模式

(2) 菊花链模式。菊花链是一种连接多个设备的拓扑结构,通过将多个设备串联在一起以传输数据或信号。菊花链的最大缺点是信号串行传输,一旦数据链路中的某设备发生故障,它下面优先级较低的设备就不能得到服务了。另一方面,距离主机越远的从机,获得服务的优先级就越低,所以需要安排好从机的优先级,并且设置总线检测器。如果某个从机超时,则对该从机进行短路,防止因单个从机损坏而造成整个链路崩溃。

6.3.4 昇腾 SPI 接口介绍

Atlas 200 平台共引出两个 SPI 接口,在对外 IO 接口中命名为 SPI1 和 SPI2,在设备描述文件中分别命名为 spi0 和 spi1。spi 总线的描述信息位于 hi1910-fpga-spi.dtsi 文件中,spi0 总线的设备树节点描述信息和基地址分别如下。

- spi_0:0x13098000。
- spi_1:0x13099000。

```
spi_0: spi@130980000{
    #address-cells =<1>;
    #size-cells =<0>;
      compatible ="hisi-spi";
      reg =<0x1 0x30980000 0 0x10000>, <0x1 0x30900000 0 0x1000>;
      interrupts =<0 322 4>;
      clocks =<&alg_clk>;
      clock-names ="spi_clk";
      num-cs =<2>;
      id =<0>;
      status ="ok";
    };
spi_1: spi@130990000 {
    #address-cells =<1>;
    #size-cells =<0>;
      compatible ="hisi-spi";
      reg =<0x1 0x30990000 0 0x10000>, <0x1 0x30900000 0 0x1000>;
      interrupts =<0 323 4>;
      clocks =<&alg_clk>;
      clock-names ="spi_clk";
      num-cs =<2>;
      id =<1>;
      status ="ok";
    };
```

从上述描述中可以看出,spi0 控制器的基地址为 0x130980000,总线驱动匹配字段为 hisi-spi,还包含一些地址、中断和时钟等信息。

6.3.5 昇腾 SPI 接口应用例程

【例 6-3】 SPI 数据传输代码。

1. SPI 重要结构体

```
struct spi_ioc_transfer {
```

```
    __u64           tx_buf;          //写数据缓冲
    __u64           rx_buf;          //读数据缓冲
    __u32           len;             //缓冲的长度
    __u32           speed_hz;        //通信的时钟频率
    __u8            bits_per_word;   //字长(比特数)
    __u8            tx_nbits;        //写数据(比特数)
    __u8            rx_nbits;        //读数据(比特数)
    __u16           pad;
};
```

2. SPI 配置

```
void spi0::spiInit()
{
    int ret =0;
    spi0fd =open(SPI0DEV_NAME, O_RDWR);
    if (spi0fd <0)
        printf("can't open device\n");

    /* SPI 传输模式设置 */
    ret =ioctl(spi0fd, SPI_IOC_WR_MODE, &mode);
    if (ret ==-1)
        printf("can't set spi mode\n");

    ret =ioctl(spi0fd, SPI_IOC_RD_MODE, &mode);
    if (ret ==-1)
        printf("can't get spi mode\n");

    /* SPI 比特率设置 */
    ret =ioctl(spi0fd, SPI_IOC_WR_BITS_PER_WORD, &bits);
    if (ret ==-1)
        printf("can't set bits per word\n");

    ret =ioctl(spi0fd, SPI_IOC_RD_BITS_PER_WORD, &bits);
    if (ret ==-1)
        printf("can't get bits per word\n");

    /* 最大速度 */
    ret =ioctl(spi0fd, SPI_IOC_WR_MAX_SPEED_HZ, &speed);
    if (ret ==-1)
        printf("can't set max speed hz\n");
    ret =ioctl(spi0fd, SPI_IOC_RD_MAX_SPEED_HZ, &speed);
    if (ret ==-1)
        printf("can't get max speed hz\n");
}
```

3. SPI 数据传输

```
int spi0::SPI_Transfers(unsigned char * tx, unsigned char * rx, unsigned int
len)
```

```
{
    struct spi_ioc_transfer tr;
    tr.tx_buf = (unsigned long) tx;
    tr.rx_buf = (unsigned long) rx;
    tr.len = len;
    tr.delay_usecs = 0;
    tr.speed_hz = 0;
    tr.bits_per_word = 8;
    int ret;
    ret = ioctl(spi0fd, SPI_IOC_MESSAGE(1), &tr);
    if (ret != len)
    {
        printf("can't send spi message\n");
        return -1;
    }
    else
    {
        return ret;
    }
}
```

6.4 UART 总线

UART(universal asynchronous receiver/transmitter)的全称为通用异步收发器,常用的串行异步通信设备采用 RS232 或 RS485 通信接口标准。UART 组件可配置为全双工、半双工、单接收 RX 或单发送 TX 通信方式。所有通信方式都提供相同的基本功能,它们之间的差异仅在于使用的资源量。

CPU 为了处理 UART 接收和传送数据,提供了独立且可配置的缓冲区。SRAM 中的独立循环接收/发送缓冲区和硬件 FIFO 缓冲区可确保数据不会被遗漏,这种机制有利于 CPU 利用更多的时间处理关键的实时任务,而不是专职服务 UART。

在多数应用中,可通过选择波特率、奇偶校验、数据位数以及起始位数轻松地配置 UART。RS232 最常见的配置为 8N1(全称为 8 个数据位、无奇偶校验、一个停止位),这是 UART 组件的默认配置。因此,在多数应用中只需设置波特率。UART 的另一个常见用途是用于多节点 RS485 网络。UART 组件支持带有硬件地址检测功能的 9 位寻址模式,以及用于在传输过程中控制 TX 收发器和输出的使能信号。

UART 具有悠久的历史,因此随着时间的推移产生了许多物理层和协议层的接口形式,包括 RS423、DMX512、MIDI、LIN 总线、传统终端协议和 IrDa。为了支持常用的 UART 接口形式,UART 组件支持对数据位数、停止位数、奇偶校验、硬件流控制以及奇偶校验生成和检测的配置。作为硬件编译选项,用户可以选择仅在时钟的上升沿输出 UART 数据位的时钟和串行数据流。TX 和 RX 均提供独立的时钟和数据输出。这些输出目的在于允许通过 CRC 组件与 UART 的连接自动计算数据 CRC。

6.4.1 UART 功能与特点

1. UART 功能简介

UART 中有些配置选项,可用于定义数据传输特性,以下是一些常见的 UART 配置选项。

1) Mode(模式)

UART 共有如下 4 种模式:

- 全双工(Full UART)(TX+RX)(默认);
- 半双工(Half Duplex UART);
- 接收器(RX Only);
- 发送器(TX Only)。

2) Bits per second(每秒位数)

该参数指定数据传输的速率,即单位时间内传输的位数。常见的 UART 波特率包括 9600、115200 等,较高的波特率可实现更快的数据传输速度。

3) Data bits(数据位)

该参数定义单个 UART 数据传输从开始到停止期间发送的数据位数。有以下几种选项:5、6、7、8(默认)或 9。其中常见会的可选项是 5、6、7、8 个数据位,默认为 8 个数据位时,每次传输发送 1 个字节。9 位模式并不会发送 9 个数据位;第 9 位会填充奇偶校验位,作为使用 Mark/Space 奇偶校验的地址指示符。如果采用 9 个数据位模式,则应选择 Mark/Space 奇偶校验。

4) Parity Type(奇偶校验类型)

该参数表示 UART 的奇偶校验类型,共有以下 4 种形式。

- None(无校验):默认。
- Odd(奇校验):如果数据位中 1 的数目是偶数,则校验位为 1;如果 1 的数目是奇数,则校验位为 0。
- Even(偶校验):如果数据为中 1 的数目是偶数,则校验位为 0;如果为奇数,则校验位为 1。
- Mark/Space(校验位始终为 1/校验位始终为 0)(当有 9 个数据位时,选择该标记)。

5) Stop bits(停止位)

该参数用于指示数据的结束,通常可选择为 1 位或 2 位。1 位停止位是最常见的配置,2 位停止位用于提高信号的稳定性。

6) Hardware Flow Control(硬件流量控制)

该参数通过额外的硬件线路控制数据的流动,以避免数据丢失或冲突。常见的硬件流控制方法包括 RTS/CTS(请求发送/清除发送)和 DTR/DSR(数据终端就绪/数据设备就绪)。

7) Software Flow Control(软件流控制)

通过发送特定的控制字符控制数据的流动,常见的软件流控制方法为 XON/XOFF。

2. UART 主要特点

UART 的结构如图 6-25 所示,其主要特点如下。

(1) 带有硬件地址检测功能的 9 位寻址模式。

(2) 波特率范围为 110b/s~921600b/s,最高波特率可达到 4Mb/s。

(3) RX 和 TX 缓冲区范围为 4~65535 字节。

(4) 帧检测、奇偶校验检测和溢出检测。

(5) 优化的硬件,用于全双工、半双工或仅用于 TX/RX。

(6) 每个比特按照 3 取 2 原则进行判断。

(7) 中断信号产生和检测。

(8) 8 倍或 16 倍过采样,UART 通信中对接收到的每个比特进行 8 倍或 16 倍的采样,用于提高 UART 通信的可靠性和抗干扰性能。

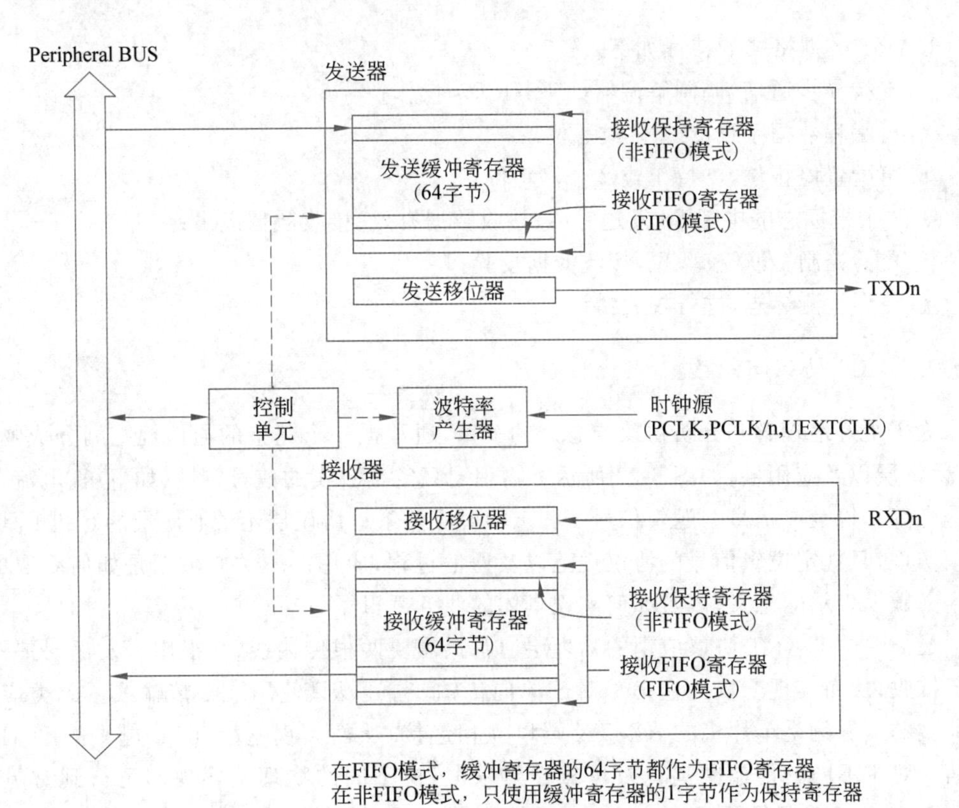

图 6-25 UART 结构框图

6.4.2 UART 特征与结构

1. UART 总体特征

UART 串口的特点是将数据一位一位地顺序传送，只要两根传输线就可以实现双向通信，一根线发送数据的同时用另一根线接收数据。UART 串口通信有几个重要的参数，分别是波特率、起始位、数据位、奇偶检验位和停止位，对于两个使用 UART 串口通信的端口，这些参数必须匹配，否则通信将无法正常完成。UART 串口传输的数据格式如图 6-26 所示。

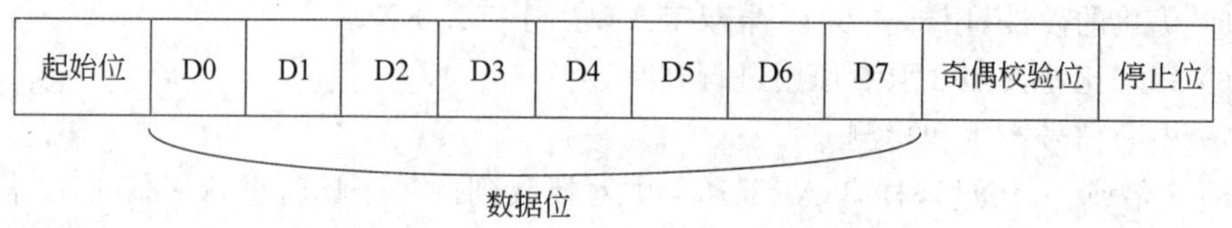

图 6-26　UART 数据传输格式

UART 数据格式的特征如下。

- 支持异步通信，调制解调器(CTS/RTS)操作；
- 可编程数据字长度(8 位或 9 位)；
- 可配置停止位，支持 1 或 2 个停止位；
- 3 个带标志的中断源，发送完成；接收数据有效；接收数据溢出；
- 检验控制，发送校验位，接收数据校验；
- 错误检测标志，进行校验错误。

2. UART 协议与总线

为了更好地理解和分析协议与总线的关系，通常把一个完整的通信规范划分成物理层、协议层以及应用层，如图 6-27 所示。物理层只定义真实的信号特性(如电压、电流、驱动能力等)，以及电信号与逻辑信号 0 和 1 的对应关系；协议层不关心底层的 0 和 1 具体如何实现，只规定逻辑信号的协议规范以及通信过程；应用层不关心数据是如何获取的，只定义数据表示的意义，以及如何实现具体的业务逻辑。

最简单的 UART 协议应用的物理层通常只需要两根传输线，一根用于发送，另一根用于接收，从而实现全双工通信。对于单向传输，也可以只使用一根传输线。此类应用最典型的实例就是单片机的 RX/TX 端口互相连接，从而实现基于 TTL 电平的 UART 通信。对于不同的传输距离以及可靠性要求，替换不同的物理层实现即可得到常见的 RS232、RS485 等通信总线。

3. UART 不同物理层实现

由于 UART 协议层的输入是逻辑 0/1 信号，故逻辑 0/1 信号在物理层可以通过不同的电平标准区分，如图 6-28 所示。针对不同的通信需求，便可以使用不同的物理层实现。

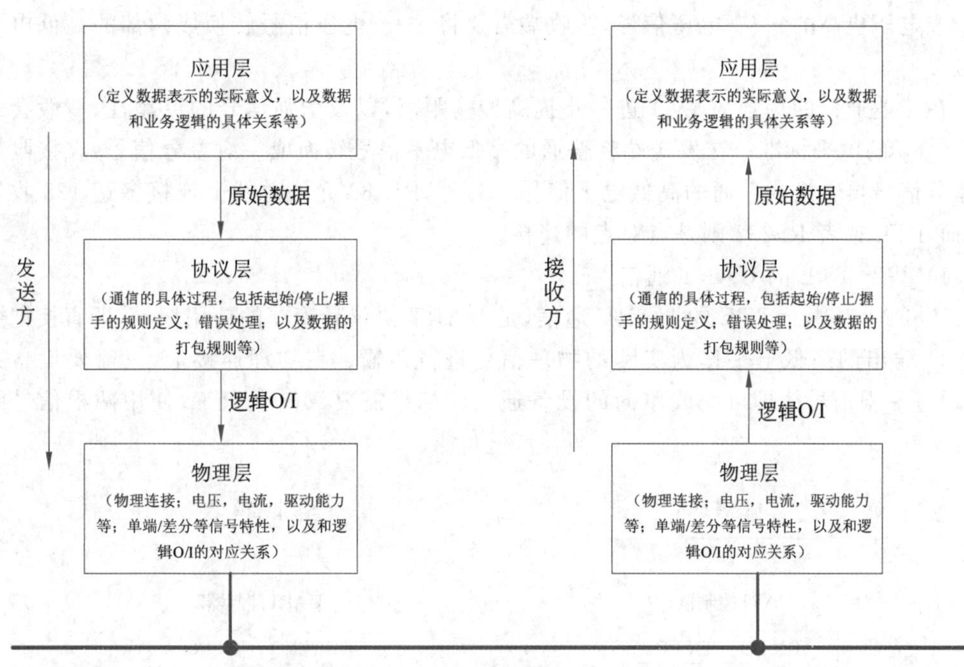

图 6-27 通信协议的分层实现

例如简单的板内通信或者常见的设备调试场景，使用简单的 LVTTL/TTL 电平即可在两个设备间进行 UART 协议通信。

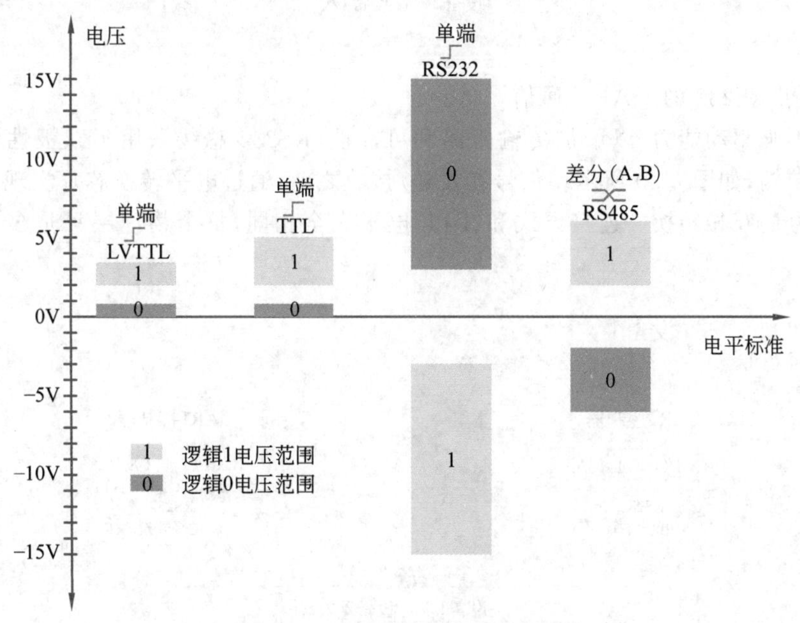

图 6-28 不同的物理层电平标准

通用的串口则使用 RS232 电平，可以增加传输距离，并且抵抗一定程度的信号干扰。付出的成本则是在物理层需要对应的电平转换芯片，发送端需要将内部的高低电平信号转换成电压更高的+/-电压信号,接收端需要将+/-电压信号转换成内部的高低电平信号。

在工业通信的场景下,为了进一步提高传输距离,以及增强信号的可靠性,一般会采用 RS485 的电平标准。在发送端将普通的高低电平信号转换成一对差分信号,在接收端将差分信号再转换成普通的高低电平信号。另外,RS485 允许总线上连接多达 128 收发器,而 TTL 或者 RS232 则是点对点的连接。

1)基于 TTL 的 UART 通信

图 6-29 为基于 TTL 的 UART 通信,是 UART 协议最简单的使用场景,即直接把数字 I/O 输出的高低电平作为实际的物理信号进行传输。在物理连接上,只需要设备共地,通过一根信号线即可完成单向的设备通信。如果需要双向全双工,使用两根信号线即可。

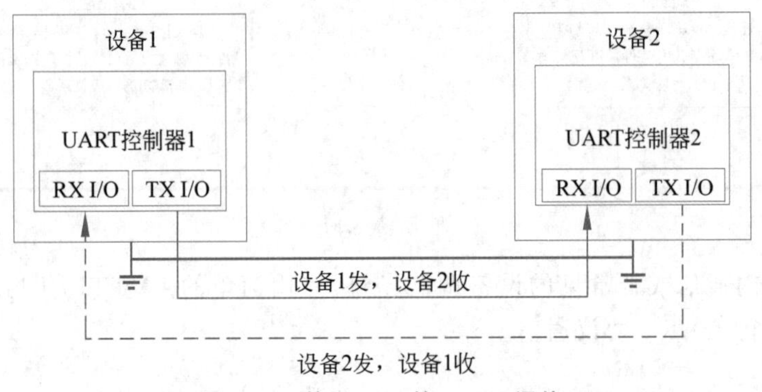

图 6-29 基于 TTL 的 UART 通信

2)基于 RS232 的 UART 通信

为了增强驱动能力,以增加传输距离和可靠性,RS232 总线采用了双极性电压信号进行物理传输,如图 6-30 所示。信号在发送/接收之前,通过电平转换芯片实现内部信号和总线信号的互相转换。连接方式和 TTL 电平完全相同,整个物理层只是多了一层电平转换。

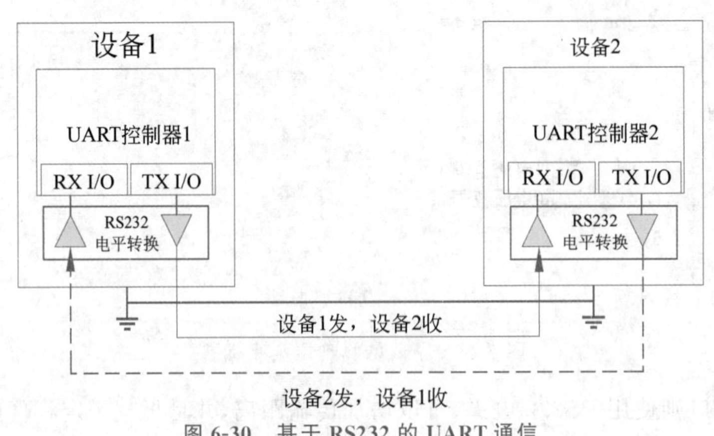

图 6-30 基于 RS232 的 UART 通信

3）基于 RS485 的 UART 通信

RS485 为复杂的工业环境而设计，和其他 UART 协议的物理层相比，RS485 总线最大的特点就是使用了差分信号传输，如图 6-31 所示。信号在发送之前，通过 RS485 的收发器把单端信号转换成差分信号，再发送到总线上进行传输；同样在接收之前，总线上的差分信号通过收发器的转换成单端信号再送给 UART 控制器进行接收。在 RS485 总线上，如果希望进行全双工的双向通信，则需要两对差分信号线，即 4 根信号线。如果只进行半双工的双向通信，则仅需要一对差分信号即可。

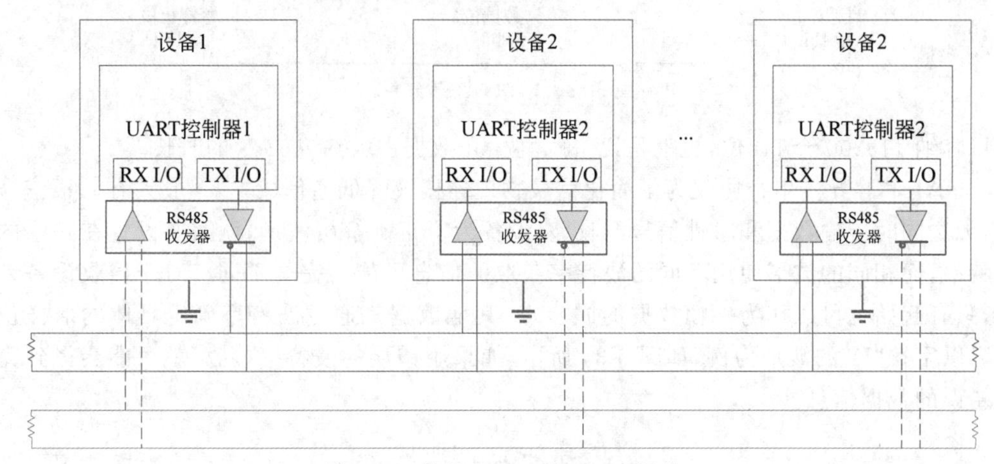

图 6-31 基于 RS485 的 UART 通信

4. UART 帧结构

UART 作为串口的一种，其工作原理是将数据一位一位地传输，数据的准确传输涉及 UART 协议的帧结构定义，如图 6-32 所示。

起始位 1bit	数据位 5~8bits	校验位 0~1bits	停止位 1~2bits

图 6-32 UART 协议帧结构

当两个设备需要通过 UART 协议进行通信时，它们需要同时约定好以下内容。

- 每一位信号的时间长度 T(波特率=1/T)；
- 帧结构中每一项的具体位数；
- 是否有校验位，以及校验位的机制(奇/偶)。

有了这些约定，接收设备只需要等待起始位的到来，再对之后的波形进行固定间隔的采样即可获得传输的具体信息。下面以字符“D”的波形为例其解析过程，如图 6-33 所示。

5. 波特率

波特率是 UART 协议中非常重要的一个概念，即单位时间内(1 秒)可表示的 bit 位个数，也可以表述为 bit 位宽的倒数。例如一个波特率为 115200 的 UART 波形表示 1

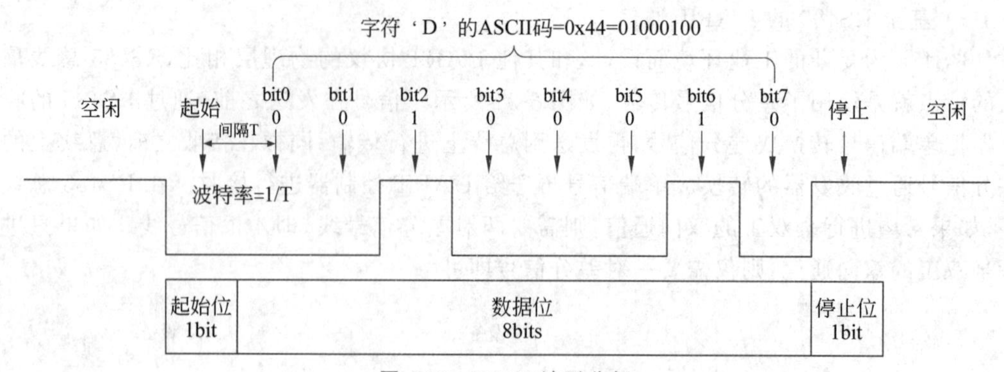

图 6-33 UART 波形分析

秒可容纳 115200 个 bit 位，也就是说，每一位 bit 数据占大约 8.68μs 的时长。

UART 等异步串行协议为了简化信号物理连接及降低通信成本，一般只有一根信号线，无法同时传输数据和时钟信号。收/发设备为了正确解析波形，就需要设置在相同的波特率，而相同的波形使用不同的波特率获取的信息可能会完全不同。对于接收设备来讲，只有起始位可以作为一帧数据的同步点，其他数据都通过波特率确定具体的取样位置。以字符“D”的波形为例，如图 6-34 所示，如果用错误的波特率接收，就可能会得到完全错误的数据信息。

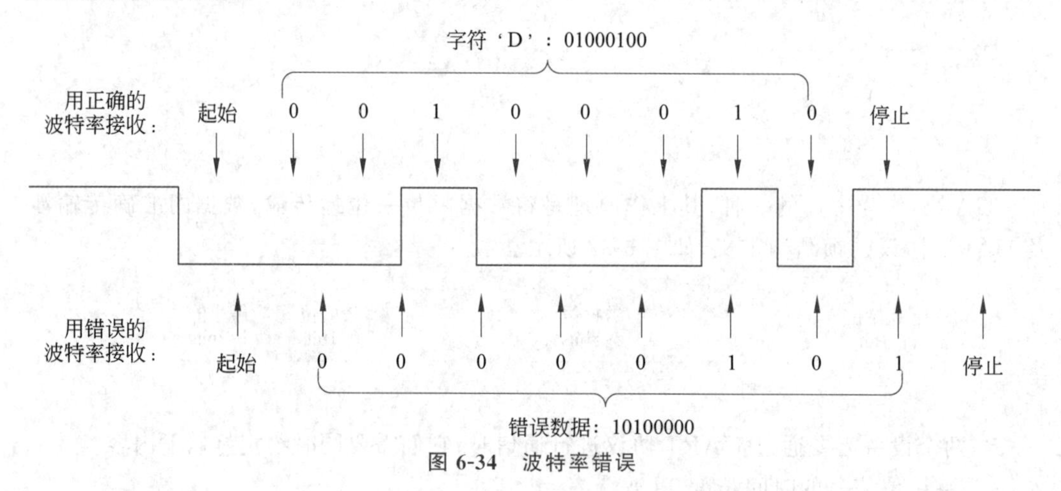

图 6-34 波特率错误

6. 起始位

UART 通信中的起始位(start bit)是数据帧的第一个位，用于标识数据帧的开始。在 UART 通信中，每个数据帧由起始位、数据位、可选的校验位和停止位组成。起始位的作用是提供一个特殊的电平状态以表示数据帧的开始。一般情况下，起始位被定义为逻辑低电平 0，会在正常的数据传输过程中保持一段固定的时间。当 UART 接收端检测到从逻辑高电平 1 跳变到逻辑低电平 0 时，即识别到起始位，开始接收数据。起始位的长度一般固定为一个位时间(bit time)。位时间是 UART 通信中每个位所占据的时间长度，取决于通信速率(波特率)的设置。常见的位时间包括 8 个、16 个或更多的时钟周期。

通过起始位的检测,接收端能够对数据帧进行同步,并准确地解析后续的数据位、校验位和停止位。UART接收端会一直检测信号线上的电平变化,开始传输数据时,发送端将信号线从高电平拉到低电平结束空闲状态,并保持一个bit位的时长。当接收器检测到高低电平转换时,便会开始接收信号。

7. 数据位

数据位包含传输的实际数据,如果使用了奇偶校验,那么数据位长为5~8bits,如果没有使用奇偶校验,则位长为5~9bits。一般情况下,数据位为8bits,数据首先从最低有效位开始发送,高位在后。

8. 校验位

校验位可以用来提高传输的可靠性。如果信号在传输过程中因为干扰而导致某些位置的电平产生错误,通过计算接收的数据和校验位是否匹配即可判断数据是否有传输错误,从而给应用层提供有效信息,从而决定接收/丢弃对应的数据。

9. 停止位

UART通信中的停止位(stop bit)是数据帧的最后一位,用于标识数据帧的结束。在UART通信中,每个数据帧由起始位、数据位、可选的校验位和停止位组成。停止位的作用是提供一个特殊的电平状态以表示数据帧的终止。

一般情况下,停止位被定义为逻辑高电平1,会在正常的数据传输过程中保持一段固定的时间。当UART接收端接收完数据位和校验位后,继续检测到从逻辑低电平0跳变到逻辑高电平1,即识别到停止位,数据帧传输结束。停止位的长度可以是一个或多个位时间(bit time)。常见的位时间包括1个、1.5个或2个时钟周期。选择停止位的长度取决于具体的通信协议和设备要求,大部分情况下采用1个停止位。通过停止位的检测,接收端可以确定一个数据帧的开始和结束,以便正确解析和处理数据。

因为UART是一个异步协议,每一帧的开头可以用跳变沿进行同步,但是停止位只能通过波特率计算相对位置,如果在停止位的位置识别到一个低电平,则会产生帧错误。在通信过程中,为了减少波特率的误差所导致的问题,可以设置不同的停止位长度进行适配。

6.4.3 UART协议时序

UART的每一帧数据一般有10位,分别为初始位、8位数据和结束位。对于发送端,将待发送的数据存入发送寄存器,产生起始位,即将电平拉低,随后每1/9600s(以波特率为9600为例)将寄存器中的数据一位一位地发送出去,如图6-35所示。当数据发送完毕后,将电平拉高等待下一次的发送。对于接收端来说,首先要检测是否有数据到来,采用下降沿检测的方式检测起始位。对于数据位的采样,选取数据位中点位置的电平作为采样数据,中点位置的电平较为稳定。设采样间隔为N,当采样8N后,就可以停止采样了。

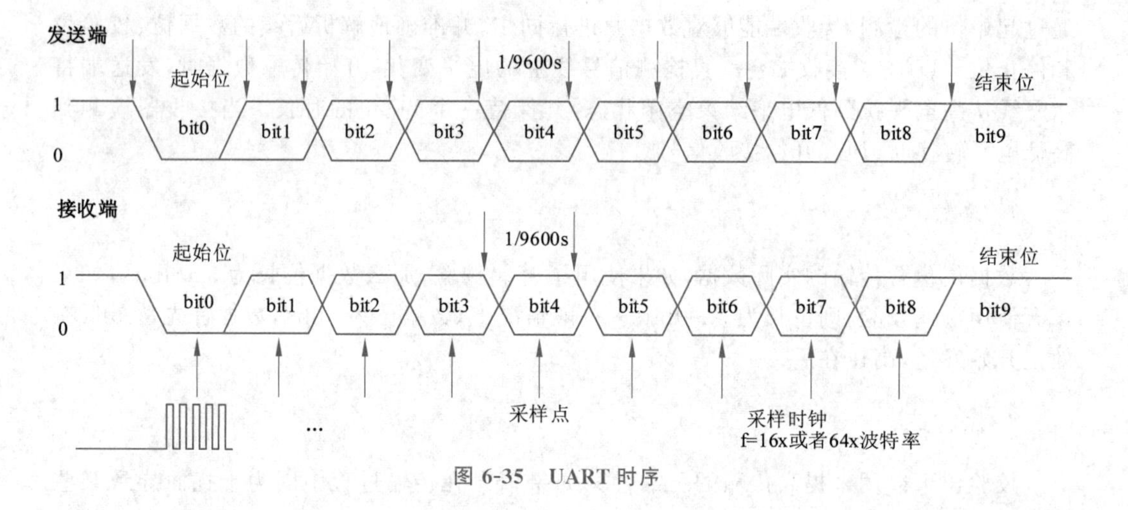

图 6-35 UART 时序

6.4.4 昇腾 UART 接口介绍

Atlas 200 共有两个 UART 接口，即 UART0 和 UART1，在设备上的描述文件中分别命名为 uart0 和 uart1，UART 总线的描述信息位于 hi1910-asic-1004.dts 文件中，UART 总线的节点描述信息和基地址分别如下。

- UART：0x10CF8000。
- UART1：0x13093000。

```
uart@10cf80000 {
    compatible ="arm,sbsa-uart";
        reg =<0x1 0x0cf80000 0x0 0x10000>;
        interrupts =<0x0 325 0x4>;
        current-speed =<0x1c200>;
    };
    uart1: uart1@130930000 {
        compatible ="arm,pl011", "arm,primecell";
        reg =<0x1 0x30930000 0x0 0x1000>;
        interrupts =<0x0 326 0x4>;
        clocks =<&refclk200M>;
        clock-names ="apb_pclk";
    };
```

可以看出，UART 控制器的基地址为 0x10cf80000，总线驱动匹配字段为 arm，sbsa-uart，还包含地址、中断、时钟等信息。

6.4.5 昇腾 UART 应用例程

【例 6-4】 UART 数据传输例程。

1. UART 重要结构体

```
struct termios {
```

```
    tcflag_t c_iflag;           // 输入模式标志
    tcflag_t c_oflag;           // 输出模式标志
    tcflag_t c_cflag;           // 控制模式标志
    tcflag_t c_lflag;           // 本地模式标志
    cc_t c_cc[NCCS];            // 控制字符数组
    speed_t c_ispeed;           // 输入波特率(输入速度)
    speed_t c_ospeed;           // 输出波特率(输出速度)
    };
```

2. UART 选项设置

```
int uart::uart_set_option(int nSpeed, int nBits, char nEvent, int nStop)
{
    struct termios newtio,oldtio;
  if ( tcgetattr( fd,&oldtio) !=0)
    {
        ERROR_LOG("SetupSerial 1");
        return -1;
    }
    bzero( &newtio, sizeof( newtio ) );
    newtio.c_cflag |=CLOCAL | CREAD;
    newtio.c_cflag &=~CSIZE;
    // 设置数据位
    switch( nBits )
    {
    case 7:
        newtio.c_cflag |=CS7;
        break;
    case 8:
        newtio.c_cflag |=CS8;
        break;
    }
    // 设置奇偶校验位
    switch( nEvent )
    {
    case 'O':
        newtio.c_cflag |=PARENB;
        newtio.c_cflag |=PARODD;
        newtio.c_iflag |=(INPCK | ISTRIP);
        break;
    case 'E':
        newtio.c_iflag |=(INPCK | ISTRIP);
        newtio.c_cflag |=PARENB;
        newtio.c_cflag &=~PARODD;
        break;
    case 'N':
        newtio.c_cflag &=~PARENB;
        break;
    }
    // 设置波特率
```

```
    switch( nSpeed )
    {
    case 2400:
        cfsetispeed(&newtio, B2400);
        cfsetospeed(&newtio, B2400);
        break;
    case 4800:
        cfsetispeed(&newtio, B4800);
        cfsetospeed(&newtio, B4800);
        break;
    case 9600:
        cfsetispeed(&newtio, B9600);
        cfsetospeed(&newtio, B9600);
        break;
    case 19200:
        cfsetispeed(&newtio, B19200);
        cfsetospeed(&newtio, B19200);
        break;
    case 115200:
        cfsetispeed(&newtio, B115200);
        cfsetospeed(&newtio, B115200);
        break;
    default:
        cfsetispeed(&newtio, B115200);
        cfsetospeed(&newtio, B115200);
        break;
}
// 设置停止位
    if( nStop ==1 )
        newtio.c_cflag &=~CSTOPB;
    else if ( nStop ==2 )
        newtio.c_cflag |=CSTOPB;
// 设置等待时间和最小读取大小
    newtio.c_cc[VTIME] =0;
    newtio.c_cc[VMIN] =0;
tcflush(fd,TCIFLUSH);
    // 复位设置
    if((tcsetattr(fd,TCSANOW,&newtio))!=0)
    {
        ERROR_LOG("com set error");
        return -1;
    }
    INFO_LOG("set uart new setting done!\n");
    return 0;
}
```

3. UART 发送接收数据

```
int uart::uart_open(void)
{
    fd =open(UART1_DEV_NAME,O_RDWR|O_NOCTTY|O_NDELAY);
```

```
    if (-1 ==fd)
    {
        ERROR_LOG("Can't Open ttyAMA1");
        return(-1);
    }
    else
    {
        INFO_LOG("open ttyAMA1 success\n");
    }
    //恢复 UART 模块到数据输入接收状态
    if(fcntl(fd, F_SETFL, 0) <0)
       ERROR_LOG("fcntl failed!\n");
    else
       INFO_LOG("fcntl=%d\n",fcntl(fd, F_SETFL,0));
    //验证 UART 有效性
    if(isatty(STDIN_FILENO)==0)
       ERROR_LOG("standard input is not a terminal device\n");
    else
       INFO_LOG("isatty success!\n");
    INFO_LOG("fd-open=%d\n",fd);
    return fd;
}
//UART 关闭
int uart::uart_close(void)
{
    if(-1 ==close(fd))
       ERROR_LOG("uart close fd is wrong! ");
    else
       INFO_LOG("close ttyAMA1 success\n");
}
//UART 发送数据
int uart::uart_send(char * buffer,int size)
{
    return write(fd,buffer,size);
}
//UART 读取数据
int uart::uart_read(char * buffer,int size)
{
    return read(fd,buffer,size);
}
```

6.5 课后习题

1. 列举 GPIO 的 8 种工作模式。

2. 解释以下数据通信的相关概念：串行通信、并行通信、单工通信、半双工通信、全双工通信、同步通信、异步通信。

3. 解释 I2C 通信中的常用术语：主机、从机、接收器、发送器。

4. 在数据通信中，波特率和比特率有什么区别与联系？

5. SPI 的传输时序有哪几种？最大传输速率可达多少？

6. UART 通信协议的优点和缺点都有哪些？

7. 从总线结构、数据传输、设备数量的角度说说 I2C 和 SPI 的区别。

第 7 章 chapter 7

昇腾 AI 应用与开发

随着技术的不断进步，边缘设备的处理器变得更加强大和高效。新一代的处理器架构和芯片具备更高的计算性能，使得边缘设备能够处理更为复杂的任务和算法，这进一步支持了更高级别的人工智能和机器学习应用，提供了更高效的实时决策和服务能力，这对于实现智能边缘计算、推动物联网发展以及满足不断增长的边缘计算需求都具有重要意义。

本章重点介绍昇腾 AI 处理器的分层架构，包括硬件层面和软件层面。同时，还将详细阐述昇腾嵌入式系统环境的构建方法，以及如何设计昇腾 AI 应用程序。此外，还会介绍与模型开发部署相关的工具和流程。通过这些介绍，读者将全面了解昇腾 AI 处理器的相关技术和应用，以便更好地将其应用于嵌入式系统和智能边缘计算。

7.1 昇腾 AI 处理器介绍

昇腾 AI 处理器是华为公司开发的一系列人工智能处理器，旨在加速人工智能计算任务的执行速度。这些处理器专为高效的人工智能计算而设计，具有卓越的计算性能、能效比和灵活性。

7.1.1 华为 AI 全栈解决方案介绍

2018 年，在上海举办的华为全联接大会上，华为发布了"华为人工智能发展战略"，同时发布了全栈全场景 AI 解决方案，包括 Ascend、CANN、MindSpore、应用使能四个层次。其中，Ascend(昇腾)是基于统一、可扩展架构的系列化 AI IP 和芯片，包括 Max、Mini、Lite、Tiny 和 Nano 五个系列；异构计算架构 CANN 是专门为高性能深度神经网络计算需求所设计和优化的一套基础软件，以释放昇腾 AI 处理器的澎湃算力；MindSpore 为支持"端、边、云"独立和协同的统一训练与推理框架；应用使能层可以提供全流程服务、分层 API 和预集方案。

1. Ascend 层

Ascend 是华为推出的一种综合性芯片解决方案，涵盖了 IP 和芯片组层，作为完整堆栈解决方案的基础层，Ascend 的主要目标是在各种应用场景下以最低成本为用户提供最佳性能。从多方面考虑，华为最终选择统一的达·芬奇架构开发 Ascend 芯片，并且在 Ascend 芯片的设计中融合了多个关键技术，以确保其卓越的性能和适应性。其中，三大独特关键技术分别是可扩展计算、可扩展内存和可扩展互连。

为实现高可扩展的计算能力，华为工程师首先设计了一个可扩展的 Cube，以作为超高速矩阵计算单元的核心。在 Cube 最大配置(16×16×16)下，每个 Cube 可在一个时钟周期内完成 4096 个 FP16 MACs 运算。以 16×16×16 为中心，实现了具有 Cube Scale in 功能和高效的多核堆叠功能，从而使得一种架构能够支持各种不同的场景。对于那些计算能力较低的应用场景，Cube 可以逐步缩小到 16×16×1，这意味着在一个周期内可以完成 256 个 MACs 运算。这种灵活性结合了一套精心设计的指令集，成功实现了计算能力和功耗之间的平衡。通过支持多种精度，可以有效地执行各种任务。鉴于极高的计算密度，当电路全速运行时，电源的完整性变得尤其重要，皮秒级电流控制技术能够有效满足这一关键要求。同时，达·芬奇 Core 还集成了超高位矢量处理器单元和标量处理器单元，这种多元计算设计使得达·芬奇架构不仅支持矩阵以外的计算，还可以适应未来神经网络计算类型的潜在变化。

为实现高可扩展内存，每个达·芬奇 Core 都配备专用 SRAM，这些 SRAM 具有固定功能但容量可变，以适应不同的计算能力场景。所有存储器都设计为对低层软件显性，因此可以通过 Auto-Tiling plan 配合实现数据多路复用的精细控制，最终达到最佳性能和功耗平衡，以适应不同的应用场景。针对数据中心应用，采用片上超高带宽 Mesh 网络连接多个达·芬奇 Core，保证 Core 之间以及 Core 与其他 IP 之间的极低延迟通信。借助带宽高达 4TB/s 的 L2 Buffer 和 1.2TB/s HBM，充分发挥了高密度计算 Core 的性能。要特别介绍的是，通过使用 2.5D 封装技术，Ascend 910 芯片集成了 8 个 Die，包括计算、HBM 和 IO，进一步提升了整体性能和集成度。

2. CANN 层

芯片层之上是 CANN 层，提供芯片算子库、开发工具包和运行时环境，目标是兼具最优开发效率和算子性能，以应对学术研究和行业应用的蓬勃发展。

异构计算架构(compute architecture for neural networks，CANN)是围绕昇腾 AI 处理器打造的基础使能软件，分为昇腾计算基础层、昇腾计算执行层、昇腾计算编译层、昇腾计算服务层等层次，包含丰富的算子库以支持用户实现 AI 算法、AI 编译器实现人工智能算法和应用的编译优化、执行平台实现人工智能应用的高效部署和调度执行，并通过昇腾计算语言 AscendCL 编程体系对用户提供编程接口。

截至 2023 年 6 月，CANN 已演进到 6.0 版本，提供了 1400 余个高性能算子，为 900 余个 AI 模型进行深度优化；同时支持国内外所有的主流深度学习框架，并与 OpenCV DNN、MMDeploy、FastDeploy 等推理部署工具和 OpenMMLab 算法仓进行深度适配优化。针对算子开发场景，CANN 还推出了全新的算子编程语言 Ascend C，原生支持 C 和 C++ 标准规范，通过多层接口抽象、自动并行计算、孪生调试等关键技术，极大提高算子开发效率，助力 AI 开发者以低成本完成算子开发和模型调优部署。

3. MindSpore 层

MindSpore 是一个统一的训练和推理框架，旨在实现设计态友好、运行态友好、适应各种场景的目标。

MindSpore 不仅是一个统一的人工智能框架，还包括模型库、图计算和调优工具包等关键子系统，它具备统一的机器学习、深度学习和强化学习的分布式架构，提供灵活的编程界面，并支持多种语言。MindSpore 框架可以根据需求的大小选择相应规模的框架，例如，用于终端设备上学习的小型版框架可能是目前为止最小的全功能人工智能框架，总框架大小不到 2MB，仅需要不到 50MB 的内存，相较于市场上最接近的解决方案，所需的内存减少到 1/5。而 Ascend Cluster 是一个规模庞大的分布式训练系统，将 1024 个高计算密度的 Ascend 910 芯片连接到一个计算群集中，提供 256 PetaFLOPS 超强计算能力，能以前所未有的速度进行模型训练，使得在几分钟甚至几秒内实现训练成为可能，同时，结合 32TB 的高带宽存储器(HBM)，可以更容易地开发比以前更大的新模型。

此外，通过使用离线模型生成器(OMG)和离线模型引擎(OME)，在基于主流开源框架进行训练或准备训练的模型都可以在 Ascend 芯片上工作。这种设计使得 MindSpore 在各种应用场景下都能够发挥出色的性能和适应性。

4. 应用使能层

应用使能层是一个机器学习 PaaS，提供全流程服务、分层分级 API 以及预集成方案，目标是满足不同开发者的独特需求，使 AI 的使用更加容易。通过应用使能层，尽可能简化了与 AI 相关的部分，方法是提供完整的全流程服务、分层 API 和预集成解决方案。ModelArts 就是这种完整的全流程服务，可一站式提供模型生产所需的所有服务，从获取数据到模型训练，直到适应变化。

7.1.2 昇腾 AI 处理器硬件架构

1. 概述

昇腾 310(Ascend 310)和昇腾 910(Ascend 910)都是华为公司推出的人工智能处理器，如图 7-1 所示。昇腾 310 是一款专门针对边缘计算场景设计的 AI 芯片，它采用高能效架构，具备低功耗、低延迟和高计算性能的特点。昇腾 310 适用于物联网、智能家居、视频监控等边缘计算应用场景，能够在边缘设备上进行实时的智能计算和决策。而昇腾 910 是一款用于数据中心和云计算场景的 AI 芯片，它采用高度并行的架构设计，能够提供强大的计算能力和超高的能效比。昇腾 910 适用于深度学习训练和推理任务，可以加速各种复杂的人工智能应用，如图像识别、语音处理、自然语言处理等。

昇腾 310 和昇腾 910 都基于华为自主研发的达·芬奇架构(Da Vinci Architecture)，具备丰富的算术运算单元、高速存储和灵活的片上互连网络，以及全面的软硬件生态支持；它们通过高效的 AI 计算和数据处理，为人工智能应用提供强大的支撑和性能优化。

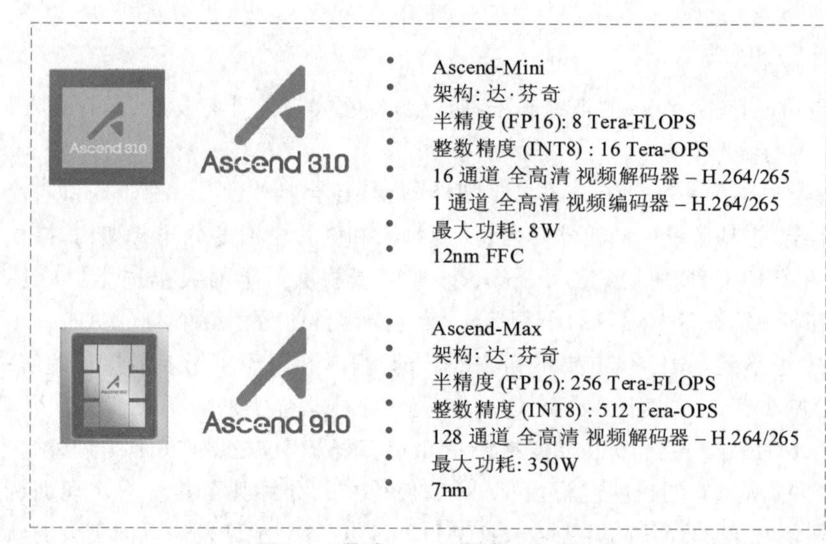

图 7-1　昇腾 310 和昇腾 910 信息

2. 达·芬奇架构

AI Core 是昇腾 AI 处理器的计算核心，采用华为自主研制的达·芬奇架构，通常也被叫作 Da Vinci Core。根据不同的处理器版本，AI Core 中的计算、存储和带宽资源有不同的规格。本书主要按照 Ascend 310/910 展开介绍，其中达·芬奇架构主要包括三大部分——计算单元、存储系统、控制单元。

1）AI Core：计算单元

计算单元包含 3 种基础计算资源——矩阵计算单元、向量计算单元和标量计算单元，分别对应矩阵、向量和标量 3 种常见的计算模式，如下所示。

- 矩阵计算单元(cube unit)。矩阵计算单元和累加器主要完成矩阵相关运算。一个时钟周期完成一个 fp16 的 16×16 与 16×16 矩阵乘(4096)；如果是 int8 输入，则一个时钟周期完成 16×32 与 32×16 矩阵乘(8192)。
- 向量计算单元(vector unit)。实现向量和标量或双向量之间的计算，功能覆盖各种基本的计算类型和许多定制的计算类型，主要包括 FP16、FP32、Int32、Int8 等数据类型的计算。一拍可以完成两个 128 个 fp16 类型的向量相加/乘，或者 64 个 fp32/int32 类型的向量相加/乘。
- 标量计算单元(scalar unit)。相当于一个微型 CPU，控制整个 AI Core 的运行，完成整个程序的循环控制和分支判断，可以为 Cube/Vector 提供数据地址和相关参数的计算，以及基本的算术运算。

2）AI Core：存储系统

AI Core 采用了大容量的片上缓冲区设计，通过增大的片上缓存数据量来减少数据从片外存储系统搬运到 AI Core 中的频次，从而可以降低数据搬运过程中产生的功耗，有效控制了整体计算的能耗。存储单元和相应的数据通路，构成了 AI Core 的存储系统。

存储单元由存储控制单元、缓冲区和寄存器三大部分组成。

- 存储控制单元。通过总线接口直接访问AI Core之外的更低层级的缓存，也可以直通到DDR或HBM直接访问内存。其中还设置了存储转换单元，作为AI Core内部数据通路的传输控制器，负责AI Core内部数据在不同缓冲区之间的读写管理，以及完成一系列的格式转换操作，如补零、Img2Col、转置、解压缩等。
- 输入缓冲区。用来暂时保留需要频繁重复使用的数据，不需要每次都通过总线接口到AI Core的外部读取，从而在减少总线上数据访问频次，同时降低了总线上产生拥堵的风险，达到节省功耗、提高性能的效果。
- 输出缓冲区。用来存放神经网络中每层计算的中间结果，从而在进入下一层计算时方便地获取数据。相比通过总线读取数据的带宽低、延迟大，通过输出缓冲区可以大幅提升计算效率。
- 寄存器。AI Core中的各类寄存器资源主要是标量计算单元在使用。

3）AI Core：控制单元

控制单元的主要组成部分为系统控制模块、指令缓存、标量指令处理队列、指令发射模块、指令执行队列和事件同步模块。

- 系统控制模块。控制任务块（AI Core最小任务计算粒度）的执行进程，在任务块执行完成后，系统控制模块会进行中断处理和状态申报。如果执行过程出错，则会把执行的错误状态报告给任务调度器。
- 指令缓存。在指令执行的过程中，可以提前预取后续指令，并一次读入多条指令进入缓存，提升指令执行效率。
- 标量指令处理队列。指令被解码后便会被导入标量队列中，实现地址解码与运算控制，这些指令包括矩阵计算指令、向量计算指令以及存储转换指令等。
- 指令发射模块。读取标量指令队列中配置好的指令地址和参数解码，然后根据指令类型分别发送到对应的指令执行队列中，而标量指令会驻留在标量指令处理队列中进行后续执行。
- 指令执行队列。指令执行队列由矩阵运算队列、向量运算队列和存储转换队列组成，不同的指令进入相应的运算队列，队列中的指令按进入顺序执行。
- 事件同步模块。时刻控制每条指令流水线的执行状态，并分析不同流水线的依赖关系，从而解决指令流水线之间的数据依赖和同步问题。

3. 处理器硬件架构

1）Ascend 310处理器逻辑架构（AI Inference SoC）

Ascend 310处理器的主要架构组成如下：

- AI计算引擎（包括AI Core和AI CPU）；
- 芯片系统控制CPU（control CPU）；
- 多层级的片上系统缓存（cache）或缓冲区（buffer）；
- 数字视觉预处理模块（digital vision pre-processing，DVPP）等。

2）Ascend 910处理器逻辑架构（AI Inference SoC）

Ascend 910处理器的主要架构组成如下：

- AI 数据处理子系统(AI Core);
- 计算子系统(CPU);
- 图像视频处理子系统(DVPP);
- 存储子系统(层次化的片上系统缓存或缓冲区);
- 低速外设接口(nimbus 外部通信模块)。

7.1.3 昇腾 AI 处理器软件逻辑架构

1. 概述

昇腾 AI 处理器的达·芬奇架构在硬件设计上采用了计算资源的定制化设计,功能执行与硬件高度适配,为卷积神经网络计算性能的提升提供了强大的硬件基础。对于一个神经网络的算法而言,从各种开源框架到神经网络模型的实现,再到实际芯片上的运行,中间需要多层次的软件结构管理网络模型、计算流及数据流。神经网络软件流为从神经网络到昇腾 AI 处理器的落地实现过程提供了有力支撑,同时,开发工具链为基于昇腾 AI 处理器的神经网络应用开发带来了诸多便利,而神经网络软件流和开发工具链构成了昇腾 AI 处理器的基础软件栈,从上而下地支撑起整个芯片的执行流程。

2. 软件栈总览

为了使昇腾 AI 处理器发挥出极佳的性能,设计一套完善的软件解决方案是非常重要的。一个完整的软件栈包含计算资源和性能调优的运行框架以及功能多样的配套工具。昇腾 AI 处理器的软件栈可以分为神经网络软件流、工具链及其他软件模块。

神经网络软件流主要包含流程编排器(matrix)、框架管理器(framework)、运行管理器(runtime)、数字视觉预处理模块、张量加速引擎(tensor boost engine,TBE)及任务调度器(task scheduler,TS)等功能模块。神经网络软件流主要用来完成神经网络模型的生成、加载和执行等功能。工具链主要为神经网络的实现过程提供辅助便利。

如图 7-2 所示,软件栈的主要组成部分在软件栈中的功能和作用相互依赖,承载着数据流、计算流和控制流。昇腾 AI 处理器的软件栈主要分为 4 个层次和一个辅助工具链。4 个层次分别为 L3 应用使能层、L2 执行框架层、L1 芯片使能层和 L0 计算资源层。工具链主要提供工程管理、编译调测、流程编排、日志管理和性能分析等辅助能力。

1) L3 应用使能层

L3 应用使能层是应用级封装,主要是面向特定的应用领域,提供不同的处理算法,包含通用业务执行引擎、计算机视觉引擎和语言文字引擎等。通用业务执行引擎提供通用的神经网络推理能力;计算机视觉引擎面向计算机视觉领域提供一些视频或图像处理的算法封装,专门用来处理计算机视觉领域的算法和应用;在面向语音及其他领域,语言文字引擎提供一些语音、文本等数据的基础处理算法封装,可以根据具体应用场景提供语言文字处理功能。

在通用业务需求上,基于流程编排器定义对应的计算流程,然后由通用业务执行引擎进行具体功能的实现。L3 应用使能层为各种领域提供具有计算和处理能力的引擎直

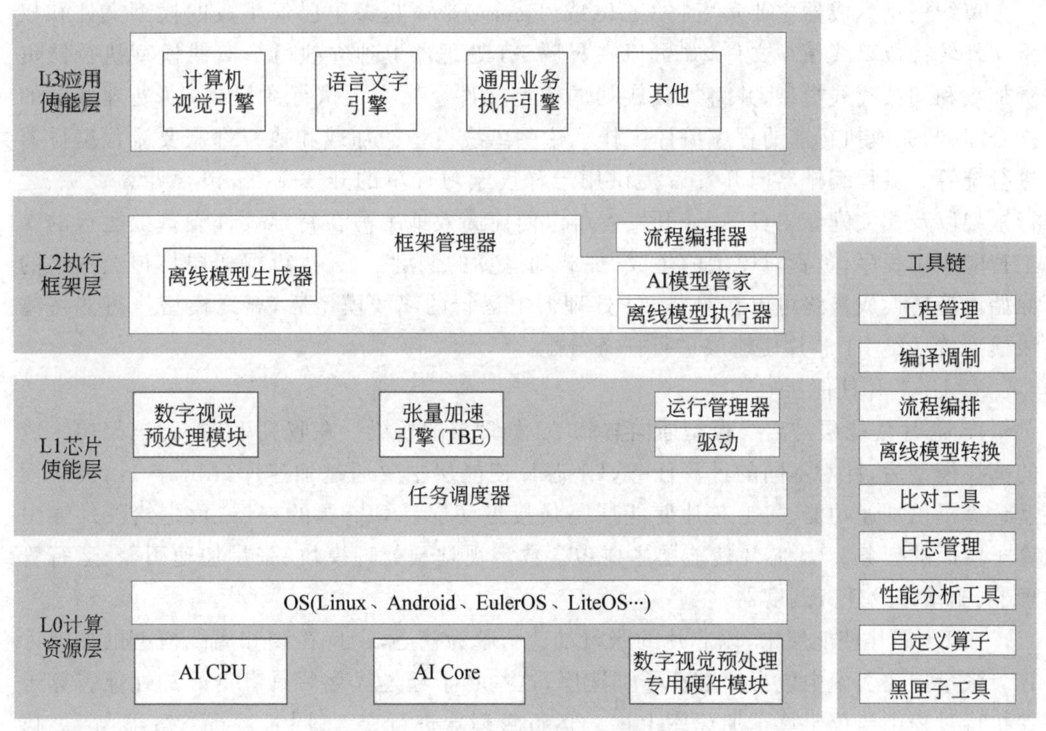

图 7-2 昇腾 AI 软件栈逻辑架构

接使用 L2 执行框架层的框架调度能力，通过通用框架生成相应的神经网络而实现具体的引擎功能。

2）L2 执行框架层

L2 执行框架层是框架调用能力和离线模型生成能力的封装。L3 应用使能层将具体领域应用的算法开发完成并封装成引擎后，L2 执行框架层将会根据相关算法的特点进行适合深度学习框架的调用，如调用 Caffe 或 TensorFlow 框架以得到相应功能的神经网络，再通过框架管理器生成离线模型。L2 执行框架层包含框架管理器以及流程编排器。

L2 执行框架层会使用到在线框架和离线框架这两类。在线框架使用主流的深度学习开源框架（如 Caffe、TensorFlow 等），通过离线模型转换和加载，使其能在昇腾 AI 处理器上进行加速运算。对于网络模型，在线框架主要提供网络模型的训练和推理能力，能够支持单卡、单机、多机等不同部署场景下的训练和推理的加速。除了常见的深度学习开源框架之外，L2 执行框架层还提供了华为公司自行研制的 MindSpore 深度学习框架，其功能类似于 TensorFlow，但是通过 MindSpore 框架产生的神经网络模型可以直接运行在昇腾 AI 处理器上，而不需要进行硬件的适配和转换。

对于昇腾 AI 处理器，神经网络支持在线生成和执行，同时通过离线框架提供了神经网络的离线生成和执行能力，可以在脱离深度学习框架下使得离线模型（offline model, OM）具有同样的能力（主要是推理能力）。框架管理器中包含离线模型生成器（offline model generator, OMG）、离线模型执行器（offline model executor, OME）和 AI 模型管家推理接口，支持模型的生成、加载、卸载和推理计算执行。

离线模型生成器主要负责将 Caffe 或 TensorFlow 框架下已经生成的模型文件和权重文件转换成离线模型文件,并可以在昇腾 AI 处理器上独立执行。离线模型执行器负责加载和卸载离线模型,并将加载成功的模型文件转换为可执行在昇腾 AI 处理器上的指令序列,完成执行前的程序编译工作。这些离线模型的加载和执行都需要流程编排器进行统筹。流程编排器向开发者提供用于深度学习计算的开发平台,包含计算资源、运行框架以及相关配套工具等,让开发者可以便捷高效地编写在特定硬件设备上运行的人工智能应用程序,负责对模型的生成、加载和运算的调度。L2 执行框架层将神经网络的原始模型转换成最终可以在昇腾 AI 处理器上运行的离线模型后,离线模型执行器将离线模型传送给 L1 芯片使能层进行任务分配。

3) L1 芯片使能层

L1 芯片使能层是离线模型通向昇腾 AI 处理器的桥梁。在收到 L2 执行框架层生成的离线模型后,针对不同的计算任务,L1 芯片使能层主要通过加速库(library)给离线模型计算提供加速功能。L1 芯片使能层是最接近底层计算资源的一层,负责给硬件输出算子层面的任务。L1 芯片使能层主要包含数字视觉预处理模块、张量加速引擎、运行管理器、驱动以及任务调度器。

在 L1 芯片使能层中,以芯片的张量加速引擎为核心,支持在线和离线模型的加速计算。张量加速引擎中包含标准算子加速库,这些算子经过优化后具有良好的性能。算子在执行过程中与位于算子加速库上层的运行管理器进行交互,同时运行管理器与 L2 执行框架层进行通信,提供标准算子加速库接口给 L2 执行框架层调用,让具体网络模型能找到优化后的、可执行的、可加速的算子以进行功能上的最优实现。如果 L1 芯片使能层的标准算子加速库中无 L2 执行框架层所需的算子,这时可以通过张量加速引擎编写新的自定义算子以支持 L2 执行框架层的需要,因此张量加速引擎通过提供标准算子库和自定义算子的能力,为 L2 执行框架层提供了具有功能完备性的算子。

张量加速引擎的下面是任务调度器,根据相应的算子生成具体的计算核函数后,任务调度器会根据具体任务类型处理和分发相应的计算核函数到 AI CPU 或者 AI Core 上,通过驱动激活硬件执行。任务调度器本身运行在一个专属的 CPU 核上。

数字视觉预处理模块是一个面向图像视频领域的多功能封装体。在遇到需要进行常见图像或视频预处理的场景时,该模块为上层提供了使用底层专用硬件的各种数据预处理能力。

4) L0 计算资源层

L0 计算资源层是昇腾 AI 处理器的硬件算力基础。在 L1 芯片使能层完成算子对应任务的分发后,具体计算任务的执行开始由 L0 计算资源层启动。L0 计算资源层包含操作系统、AI CPU、AI Core 和数字视觉预处理模块。

AI Core 是昇腾 AI 处理器的算力核心,主要完成神经网络的矩阵相关计算。而 AI CPU 完成控制算子、标量和向量等通用计算。如果输入数据需要进行预处理操作,则 DVPP 专用硬件模块会被激活,并专门用来进行图像和视频数据的预处理执行,在特定场景下为 AI Core 提供满足计算需求的数据格式。AI Core 主要负责大算力的计算任务;AI CPU 负责较为复杂的计算和执行控制功能;数字视觉预处理模块完成数据预处理功能;操作系统的作用是使得三者紧密辅助,组成一个完善的硬件系统,为昇腾 AI 处理器的深度神经网络计算提供执行上的保障。

5) 工具链

工具链是一套支持昇腾 AI 处理器,并可以方便程序员进行开发的工具平台,提供了自定义算子的开发、调试和网络移植、优化及分析功能的支撑。另外,在面向程序员的编程界面提供了一套可视化的 AI 引擎拖曳式编程服务,极大地降低了深度神经网络相关应用程序的开发门槛。

工具链包括工程管理、编译调测、流程编排、离线模型转换、比对工具、日志管理、性能分析工具、自定义算子及黑匣子工具等。因此,工具链为此平台上的应用开发和执行提供了多层次和多功能的便捷服务。

7.2 基于昇腾的嵌入式系统环境搭建

为了便于在昇腾平台进行软件开发和 AI 应用部署,本节将重点介绍系统制作与环境搭建。通过对本节的学习,读者可以快速搭建环境,从而支持嵌入式软件开发、硬件调试、系统验证和性能优化等任务。

7.2.1 制作系统镜像

1. 下载安装制卡工具

首先下载制卡工具,下载地址为:https://ascend-repo.obs.cn-east-2.myhuaweicloud.com/Atlas%20200I%20DK%20A2/DevKit/tools/latest/Ascend-devkit-imager_latest_win-x86_64.exe。

在获取制卡工具 Ascend-devkit-imager_{version}_win-x86_64.exe 之后,双击制卡工具包进行安装,在安装导向界面按照默认配置快速安装工具。运行一键制卡工具,可以得到图 7-3 所示的界面。

2. 选择和烧录镜像

有两种可供选择的制卡方式,包括在线制卡和本地制卡。

- 在线制卡(推荐)。制卡工具自动通过网络获取镜像并烧录到 SD 卡,无须提前下载。镜像版本会迭代更新,用户在烧录镜像时可选择最新版本进行烧录。
- 本地制卡。本地制卡功能需要和备份 SD 卡功能配合使用,将已烧录镜像和在开发者套件启动过的 SD 卡中的镜像复制到 PC。

接下来详细介绍本地制卡的流程。选择“本地制卡”选项卡,单击“选择文件”按钮,选择 SD 卡,如图 7-4 所示。

单击“烧录镜像”按钮,开始烧录,工具会预估完成烧录所需时间。烧录成功后,会弹出“烧录成功”提示窗,根据提示单击“继续”按钮,并将 SD 卡从读卡器中取出。

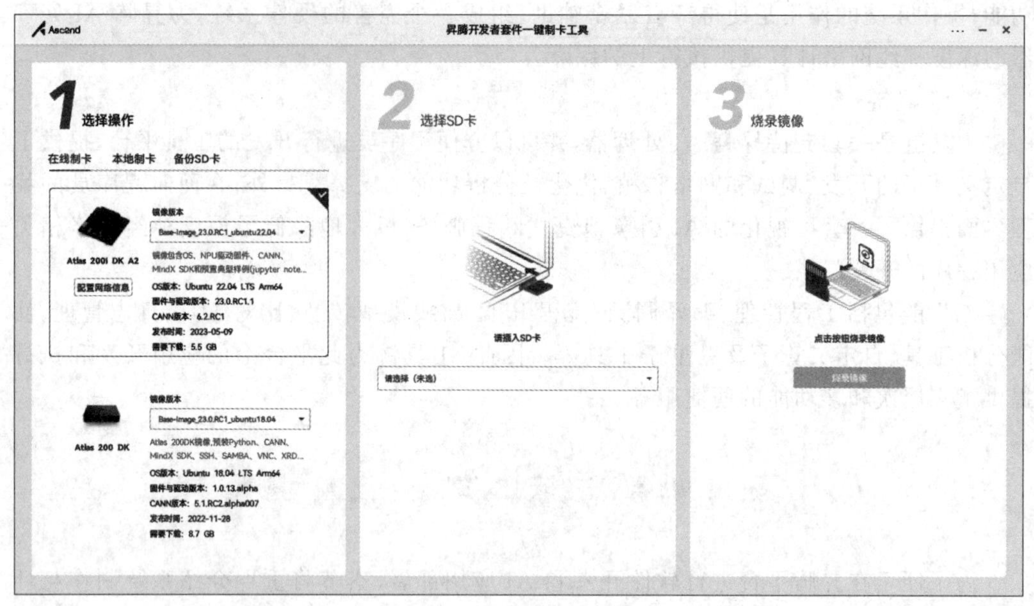

图 7-3 一键制卡工具

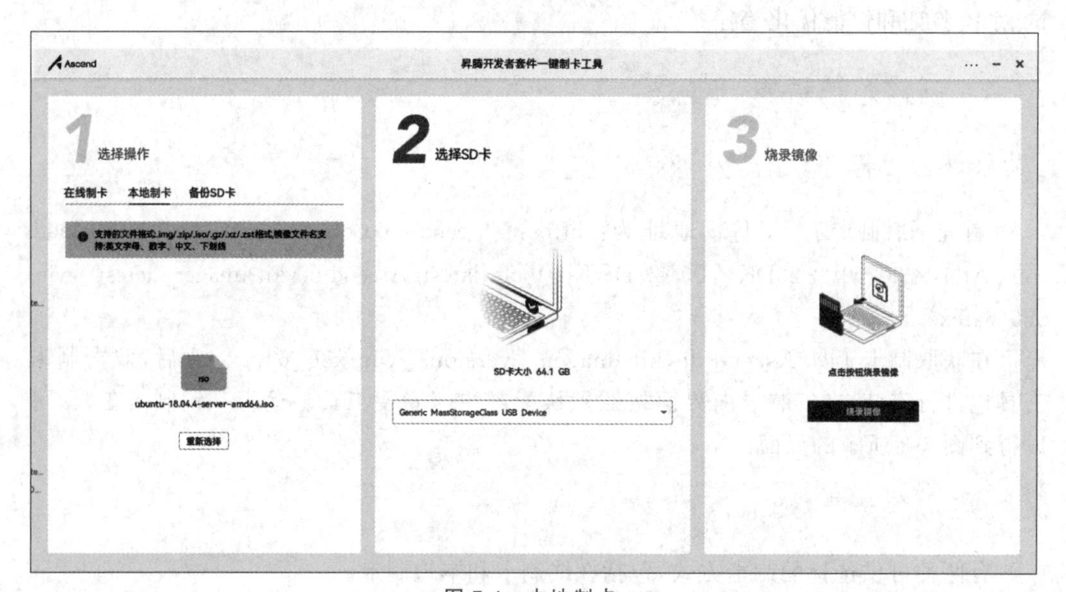

图 7-4 本地制卡

7.2.2 串口连接

本节只针对 Windows 系统的 PC。Mac PC 如果只有 Type-C 接口，需要通过 Type-C 转 RJ-45 网口转接头使用网线连接开发板，不支持直接使用 Type-C 数据线连接开发板。实验配套开发板如图 7-5 所示。

(1) 将 SD 卡插入开发者套件的 SD 插槽，并确保完全推入插槽底部。

(2) 请确保开发者套件的拨码开关 1、2、3、5，否则将无法从 SD 读取镜像及启动开发

图 7-5 配套实验开发板

者套件。

(3) 使用 Type-C 数据线连接开发者套件上的 Type-C 接口，数据线另一端连接 PC。将电源线插头插入插座，接通开发者套件电源，启动开发者套件。

(4) 使用 MobaXterm 等软件进入系统。

7.3 AI 应用例程设计

本节以 3 个常见的 AI 模型为例，通过其算法、模型设计以及系统架构展开介绍，最后以具体目标检测示例流程为例，详细介绍其在昇腾 310 AI 处理器上的部署流程。

7.3.1 目标检测例程

1. 目标检测简介

目标检测是计算机视觉领域的一个重要研究方向，旨在从图像或视频中自动识别和定位物体。本例基于 YOLOv3 检测网络，通过读取本地视频文件作为输入数据，对视频帧中的物体进行目标检测，并将检测的结果展示在 PC 网页上。

2. 模型介绍

YOLOv3 的网络结构如图 7-6 所示，主要由输入、基础网络、YOLOv3 网络的三个分支组成。

(1) 网络部件的介绍如下。

- DBL。如图 7-6 左下角所示，也就是图中的 Darknetconv2d_BN_Leaky，是 yolo_v3 的基本组件，即卷积+BN+Leaky relu。对于 v3 来说，BN 和 Leaky relu 已经是和卷积层不可分离的部分了(最后一层卷积除外)，共同构成了最小组件。
- resn。n 代表数字，有 res1，res2，…，res8 等，表示这个 res_block 中含有多少个 res_unit。这是 yolo_v3 的大组件，yolo_v3 开始借鉴了 ResNet 的残差结构，使用这种结构可以让网络结构更深(从 v2 的 darknet-19 上升到 v3 的 darknet-53，前者没有残差结构)。对于 res_block 的解释，可以在图 7-6 的右下角直观看到，其基本组件也是 DBL。
- concat。张量拼接。将 darknet 中间层和后面某一层的上采样进行拼接。拼接的

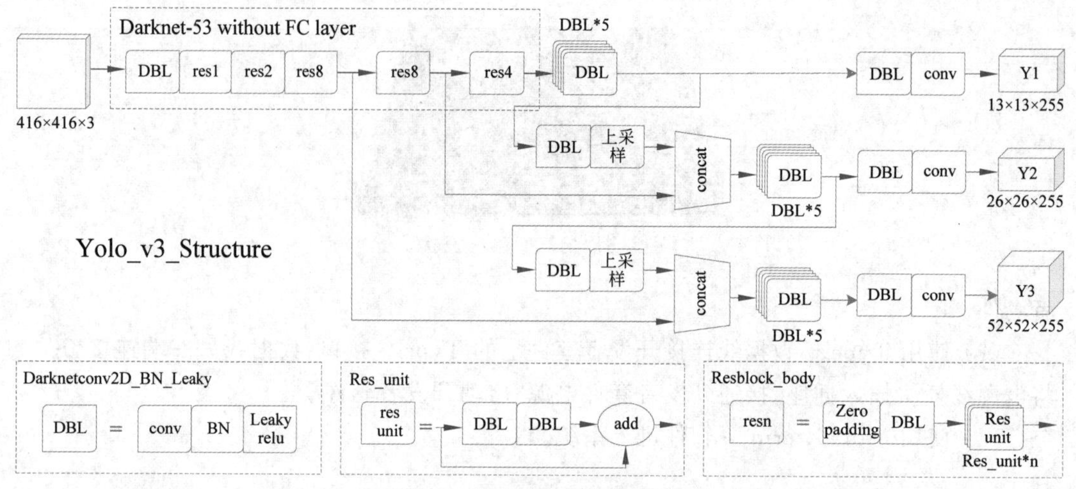

图 7-6　YOLOv3 的网络结构

操作和残差层 add 的操作是不一样的，拼接会扩充张量的维度，而 add 只是直接相加，不会导致张量维度的改变。

(2) YOLOv3 网络的三个分支如图 7-6 上半部分所示。

✧ 多尺度检测-Y1
- 适用目标：大目标
- 路径：绿色线标注
- 输出维度：13×13×255
- 输出维度具体解释。13×13：图片大小。255=(80+5)×3；80：识别物体种类数。5=x,y,w,h 和 c(置信度)；3：每个点预测 3 个 bounding box。

✧ 多尺度检测-Y2
- 适用目标：中目标
- 路径：黄色线标注
- 输出维度：26×26×255
- 输出维度具体解释。26×26：图片大小。255=(80+5)×3；80：识别物体种类数。5=x,y,w,h 和 c(置信度)；3：每个点预测 3 个 bounding box。

✧ 多尺度检测-Y3
- 适用目标：小目标
- 路径：紫色线标注
- 输出维度：52×52×255
- 输出维度具体解释。52×52：图片大小。255=(80+5)×3；80：识别物体种类数。5=x,y,w,h 和 c(置信度)；3：每个点预测 3 个 bounding box。

3. 系统总体设计

系统的设计主要分为以下几个步骤。

(1) 运行管理资源申请：用于初始化系统内部资源，是 ACL 固定的调用流程。

(2) 加载模型文件并构建输出内存：从文件加载离线模型数据，根据内存中加载的模型获取模型的基本信息，包含模型输入、输出数据的数据 buffer 大小；由模型的基本信息构建模型输出内存，为接下来的模型推理做好准备。

(3) 读取本地视频并进行预处理：使用 OpenCV 打开本地视频文件，循环读取每一帧图像数据，将图像数据缩放至模型要求的宽高比例，然后构建模型的输入数据。

(4) 模型推理：根据构建好的模型输入数据调用模型推理接口，进行模型推理。

(5) 视频推流：根据模型输出解析目标检测的结果，得到图像数据中检测到的目标框、检测到的物体类别以及相似度，然后调用 Presenter Agent 的接口并发送到主机端上部署好的 Presenter Server 服务进程。

(6) 结果展示：Presenter Server 根据接收到的推理结果，在 JPEG 格式的图片上进行目标框位置及目标的类别和置信度的标记，并将图像信息推送给主机端 Web 网页，通过浏览器访问 Presenter Server，实时查看视频中的各类物体检测信息。

7.3.2 人体语义分割例程

1. 人体语义分割简介

图像分割是计算机视觉研究中的基础问题，其目的是将图像划分成多个不重叠的区域，每个区域对应一个语义标签。图像分割技术可应用在许多生活场景中，例如安防监控、自动驾驶、医疗影像分析等。本例旨在设计一个高精度图像分割算法，并部署在 Atlas 200AI 模块上，通过摄像头获取场景图片，对其进行分割。本例以室内人像场景为例，对摄像头获取的图像进行人像分割。

2. 模型介绍

为了对一个给定的现有分割算法进行错误预测和错误纠正，本例基于错误预测的分割网络，在现有分割网络的基础上提高了分割准确率。本网络分为 3 个分支，分别是语义分支、错误预测分支、细节分支。网络结构如图 7-7 所示。

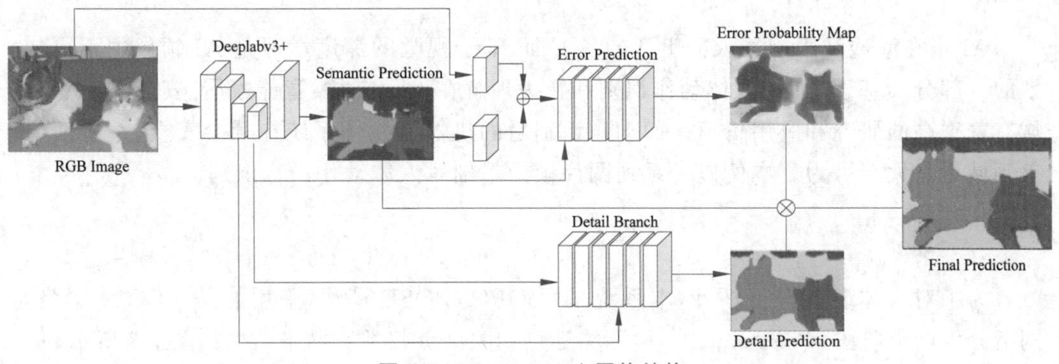

图 7-7 DeepLabV3＋网络结构

- 语义分支：语义分支是一个现有的分割网络。本例中使用 DeepLabV3＋作为语义分支，用于得到初始分割概率图及相应的 CNN 特征。

- 错误预测分支：错误预测分支的目的是为每像素判断语义分支给出的初始分割结果是否错误，即错误像素的检测可被当作一个二分类问题。
- 细节分支：细节分支为上一步检测出的错误像素进行重新预测，得到新的图像分割结果。结合初始分割结果与细节分支的新预测结果，得到最终的分割结果。

在训练人像分割网络时，抽取 MS COCO 数据中的人像数据，构建一个人像分割数据集。训练得到的模型，通过 MindStudio 中的模型转换工具转换成可部署在 Atlas 200AI 模块上的 *.om 格式的模型。

3. 系统总体设计

通过摄像头读取数据，通过 Atlas 200 AI 模块进行推理，并将推理结果推流到 PC 网页上。

人体语义分割系统主要划分为以下几个模块。

- 摄像头模块：用于获取 YUV420SP 格式的视频数据。
- 推理模块：将摄像头模块传输来的 YUV 格式图像进行预处理，并解析为 RGB 图像，输入分割网络，得到一个二值 mask。mask 中值为 1 的像素属于人像，值为 0 的像素属于背景。
- 后处理模块：将分割网络输出的 mask 以半透明蒙版的形式叠加在原始图像上，以便对结果进行观察。生成的叠加图像压缩成 JPEG 格式，通过 Presenter Agent API 传输给 PresentServer 服务端，最终在 Web 网页上显示。

为了在现有数据集图像上进行测试和评估，本系统还可以将摄像头模块替换为自定义的数据集模块。数据集模块从文件系统中读取测试图片，对其进行分割推理，并将分割结果保存在文件系统上。

7.3.3 基于骨骼行为识别例程

1. 基于骨骼行为识别简介

AI 正在渗透和影响着人们生活的各方面，基于视觉的深度学习是 AI 领域中不可或缺的一部分。基于 AI 的人体动作识别和行为理解在人际交往、智能家居、安防系统等领域有着很高的研究和应用价值。而动作识别后的机器人模仿系统在社会安全、军事演习等领域更是大有可为。本例以一系列图片帧为基础对人体动作进行识别。

2. 模型介绍

为了对人体姿态进行估计，本系统采用 OPENPOSE 算法，采用的是 VGG19 网络，网络分为两个阶段(two stages)：检测关键点和关键点归类。网络结构如图 7-8 所示。

- stage1：检测关键点主要由多个卷积层组成。
- stage2：关键点归类主要由多个卷积池化层组成。

要将训练好的 Caffe 模型部署到 Atlas 200 AI 模块上，首先要将其转换为

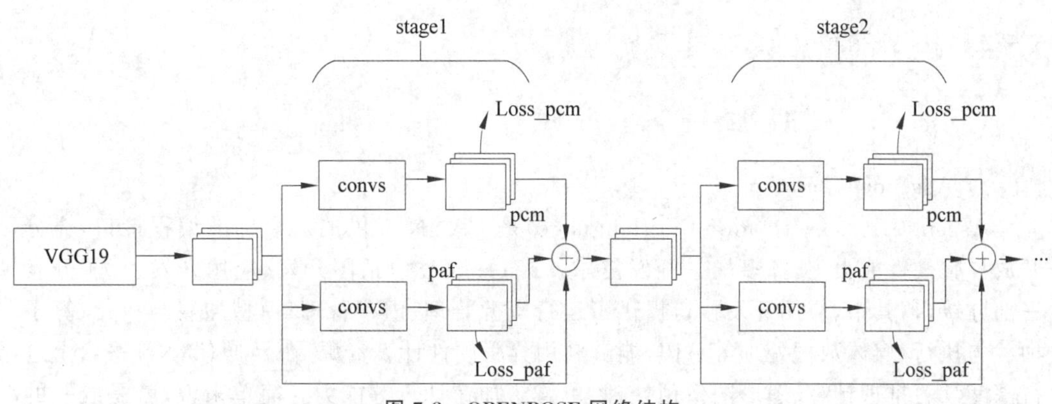

图 7-8 OPENPOSE 网络结构

Ascend310 芯片支持的离线模型。推理过程的 batch size 需要设为 1，输入的维度 N、C、H、W 分别设置为 1、3、224、224。为了使输入图像的格式符合模型输入要求，还需要在模型转换中设置图像预处理的参数，其中输入图像的格式 InputImage Format 需要调整为 BGR888_U8。另外，为了符合模型对输入的要求，需要设置乘数因子和 RGB 通道的均值。其中，乘数因子为 1/256＝0.0039625，通道均值可设置为 128、128、128。模型转换过程尤为重要，参数需要按照要求进行调整，否则模型的输出会与期望不符，转换之后的模型为 om 文件，需要将其加入工程中。

读取目标文件夹下的所有图片以获取图片信息，将图片从 jpeg 格式转换为 yuv 格式，并对图片进行 resize，使其大小满足模型输入要求。

对预处理的图像执行网络的前向传播进行模型推断，以获取场景中人体关键节点特征。对输入图片的推理结果进行获取，解析推理结果，对推理得到的关节点特征向量进行处理，按一定的阈值提取人体 18 个关键节点(头、四肢等)坐标，并获取关节(颈、肩、肘、膝等)角度，识别出人体动作，作为检测结果进行输出。

3. 系统总体设计

按照运行流程划分，系统分成两个阶段，分别是模型训练阶段和模型推理阶段。模型训练阶段主要在服务器端完成，而模型推理阶段在 Atlas 200AI 上完成构建。这里主要讲解模型推理阶段的系统设计部分。模型推理阶段模块的主要功能如下。

- 图像预处理模块：读取目标文件夹下的所有图片，获取图片信息，将图片从 jpeg 格式转换为 yuv 格式，并对图片进行 resize，使其大小满足模型输入要求。
- 模型推理模块：对预处理的图像执行网络的前向传播进行模型推断，获取场景中人体关键节点特征，将推理得到的输出结果发送给后处理模块进行解析。
- 后处理模块：对输入图片的推理结果进行获取，解析推理结果，对推理得到的关节点特征向量进行处理，按一定的阈值提取人体 18 个关键节点(头、四肢等)坐标，并获取关节(颈、肩、肘、膝等)角度，识别出人体动作，作为检测结果进行输出。

7.3.4 模型部署相关工具及流程

1. AscendCL 昇腾计算语言

1) AscendCL 简介

AscendCL(ascend computing language)是 CANN 提供的一套标准编程接口,充分开放昇腾硬件能力,支撑多场景开发需求。AscendCL 包括图开发、应用开发、算子开发三部分接口,其中,应用开发接口提供了运行资源管理、内存管理、模型加载与执行、算子加载与执行、媒体数据处理等 API,能够利用昇腾硬件计算资源、在昇腾 CANN 平台上进行深度学习推理计算、图形图像预处理、单算子加速计算等能力。简单来说,就是统一的 API 框架实现对所有资源的调用。计算资源层是昇腾 AI 处理器的硬件算力基础,主要完成神经网络的矩阵相关计算,完成控制算子、标量、向量等通用计算和执行控制功能,完成图像和视频数据的预处理,为深度神经网络计算提供执行上的保障。

2) AscendCL 应用场景

- 开发应用:用户可以直接调用 AscendCL 提供的接口以开发图片分类应用、目标识别应用等。
- 供第三方框架调用:用户可以通过第三方框架调用 AscendCL 接口,以便使用昇腾 AI 处理器的计算能力。
- 供第三方开发 lib 库:用户可以使用 AscendCL 封装实现第三方 lib 库,以便提供昇腾 AI 处理器的运行管理、资源管理等能力。

2. 模型转换工具 ATC

1) ATC 简介

昇腾张量编译器(Ascend tensor compiler,ATC)是异构计算架构 CANN 体系下的模型转换工具,它可以将开源框架的网络模型或 Ascend IR 定义的单算子描述文件(json 格式)转换为昇腾 AI 处理器支持的.om 格式离线模型,其功能架构如图 7-9 所示。

模型转换过程中,ATC 会进行算子调度优化、权重数据重排、内存使用优化等具体操作,对原始的深度学习模型进行进一步的调优,从而满足部署场景下的高性能需求,使其能够高效执行在昇腾 AI 处理器上。

2) 模型转换交互流程

根据网络模型中算子计算单元的不同,分为 TBE 算子、AI CPU 算子。TBE 算子在 AI Core 上运行,AI CPU 算子在 AI CPU 上运行。在 TBE 算子、AI CPU 算子的模型转换交互流程中,虽然都涉及图准备、图拆分、图优化、图编译等节点,但由于两者的计算单元不同,因此涉及交互的内部模块也有所不同。

(1) TBE 算子模型转换交互流程如下。

- 格式转换:调用框架 Parser 功能,将主流框架的模型格式转换成 CANN 模型格式。
- 图准备阶段:该阶段会完成原图优化以及 Infershape 推导(设置算子输出的

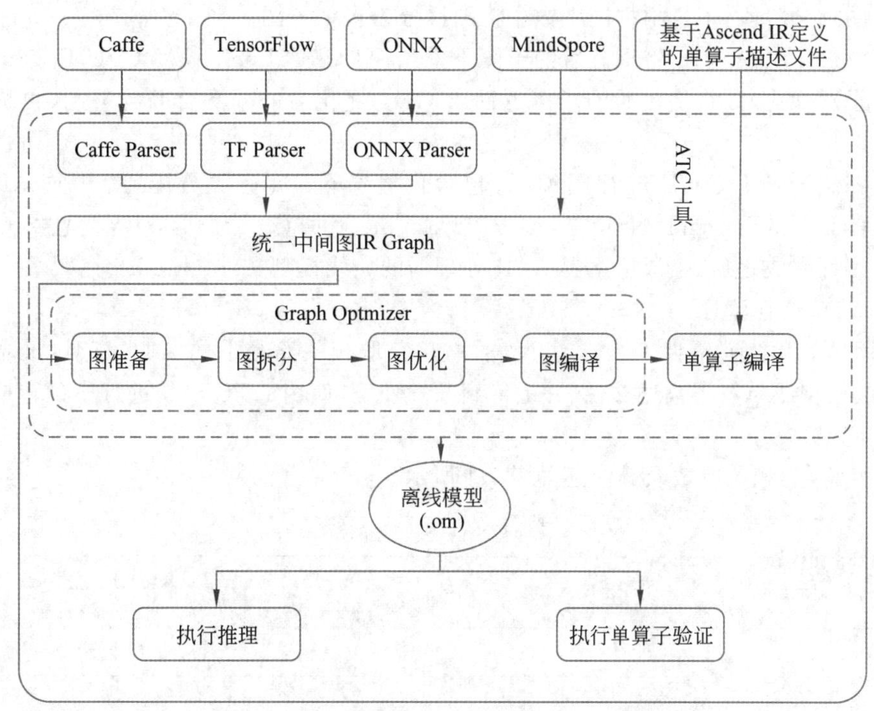

图 7-9 ATC 功能架构

shape 和 dtype)等功能。

- 原图优化时：GE 向 FE 发送图优化请求，并将图下发给 FE，FE 匹配融合规则进行图融合，并进行算子选择，选择优先级最高的算子类型进行算子匹配，最后将优化后的整图返回给 GE。
- 图拆分阶段：GE 根据图中数据将图拆分为多个子图。
- 图优化阶段：GE 将拆分后的子图下发给 FE，FE 首先在子图内部插入转换算子，然后按照当前子图流程进行 TBE 算子预编译，对 TBE 算子进行 UB 融合，并根据算子信息库中的算子信息找到算子以将其编译成算子 kernel(算子的 *.o 与 *.json)，最后将优化后的子图返回给 GE。优化后的子图合并为整图，再进行整图优化。
- 图编译阶段：GE 进行图编译，包含内存分配、流资源分配等，并向 FE 发送 tasking 请求，FE 返回算子的 taskinfo 信息给 GE，图编译完成之后，生成适配昇腾 AI 处理器的离线模型文件(*.om)。

(2) AI CPU 算子模型转换交互流程如下。

- 格式转换：调用框架 Parser 功能，将主流框架的模型格式转换成 CANN 模型格式。
- 图准备阶段：该阶段会完成算子基本参数校验以及 Infershape 推导(设置算子输出的 shape 和 dtype)等功能。另外，GE 将整图下发给 AI CPU Engine，AI CPU Engine 读取算子信息库，匹配算子支持的 format，并将 format 返回给 GE。

- 图拆分阶段：GE 根据图中数据将图拆分为多个子图。
- 图优化阶段：GE 将拆分后的子图下发给 AI CPU Engine，AI CPU Engine 进行子图优化，并将优化后的子图返回给 GE。优化后的子图合并为整图，再进行整图优化。
- 图编译阶段：GE 进行图编译，包含内存分配、流资源分配等，并向 AI CPU Engine 发送 genTask 请求，AI CPU Engine 返回算子的 taskinfo 信息给 GE，图编译完成之后，生成适配昇腾 AI 处理器的离线模型文件（*.om）。

3）ATC 运行流程

使用 ATC 之前，需要安装 CANN 软件包，获取相关路径下的 ATC 工具，准备要进行转换的模型或单算子描述文件，并上传到开发环境，使用 ATC 工具进行模型转换并配置相关参数。

4）ATC 的相关参数及其简述如表 7-1 所示。

表 7-1　ATC 参数概览

ATC 参数名称参数	参数简述	是否必选	默认值
--help 或--h	显示帮助信息	否	不涉及
--mode	运行模式	否	0
--model	原始模型文件路径与文件名	是	不涉及
--weight	权重文件路径与文件名	否	不涉及
--om	需要转换为 json 格式的离线模型或原始模型文件的路径和文件名	否	不涉及
--framework	原始框架类型	是	不涉及
--input_format	输入数据格式	否	Caffe、ONNX 默认为 NCHW； TensorFlow 默认为 NHWC
--input_shape	模型输入数据的 shape 范围	否	不涉及
--input_shape_range	指定模型输入数据的 shape 范围	否	不涉及
--dynamic_batch_size	设置动态 batch 档位参数，适用于执行推理时，每次处理图片数量不固定的场景	否	不涉及
--dynamic_image_size	设置输入图片的动态分辨率参数。适用于执行推理时，每次处理图片宽和高不固定的场景	否	不涉及
--dynamic_dims	设置 ND 格式下动态维度的档位。适用于执行推理时，每次处理任意维度的场景	否	不涉及
--singleop	单算子定义文件，将单个算子 json 文件转换成适配昇腾 AI 处理器的离线模型	否	不涉及

续表

ATC参数名称参数	参数简述	是否必选	默认值
--output	如果是开源框架的网络模型,存放转换后的离线模型的路径以及文件名 如果是单算子描述文件,存放转换后的单算子模型的路径	是	不涉及
--output_type	指定网络输出数据类型或指定某个输出节点的输出类型	否	不涉及
--check_report	预检结果保存文件路径和文件名	否	check_result.json
--json	离线模型或原始模型文件转换为json格式文件的路径和文件名	否	不涉及
--host_env_os	若模型编译环境的操作系统及其架构与模型运行环境不一致,则需使用本参数设置模型运行环境的操作系统类型	否	不涉及
--host_env_cpu	若模型编译环境的操作系统及其架构与模型运行环境不一致,则需使用本参数设置模型运行环境的操作系统架构	否	不涉及
--soc_version	模型转换时指定芯片版本	是	不涉及
--core_type	设置网络模型使用的Core类型,若网络模型中包括Cube算子,则只能使用AI Core	否	AI Core
--aicore_num	设置模型编译时使用的AI Core数目	否	默认值为最大值
--virtual_type	是否支持离线模型在算力分组生成的虚拟设备上运行	否	0
--out_nodes	指定输出节点	否	不涉及
--input_fp16_nodes	指定输入数据类型为FP16的输入节点名称	否	不涉及
--insert_op_conf	插入算子的配置文件路径与文件名,例如aipp预处理算子	否	不涉及
--op_name_map	扩展算子(非标准算子)映射配置文件路径和文件名,不同的网络中某扩展算子的功能不同,可以指定该扩展算子到具体网络中实际运行的扩展算子的映射	否	不涉及
--is_input_adjust_hw_layout	用于指定网络输入数据类型是否为FP16,数据格式是否为NC1HWC0	否	false
--is_output_adjust_hw_layout	用于指定网络输出的数据类型是否为FP16,数据格式是否为NC1HWC0	否	false
--disable_reuse_memory	内存复用开关	否	0
--fusion_switch_file	融合开关配置文件路径以及文件名	否	不涉及
--enable_scope_fusion_passes	指定编译时需要生效的融合规则列表	否	不涉及

续表

ATC 参数名称参数	参数简述	是否必选	默认值
--enable_single _stream	是否使能一个模型只能使用一条 stream	否	false
--enable_small _channel	是否使能 small channel 的优化，使能后在 channel≤4 的首层卷积会有性能收益	否	0
--compression _optimize_conf	压缩优化功能配置文件路径以及文件名	否	不涉及
--buffer_optimize	是否开启数据缓存优化	否	l2_optimize
--mdl_bank_path	加载模型调优后自定义知识库的路径	否	
--external_weight	生成 om 模型文件时，是否将原始网络中的 Const/Constant 节点的权重保存在单独的文件中，同时将节点类型转换为 FileConstant 类型	否	0
--precision_mode	设置网络模型的精度模式	否	force_fp16
--op_precision_mode	设置具体某个算子的精度模式，通过该参数可以为不同的算子设置不同的精度模式	否	不涉及
--modify_mixlist	混合精度场景下，修改算子使用混合精度名单	否	不涉及
--op_select _implmode	设置网络模型中算子是高精度实现模式还是高性能实现模式	否	high_performance
--optypelist_for _implmode	设置 optype 列表中算子的实现模式，算子实现模式包括 high_precision 和 high_performance 两种	否	
--keep_dtype	保持原始模型编译时个别算子的计算精度不变	否	不涉及
--customize_dtypes	模型编译时自定义算子的计算精度	否	不涉及
--op_bank_path	加载 AOE 调优后自定义知识库的路径	否	
--op_select_ implmode	选择算子是高精度实现还是高性能实现	否	high_performance
--optypelist_for _implmode	列举算子 optype 的列表，该列表中的算子使用--op_select_implmode 参数指定的模式	否	不涉及
--op_debug_level	TBE 算子编译 debug 功能开关	否	0
--save_original _model	是否生成原始模型文件，模型转换过程中原始模型不经过任何优化操作（例如算子融合），直接转换成 om 模型	否	fales
--dump_mode	是否生成带 shape 信息的 json 文件	否	0
--log	设置 ATC 模型转换过程中显示日志的级别	否	null
--debug_dir	用于配置保存模型转换、网络迁移过程中算子编译生成的调试相关过程文件的路径，包括算子.o、.json、.cce 等文件	否	./kernel_meta
--op_compiler_cache _mode	用于配置算子编译磁盘缓存模式	否	disable

续表

ATC 参数名称参数	参数简述	是否必选	默认值
--op_compiler_cache_dir	用于配置算子编译磁盘缓存的目录	否	$HOME/atc_data
--display_model_info	模型编译时对已有的离线模型、查询模型占用的关键资源信息，编译与运行环境等信息	否	0
--status_check	控制编译算子时是否添加溢出检测逻辑	否	0
--op_debug_config	使能 Global Memory(DDR)内存检测功能的配置文件路径及文件名	否	不涉及
--atomic_clean_policy	是否集中清理网络中所有 atomic 算子(含有 atomic 属性的算子都是 atomic 算子)占用内存	否	0
--deterministic	是否开启确定性计算	否	0

3. 模型部署流程

下面以目标检测实验为例介绍部署流程。

(1) 本实验使用 Type-C 数据线连接开发板进行演示，切换到 HwHiAiUser 用户，进入/home/HwHiAiUser/XXX/scripts 目录并修改 param.conf 文件(XXX 为项目目录)。如果计算机使用以太网线连接开发板，则将 presenter_server_ip 和 presenter_view_ip 这两个参数修改为 192.168.0.2。如果使用 Type-C 数据线连接开发板，则将这两个参数修改为 192.168.1.2。

(2) 进入 XXX/model 目录，执行下面的命令，将 Caffe 框架的模型和权重文件转换为昇腾平台下适配的 om 模型。

```
atc --model=./yolov3.prototxt --weight=./yolov3.caffemodel --framework=0
--output=yolov3 --soc_version=Ascend310 --insert_op_conf=./aipp_bgr.cfg
```

(3) 等待 5 分钟左右，当看到 ATC run success 字样时，表示模型转换已经成功，查看当前目录，可以看到 yolov3.om，为本实验需要加载的模型文件。

(4) 执行下面的指令开启 Web 服务器，并在浏览器上访问 display 网页。

```
bash /home/HwHiAiUser/software/samples/common/run _ presenter _ server. sh/
home/HwHiAiUser
/YOLOV3_coco_detection_video/scripts/param.conf
```

(5) 重新打开另一个连接开发板页面，进入 XXX/build 目录，执行 cmake ../src/ && make 编译工程生成可执行文件。

(6) 进入 YOLOv3_coco_detection_video/out 目录，执行 chmod 755 main && ./main ../data/detection.mp4 命令以加载视频文件，运行程序。

(7) 此时刷新 Web 页面，可以看到出现了一个视频流，单击 object 按钮查看视频，如图 7-10 所示。

图 7-10 浏览器 Web 页面

7.4 课后习题

1. 从硬件和软件层面简单概括昇腾 AI 处理器的架构。
2. 简单描述为什么要进行自定义算子开发,自定义算子开发具体流程是什么。
3. 简单描述为什么要进行自定义应用开发,自定义应用开发具体流程是什么。
4. 简单说明 DVPP 模块的主要功能。
5. 简单概括在昇腾开发板上进行深度学习模型开发部署的流程。

参考文献

[1] ARM. Arm® Architecture Reference Manual for A-profile architecture[Z]. 2023.

[2] ARM. Arm® Cortex®-A55 Core Technical Reference Manual[Z]. 2023.

[3] ARM. Arm® Cortex®-A55 Software Optimization Guide[Z]. 2023.

[4] 昇腾社区. 昇腾 AI 应用案例[EB/OL]. https://www.hiascend.com/marketplace/case-studies, 2023-7-31.

[5] 昇腾社区. AscendCL 应用开发指南[EB/OL]. https://www.hiascend.com/document/detail/zh/canncommercial/63RC1/inferapplicationdev/aclcppdevg/aclcppdevg_000000.html, 2023-7-31.

[6] 华为. Atlas 200 AI 加速模块 1.0.12 软件安装与维护指南[EB/OL]. https://support.huawei.com/enterprise/zh/doc/EDOC1100221707? idPath = 23710424% 7C251366513% 7C22892968%7C252309141%7C23464086, 2023-7-31.

[7] Dream SourceLab. UART 协议分析[Z]. 2022.

[8] 奔跑吧 Linux 社区. ARM64 体系结构编程也实践[M]. 北京：人民邮电出版社，2022.

[9] 左忠凯. 原子嵌入式 Linux 驱动开发详解[M]. 北京：清华大学出版社，2022.

[10] 笨叔，陈悦. 奔跑吧 Linux 内核(入门篇)[M]. 北京：人民邮电出版社，2021.

[11] NXP. I2C-bus specification and user manual[Z]. 2021.

[12] 王利涛. 嵌入式 C 语言自我修养：从芯片、编译器到操作系统[M]. 北京：电子工业出版社，2021.

[13] 陈雷. 深度学习与 MindSpore 实践[M]. 北京：清华大学出版社，2020.

[14] 梁晓峣. 昇腾处理器架构与编程[M]. 北京：清华大学出版社，2021.

[15] 鸟哥. 鸟哥的 Linux 私房菜 基础学习篇[M]. 北京：人民邮电大学出版社，2018.

[16] Bast R, Remigio R D. Cmake Cookbook[M]. Birmingham: Packt Publishing, 2018.

[17] 陈朋，梁荣华，刘义鹏. 基于 ARM Cortex-M4 的单品机原理与实践[M]. 北京：机械工业出版社，2018.

[18] 弓雷. ARM 嵌入式 Linux 系统开发详解[M]. 北京：清华大学出版社，2014.

[19] 田泽. 嵌入式系统开发与应用教程[M]. 北京：北京航空航天大学出版社，2010.

[20] 孟祥莲. 嵌入式系统原理与应用教程[M]. 北京：清华大学出版社，2010.

[21] 李佳. ARM 系列处理器应用技术完全手册[M]. 北京：人民邮电大学出版社，2006.

[22] NXP. SPI Block Guide[Z]. 2000.

附录A chapter A

Atlas 200 Dev Board 方案框图

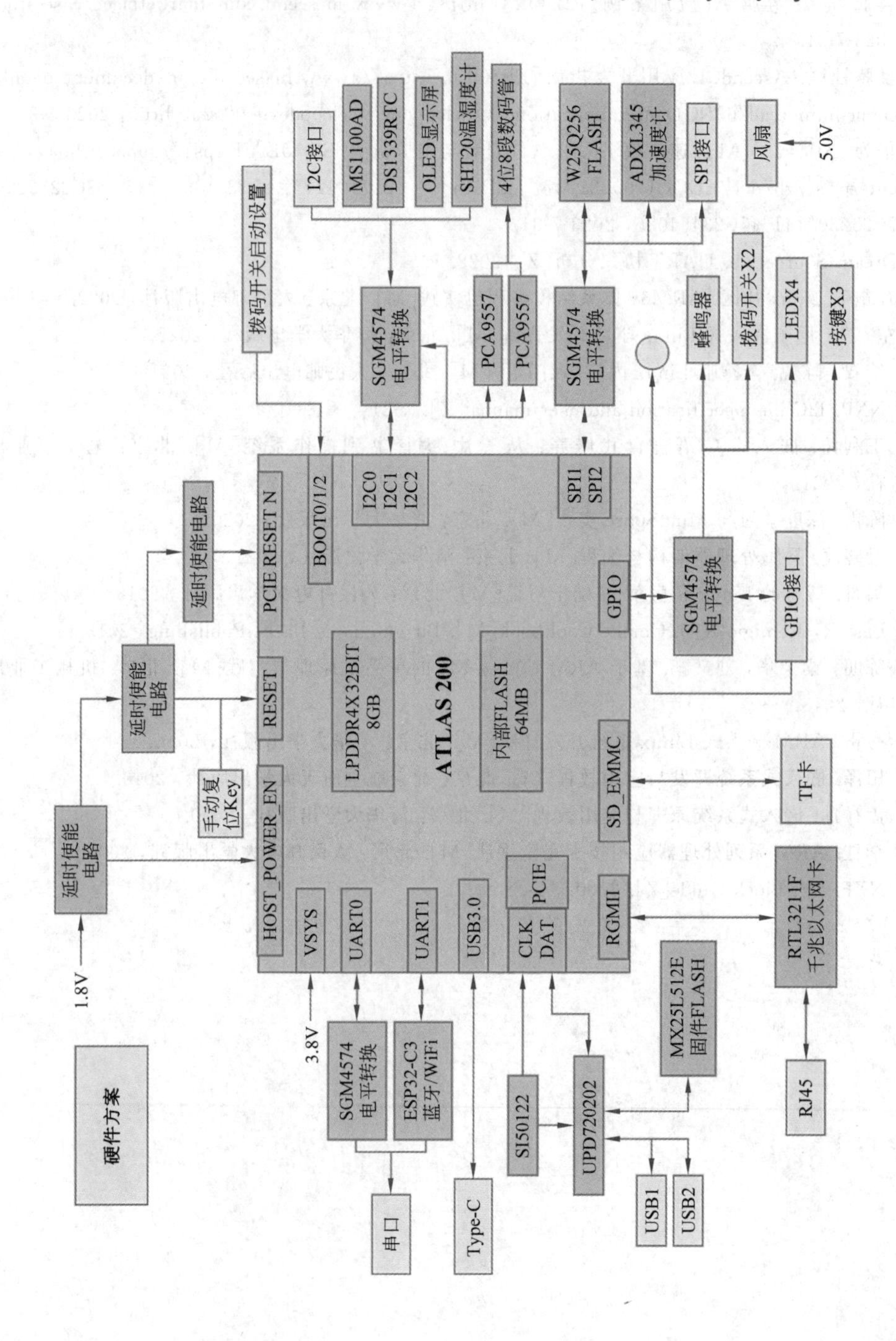

附录 B

chapter B

Atlas 200 Dev Board 原理图

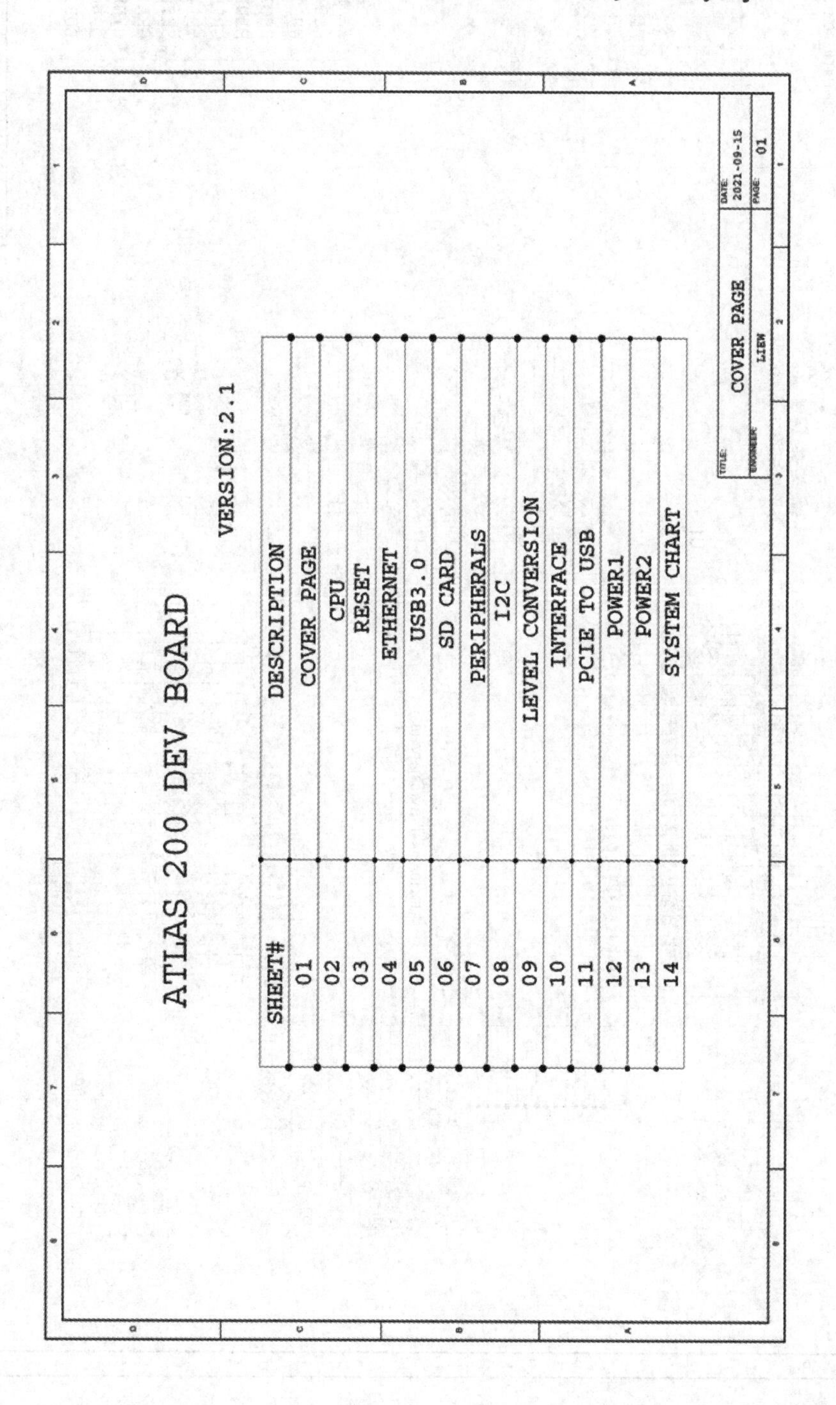

ATLAS 200 DEV BOARD

VERSION:2.1

SHEET#	DESCRIPTION
01	COVER PAGE
02	CPU
03	RESET
04	ETHERNET
05	USB3.0
06	SD CARD
07	PERIPHERALS
08	I2C
09	LEVEL CONVERSION
10	INTERFACE
11	PCIE TO USB
12	POWER1
13	POWER2
14	SYSTEM CHART

TITLE: COVER PAGE

ENGINEER: LIEW

DATE: 2021-09-15

PAGE: 01

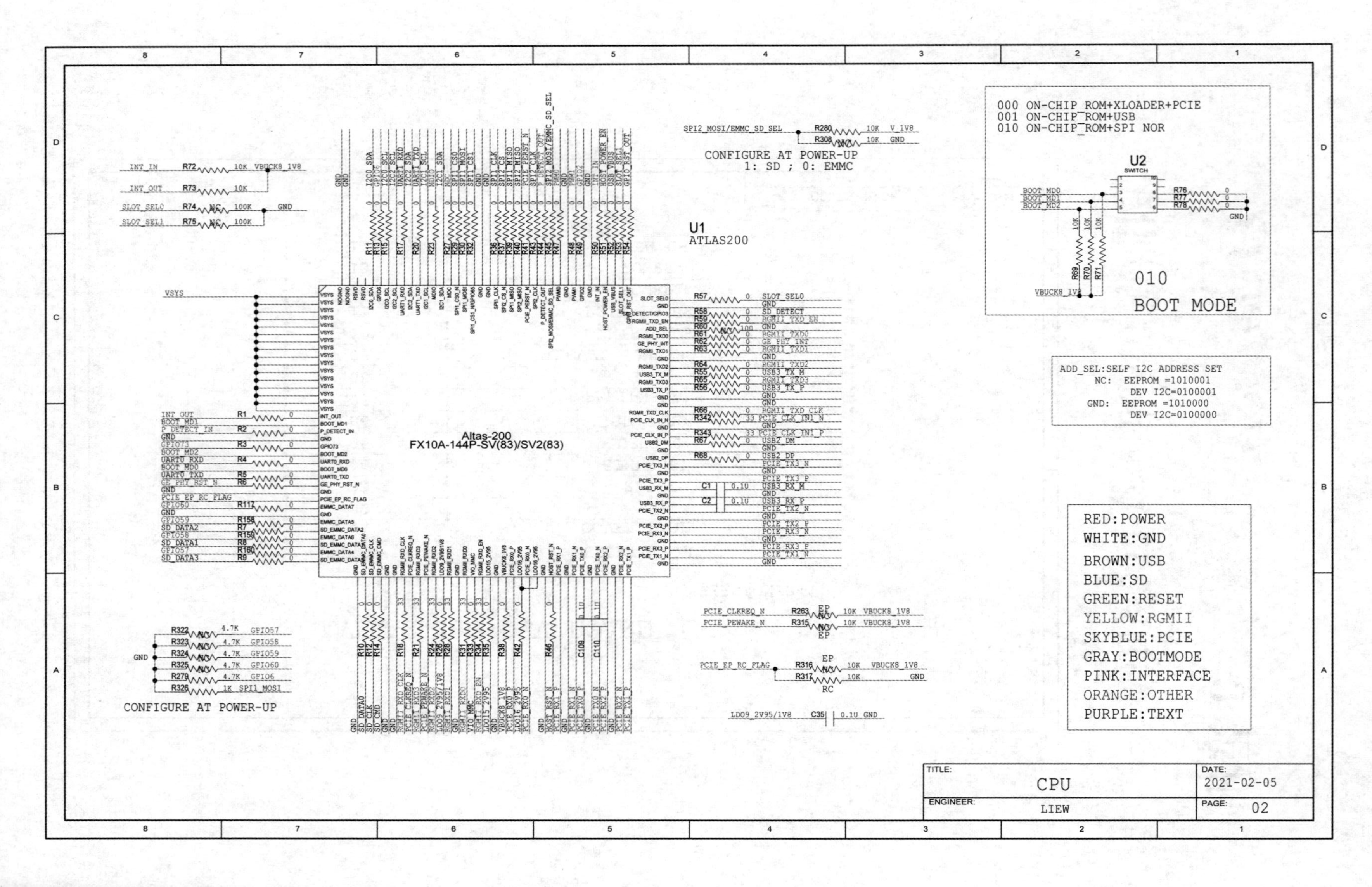
000 ON-CHIP_ROM+XLOADER+PCIE
001 ON-CHIP_ROM+USB
010 ON-CHIP_ROM+SPI NOR
U2
010
BOOT MODE
ADD_SEL:SELF I2C ADDRESS SET
NC: EEPROM =1010001
DEV I2C=0100001
GND: EEPROM =1010000
DEV I2C=0100000
RED:POWER
WHITE:GND
BROWN:USB
BLUE:SD
GREEN:RESET
YELLOW:RGMII
SKYBLUE:PCIE
GRAY:BOOTMODE
PINK:INTERFACE
ORANGE:OTHER
PURPLE:TEXT
CONFIGURE AT POWER-UP
1: SD ; 0: EMMC
U1
ATLAS200
Altas-200
FX10A-144P-SV(83)/SV2(83)
CONFIGURE AT POWER-UP
TITLE:
CPU
ENGINEER:
LIEW
DATE:
2021-02-05
PAGE:
02

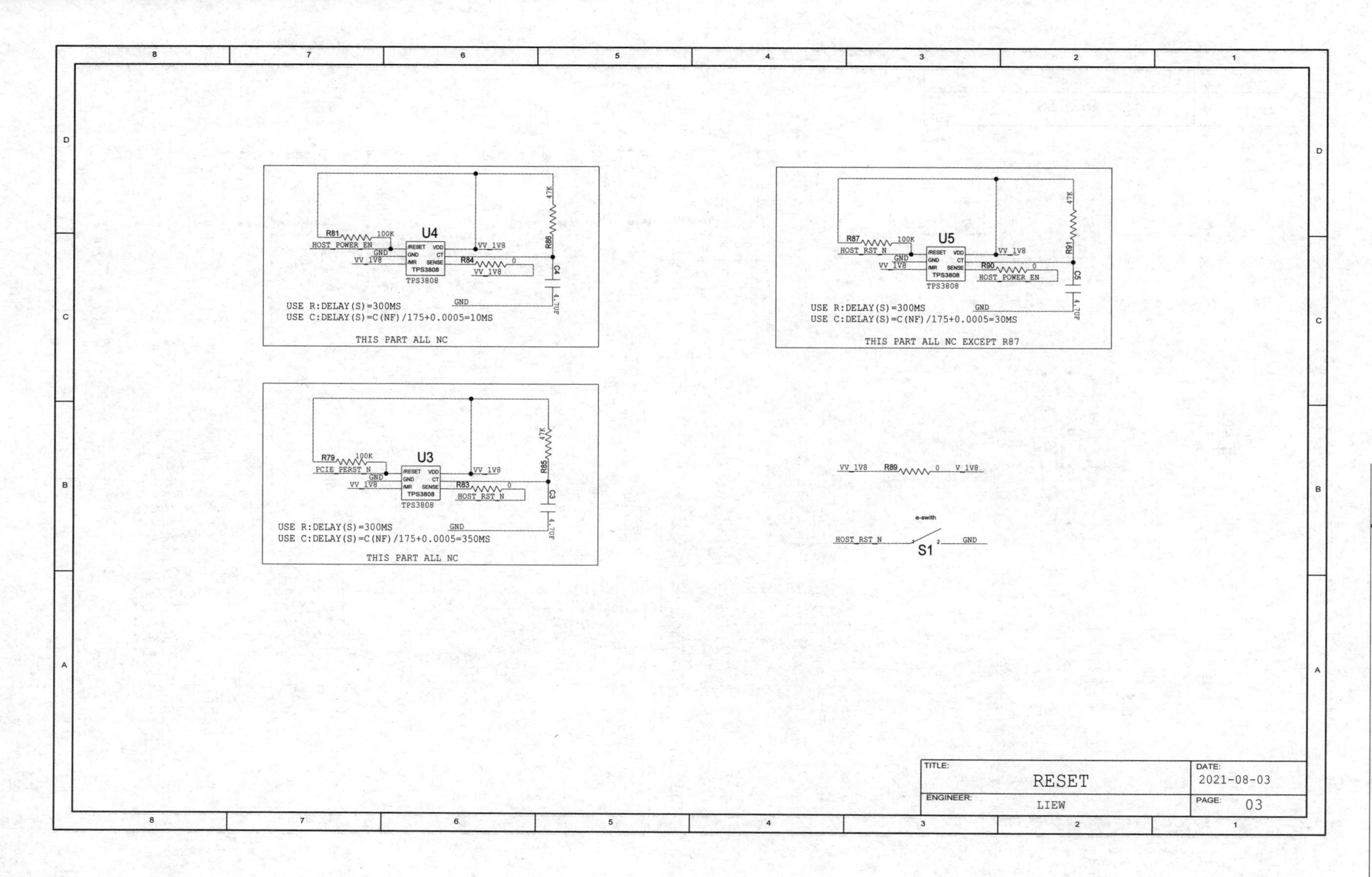
U4
R81
100K
HOST_POWER_EN
GND
VV_1V8
TPS3808
R84
0
R86
47K
C4
4.7UF
USE R:DELAY(S)=300MS
USE C:DELAY(S)=C(NF)/175+0.0005=10MS
THIS PART ALL NC
U5
R87
100K
HOST_RST_N
R90
HOST_POWER_EN
R91
47K
C5
4.7UF
GND
USE R:DELAY(S)=300MS
USE C:DELAY(S)=C(NF)/175+0.0005=30MS
THIS PART ALL NC EXCEPT R87
U3
R79
100K
PCIE_PERST_N
R83
HOST_RST_N
R85
47K
C3
4.7UF
USE R:DELAY(S)=300MS
USE C:DELAY(S)=C(NF)/175+0.0005=350MS
THIS PART ALL NC
VV_1V8
R89
0
V_1V8
e-swith
HOST_RST_N
S1
GND
TITLE: RESET
ENGINEER: LIEW
DATE: 2021-08-03
PAGE: 03

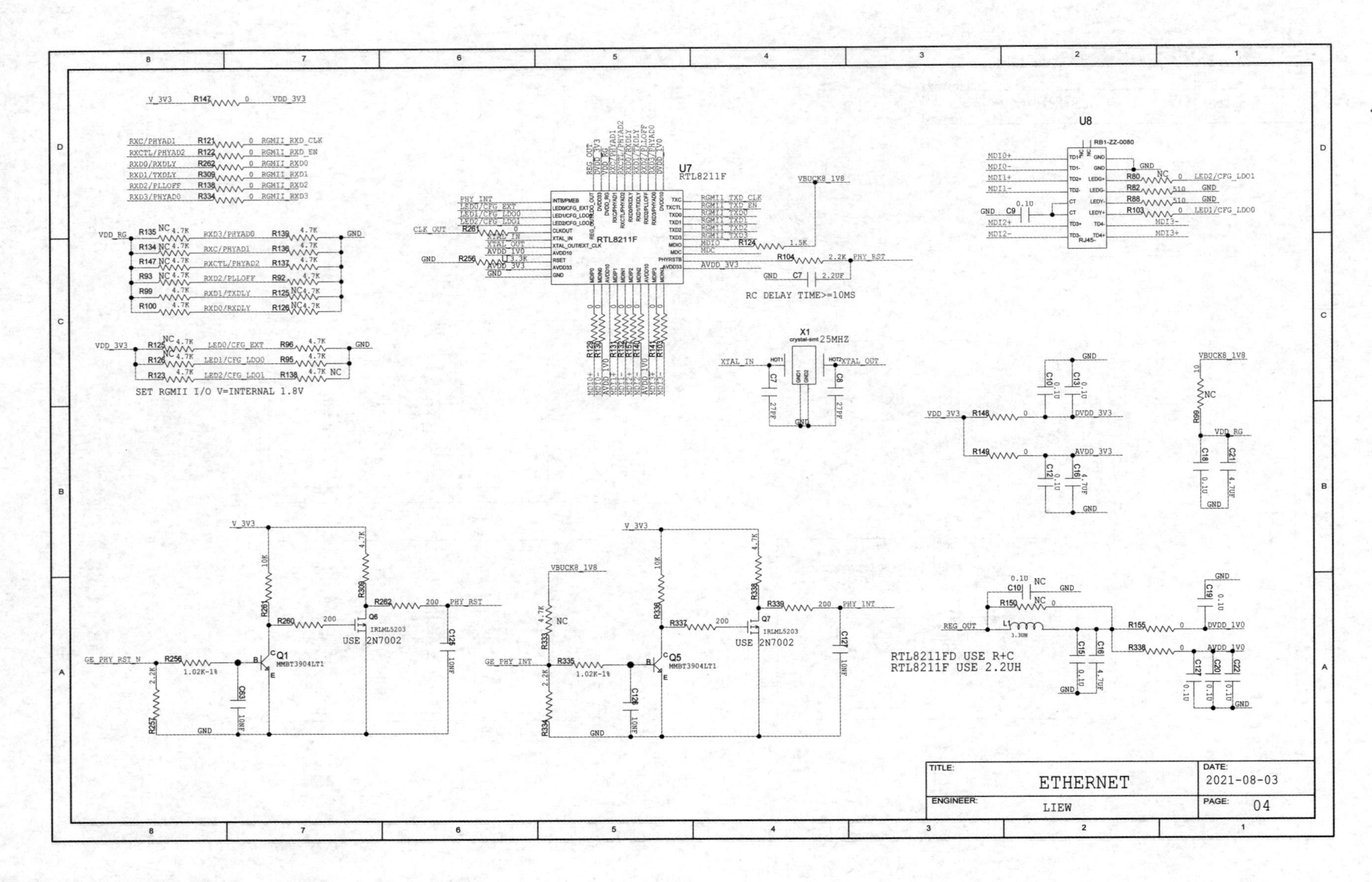

U7
RTL8211F
U8
X1
25MHZ
RC DELAY TIME>=10MS
SET RGMII I/O V=INTERNAL 1.8V
RTL8211FD USE R+C
RTL8211F USE 2.2UH
TITLE:
ETHERNET
DATE:
2021-08-03
ENGINEER:
LIEW
PAGE:
04

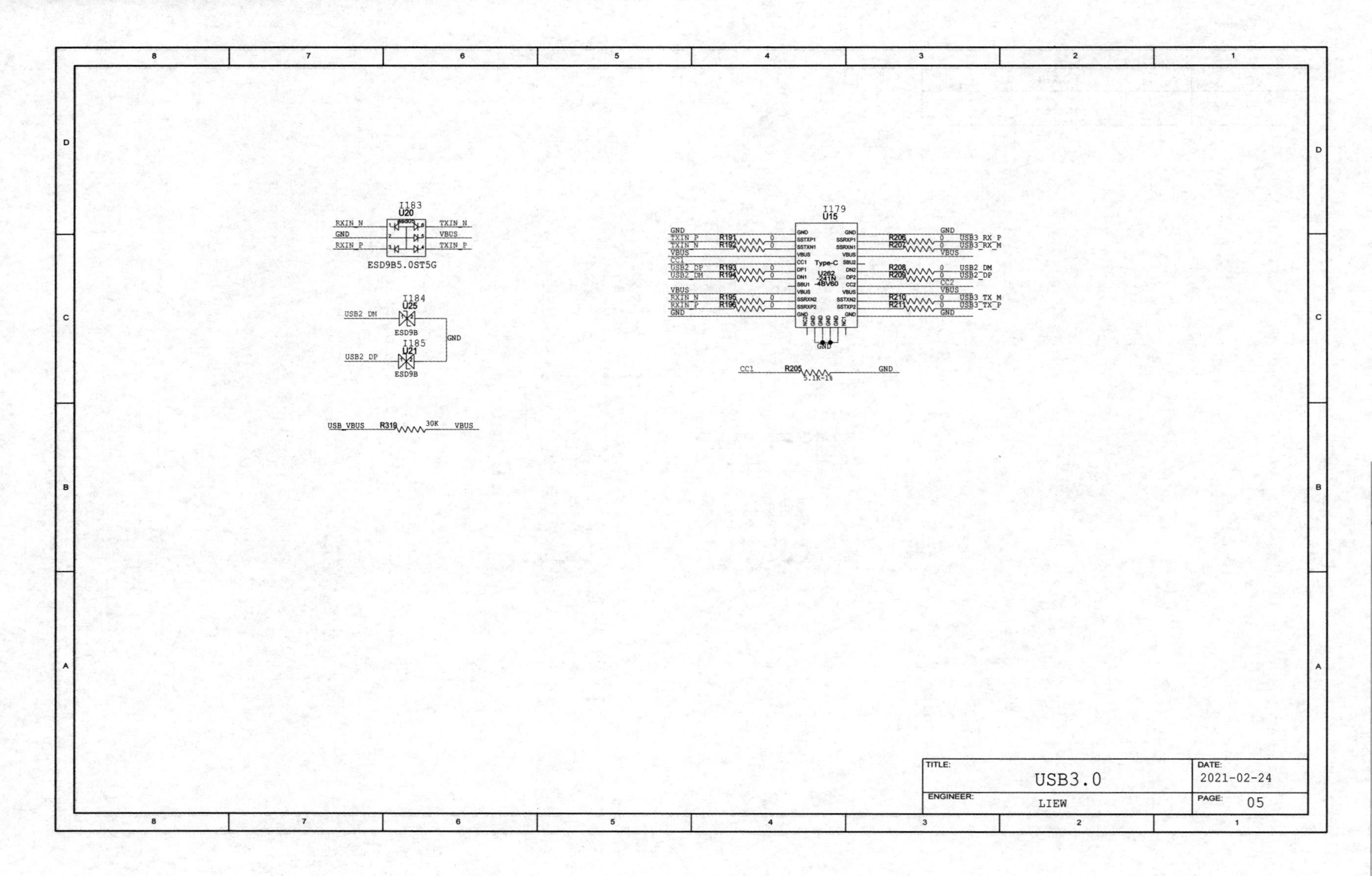
TITLE:
USB3.0
ENGINEER:
LIEW
DATE:
2021-02-24
PAGE:
05
I179
U15
Type-C
I183
U20
ESD9B5.0ST5G
I184
U25
ESD9B
I185
U21
ESD9B
R319
30K
USB_VBUS
VBUS
USB2_DM
USB2_DP
GND
CC1
TXIN_N
TXIN_P
RXIN_N
RXIN_P

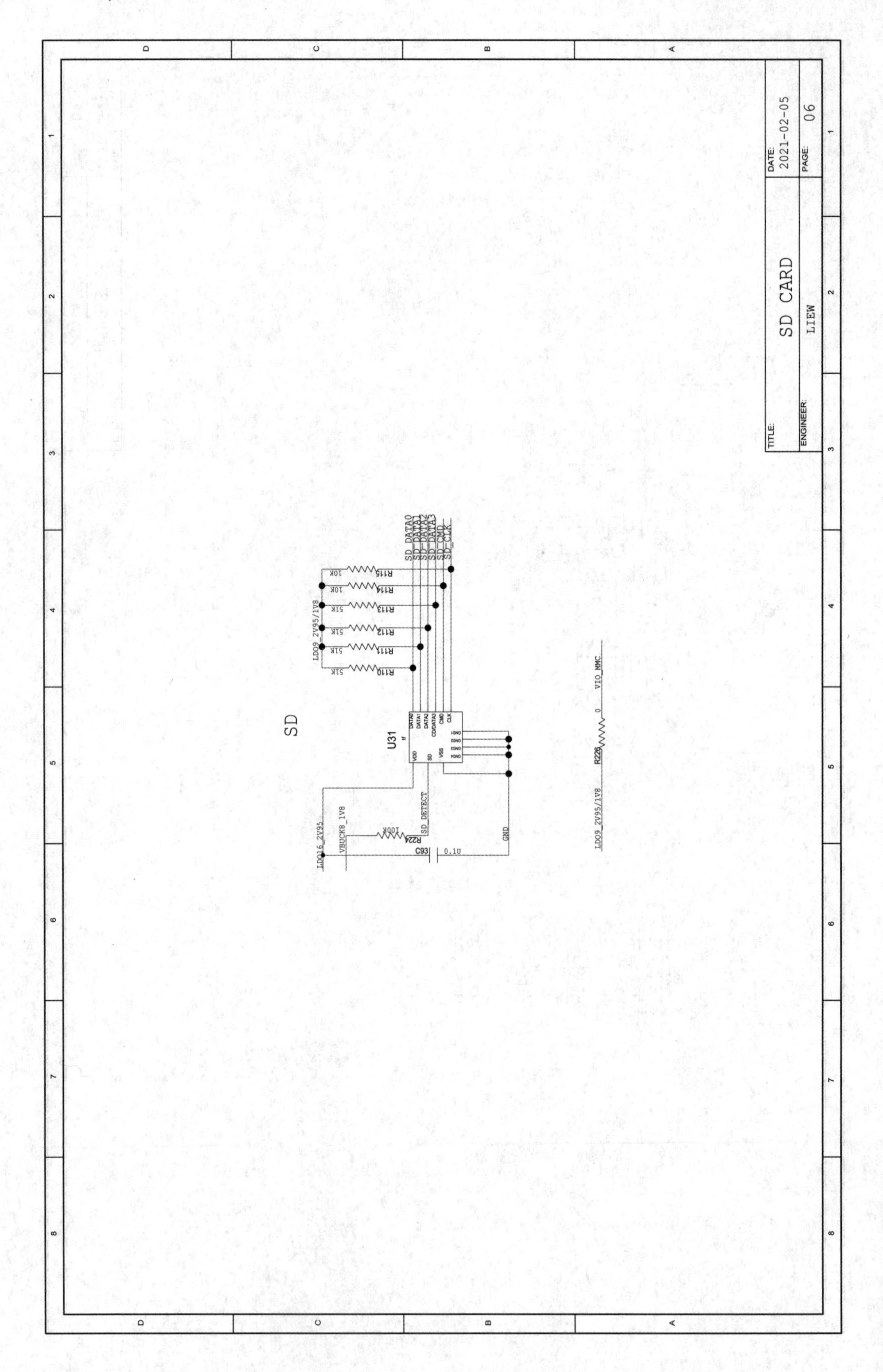
SD
U31
tf
VDD
SD
VSS
DATA0
DATA1
DATA2
CD/DATA3
CMD
CLK
SD_DATA0
SD_DATA1
SD_DATA2
SD_DATA3
SD_CMD
SD_CLK
LDO9_2V95/1V8
R110
R111
R112
R113
R114
R115
51K
10K
LDO16_2V95
VBUCK8_1V8
R224
100K
SD_DETECT
C93
0.1U
GND
R226
0
VIO_MMC
TITLE:
SD CARD
DATE:
2021-02-05
ENGINEER:
LIEW
PAGE:
06

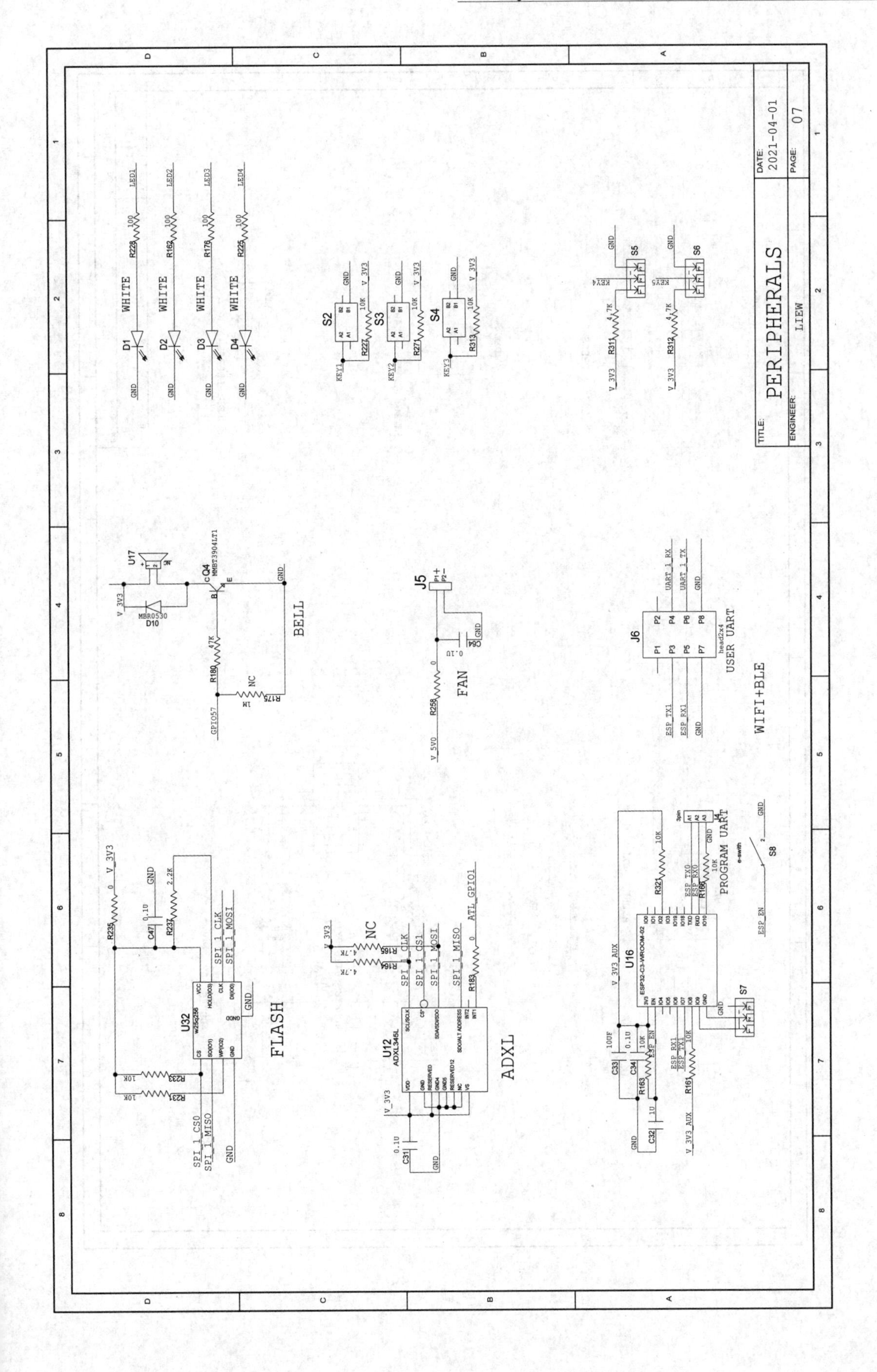
TITLE:
PERIPHERALS
DATE:
2021-04-01
PAGE:
07
ENGINEER:
LIEW
FLASH
ADXL
BELL
FAN
USER UART
PROGRAM UART
WIFI+BLE

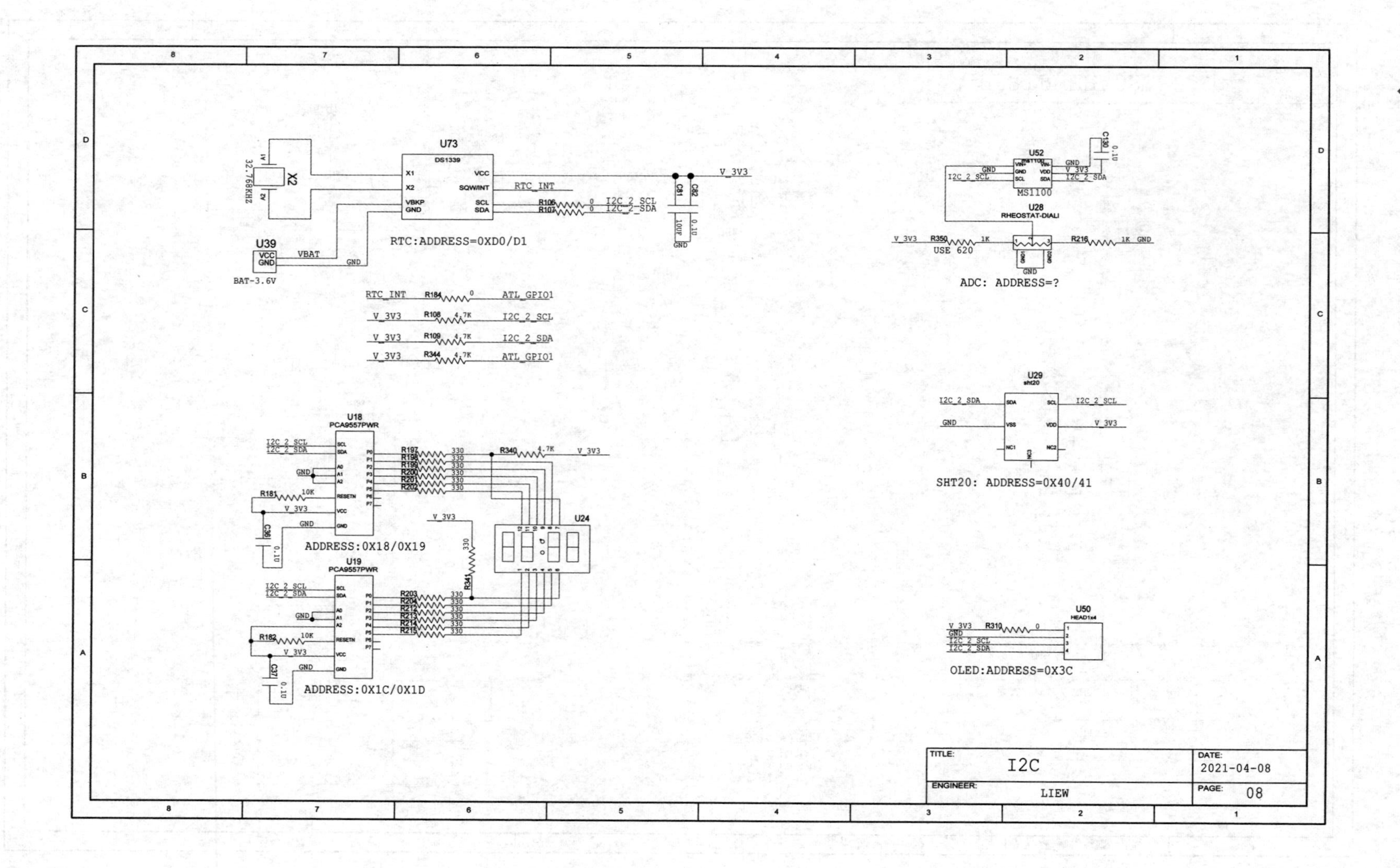
U73
DS1339
X2
32.768KHZ
U39
BAT-3.6V
RTC:ADDRESS=0XD0/D1
RTC_INT
ATL_GPIO1
V_3V3
I2C_2_SCL
I2C_2_SDA
U52
MS1100
U28
RHEOSTAT-DIALI
USE 620
ADC: ADDRESS=?
U29
sht20
SHT20: ADDRESS=0X40/41
U18
PCA9557PWR
ADDRESS:0X18/0X19
U19
PCA9557PWR
ADDRESS:0X1C/0X1D
U24
U50
HEAD1x4
OLED:ADDRESS=0X3C
TITLE: I2C
ENGINEER: LIEW
DATE: 2021-04-08
PAGE: 08

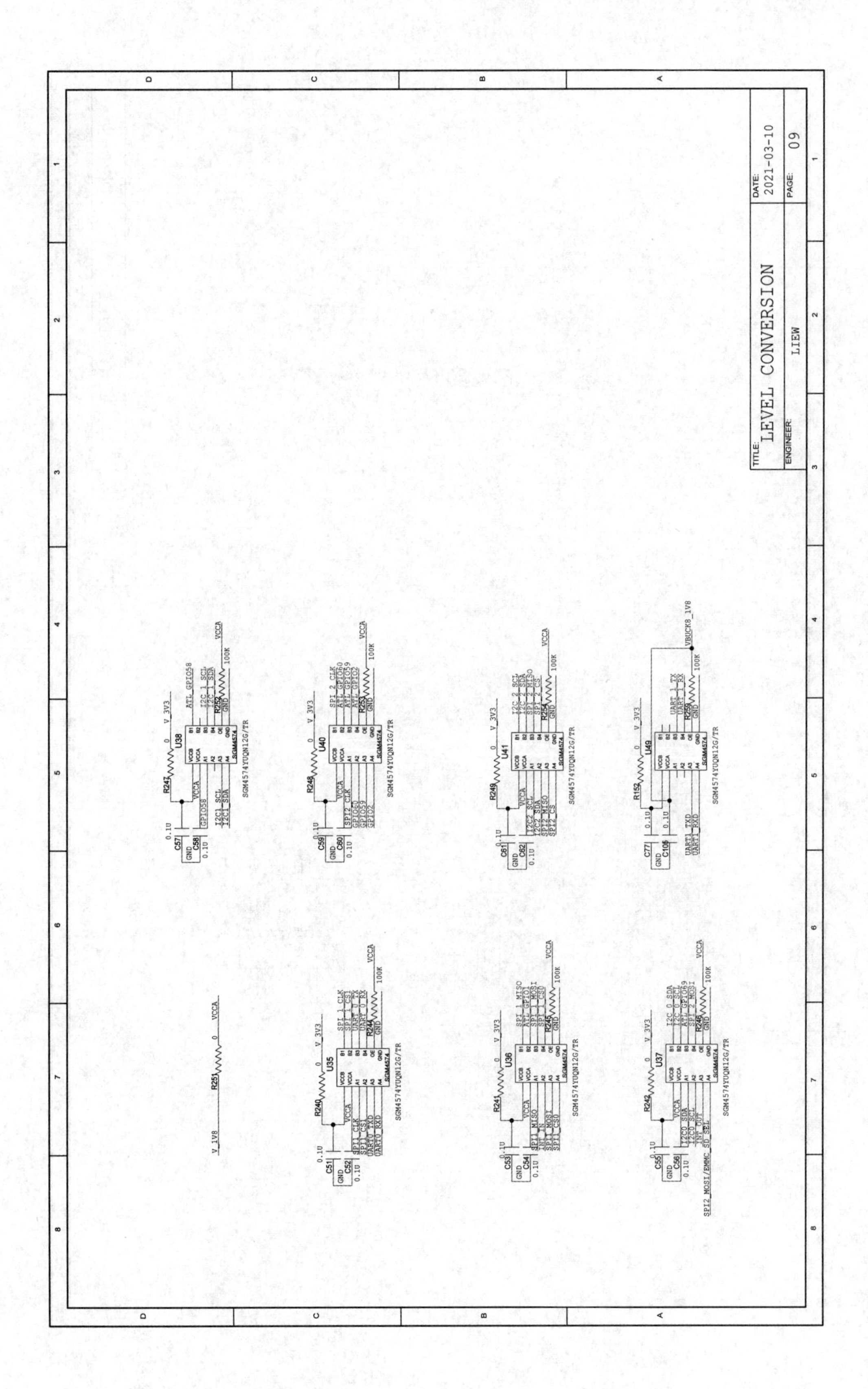
TITLE:
LEVEL CONVERSION
ENGINEER:
LIEW
DATE:
2021-03-10
PAGE:
09

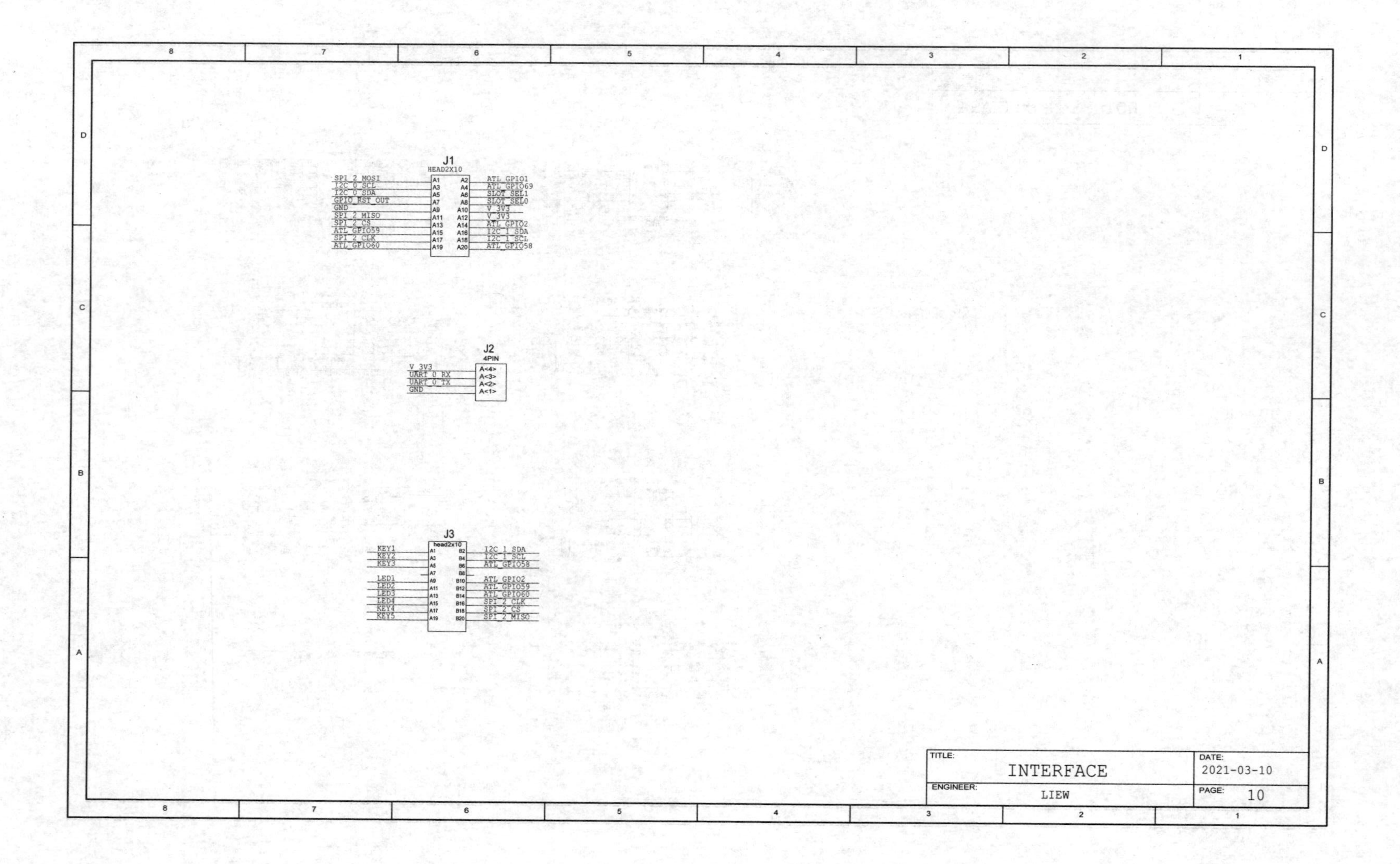
J1
HEAD2X10
SPI_2_MOSI
I2C_0_SCL
I2C_0_SDA
GPIO_RST_OUT
GND
SPI_2_MISO
SPI_2_CS
ATL_GPIO59
SPI_2_CLK
ATL_GPIO60
ATL_GPIO1
ATL_GPIO69
SLOT_SEL1
SLOT_SEL0
V_3V3
V_3V3
ATL_GPIO2
I2C_1_SDA
I2C_1_SCL
ATL_GPIO58
J2
4PIN
V_3V3
UART_0_RX
UART_0_TX
GND
J3
head2x10
KEY1
KEY2
KEY3
LED1
LED2
LED3
LED4
KEY4
KEY5
I2C_1_SDA
I2C_1_SCL
ATL_GPIO58
ATL_GPIO2
ATL_GPIO59
ATL_GPIO60
SPI_2_CLK
SPI_2_CS
SPI_2_MISO
TITLE:
INTERFACE
DATE:
2021-03-10
ENGINEER:
LIEW
PAGE:
10

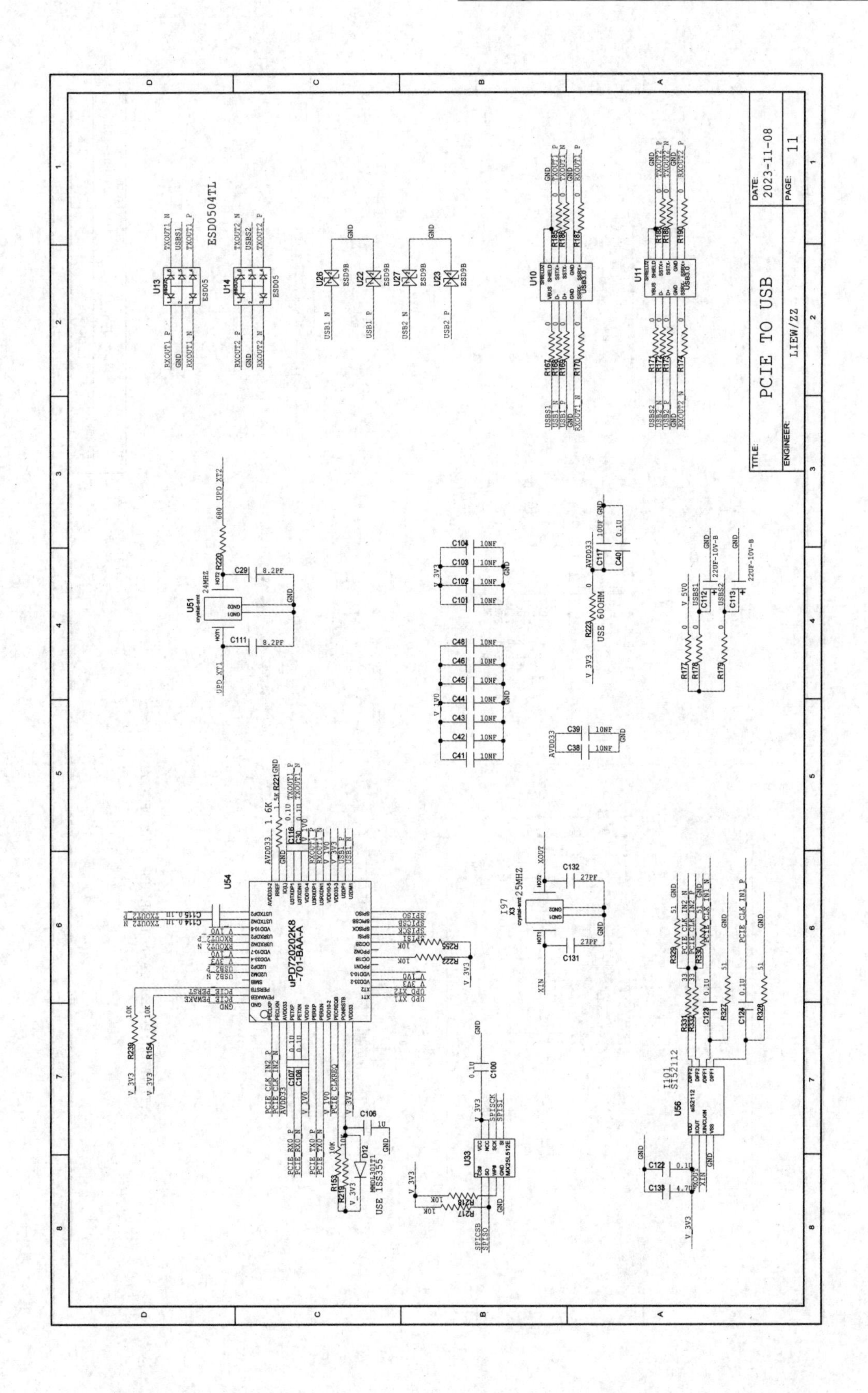
PCIE TO USB
DATE: 2023-11-08
PAGE: 11
ENGINEER: LIEW/ZZ

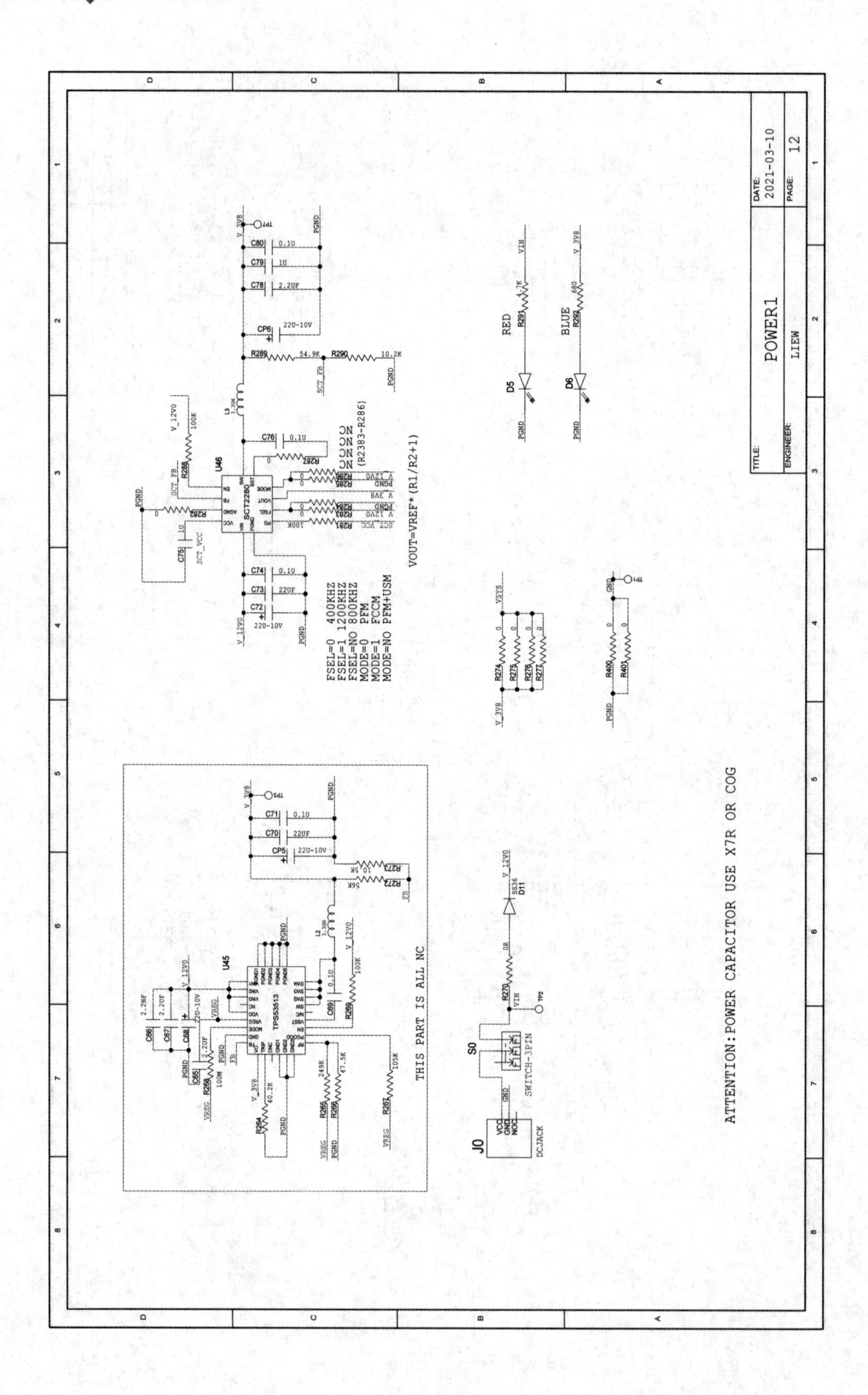
FSEL=0 400KHZ
FSEL=1 1200KHZ
FSEL=NO 800KHZ
MODE=0 PFM
MODE=1 FCCM
MODE=NO PFM+USM
VOUT=VREF*(R1/R2+1)
THIS PART IS ALL NC
ATTENTION:POWER CAPACITOR USE X7R OR COG
TITLE:
POWER1
DATE:
2021-03-10
ENGINEER:
LIEW
PAGE:
12

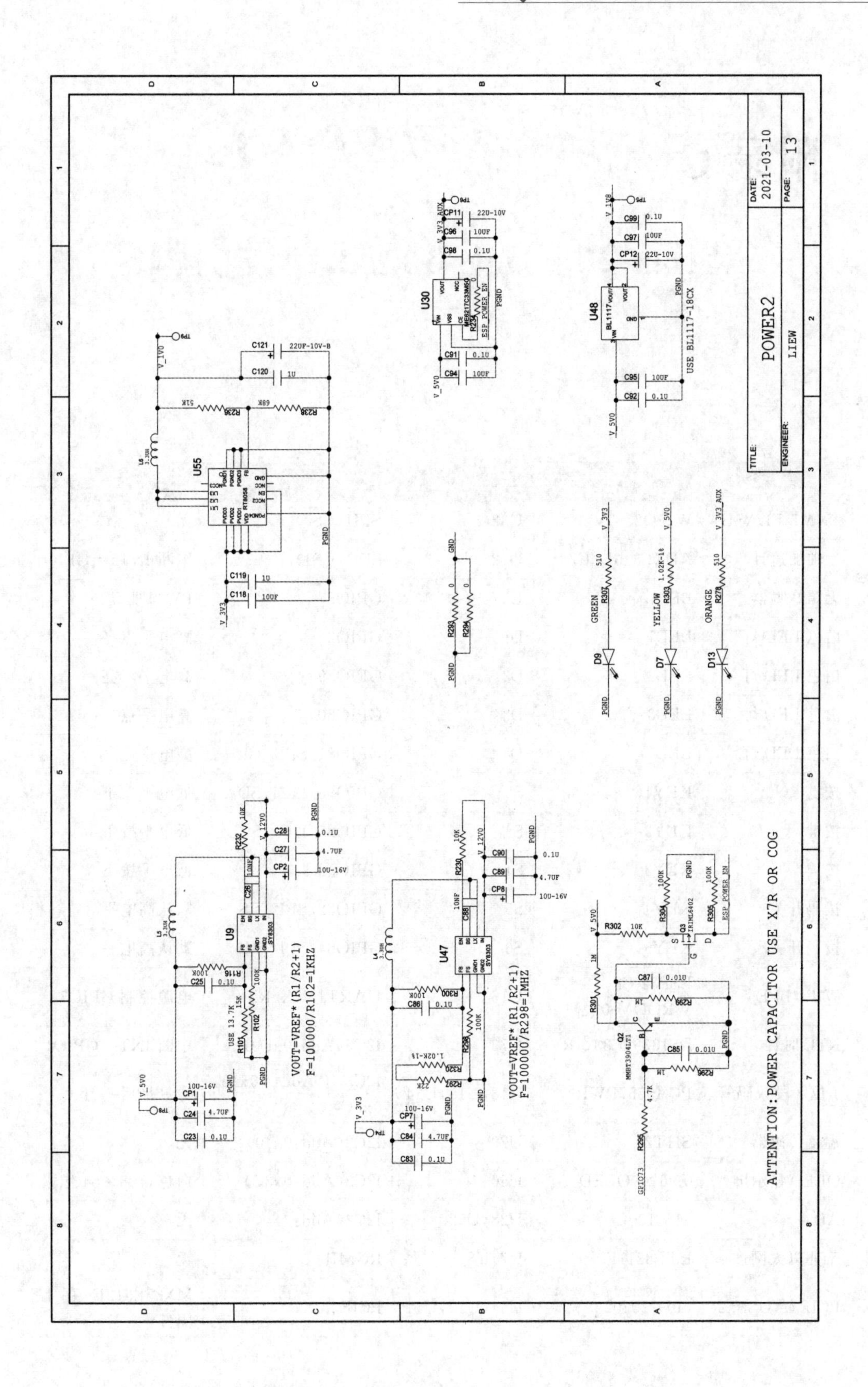
ATTENTION:POWER CAPACITOR USE X7R OR COG
TITLE:
POWER2
ENGINEER:
LIEW
DATE:
2021-03-10
PAGE:
13

附录C chapter C

Atlas 200 Dev Board 外设引脚

类　型	型　号	位　号	接　口	备　注
256Mb FLASH	W25Q256JV	U32	SPI1(CS0)	无
三轴加速计	ADXL345BCCZ	U12	SPI1(CS1)	中断 INT1=GPIO1
无源蜂鸣器	BELL	U17	GPIO57	PWM 驱动
白色 LED 灯	LED1	D1	GPIO2	高电平点亮
白色 LED 灯	LED2	D2	GPIO59	高电平点亮
白色 LED 灯	LED3	D3	GPIO60	高电平点亮
白色 LED 灯	LED4	D4	GPIO81/SPI2_CLK	高电平点亮
按键	KEY1	S2	GPIO86/I2C1_SDA	低电平按下
按键	KEY2	S3	GPIO85/I2C1_SCL	低电平按下
按键	KEY3	S4	GPIO58	低电平按下
拨码开关	KEY4	S5	GPIO82/SPI2_CS	默认高电平
拨码开关	KEY5	S6	GPIO84/SPI2_MI	默认高电平
WIFI/BLE	ESP32-C3-WROOM-02	U16	UART1_TX/RX	电源控制 GPIO73
RTC 时钟	DS1339U-33&R	U73	I2C2(Add:0xD0)	中断 INT=GPIO1
4 位 8 段数码管	PCA9557PWR	U18,U19,U24	I2C2 (Add: 0x18, 0x1C)	详见最后一行
温度传感器	SHT20	U29	I2C2(Add:0x40)	无
OLED 显示屏	0.96 寸 OLED	U50	I2C2(Add:0x3C)	白色,128×64 像素
AD	MS1100	U28,U52	I2C2(Add:?)	无
千兆以太网	RTL8211F	U7,U8	RGMII	无
PCIE 转 USBx2	uPD720202	U54,U10,U11	PCIE2.0X1	MX25L512E 存储固件

续表

类　型	型　号	位　号	接　口	备　注
USB 3.0	TYPE-C-3.1	U15	USB3.0	仅作 DEVICE 使用
TF 卡	TF	U31	SDIO	系统启动盘

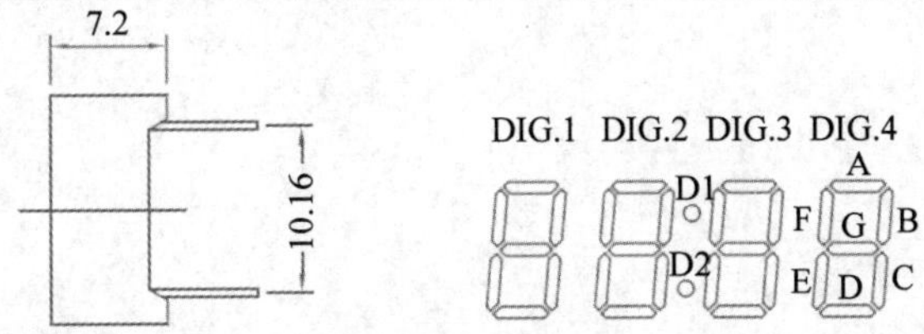

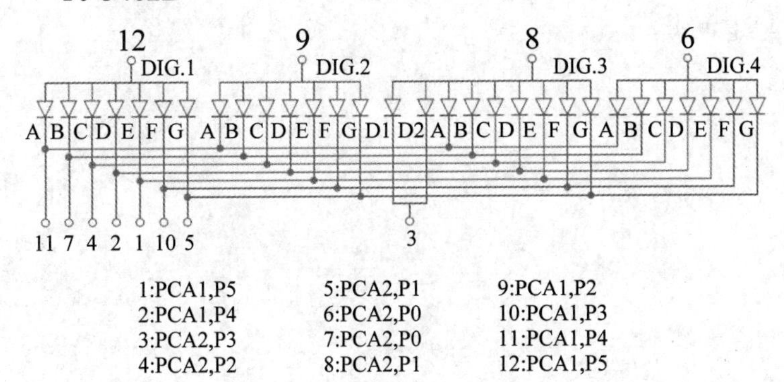